कृषि प्रश्नोत्तरी

(सभी कृषि प्रतियोगी परीक्षाओं के लिए उपयोगी)

Related Books

Titles	*Authors*
– Agricultural Science At Your Fingertips	*Jagan Singh Gora*
– Basic Concepts of Vegetable Science	*S.K. Tyagi*
– Basic Statistics *2nd Edition*	*P.K. Mohanty*
– Communication Skills and Personality Development	J.R. Kadam
– Dryland Technology *2nd Edition*	*M.L. Jat*
– Entrepreneurship Development and Communication Skills	R.R. Chole
– Fundamentals of Agriculture Vol.1-2 (Set)	*R.L. Arya*
– Fundamentals of Agricultural Statistics	K.P. Dhamu
– Fundamentals of Agronomy	*R.L. Arya*
– Fundamentals of Soil Science	*A. Rathinasamy*
– Fundamentals of Soil Science	*R.L. Arya*
– Farming System and Sustainable Agriculture	S.S. Walia
– Glimpse on General Agriculture	*P. Laxman Rao*
– Indiras Objective Agriculture *2nd Ed.*	*R.L. Arya*
– Key to Success in Agriculture	*B.N. Kalsariya*
– MCQs in Plant Breeding Biotechnology and Seed Science	*K.Vanangamudi*
– MCQ in Agricultural Microbiology	*D. G.Panpatte*
– Model Test Paper of Seed Science and Technology	*K.Vanangamudi*
– Objective Agribusiness Management *3rd Ed*	*S.R. Panigrahy*
– Objective Seed Science and Technology *2nd Ed*	*K. Vanangamudi*
– Organic Crop Production	*S.S. Walia*
– Organic Farming Theory and Practice	S.P. Palaniappan
– Principles of Organic Farming: Textbook	*P. L. Maliwal*
– Text Book of Agricultural Heritage	*Utpal Giri*
– Text Book of Rainfed Agriculture and Watershed Management :	*P. L. Maliwal*
– खरपतवार प्रबंधन (Weed Management)	*J.P. Tiwari*
– जैविक खेती के सिद्धांतः पाठ्यपुस्तक	*P. L. Maliwal*
– कृषि जगत (द्वितीय संस्करण) जेट एवं कृषि पर्यवेक्षक परीक्षाउपयोगी	*M.L. Jat*
– मृद्दा विज्ञान के मुलभूत सिद्धांत	*H.P. Parewa*
– सस्य विज्ञान के सिद्धांत (द्वितीय संस्करण)	*R.L. Arya*

कृषि प्रश्नोत्तरी

(सभी कृषि प्रतियोगी परीक्षाओं के लिए उपयोगी)

डॉ॰ एस॰आर॰ मालू
डॉ॰ मोनिका जैन
डॉ॰ शिप्रा पालीवाल

साईन्टिफिक पब्लिशर्स

प्रकाशक

साईन्टिफिक पब्लिशर्स (इण्डिया)

5–ए, न्यू पाली रोड़, पो.बो. नं. 91
जोधपुर – 342 001 (राज.)
टेलिफोनः 0291–2433323
E-mai: info@scientificpub.com
Web: www.scientificpubonline.com

ISBN: 978-93-90749-12-6
eISBN: 978-93-90749-20-1

भारत में मुद्रित

प्रस्तावना

कृषि भारतीय अर्थव्यवस्था की धुरी है, क्योंकि देश की लगभग दो तिहाई जनसंख्या जो गाँवों में रहती है कृषि से प्रत्यक्ष अथवा अप्रत्यक्ष रूप से जुड़ी हुई है। परन्तु बढ़ती हुई आबादी के हिसाब से खाद्यान्न, तिलहन, दलहन, कपास, गन्ना, फल, सब्जी, दूध आदि की उपज को और अधिक बढ़ाने की आवश्यकता है। इसके लिए युवाओं को पर्याप्त शिक्षित कर कृषि में प्रौद्योगिकी, कौशल व्यवसाय व ज्ञान का हस्तान्तरण शीघ्र करना होगा। ताकि रोजगार के अवसर बढ़ाने के साथ–साथ युवाओं को कृषि क्षेत्र की ओर आकर्षित किया जा सके। इन्हीं सब मुद्दों को ध्यान में रखते हुए सरकारों ने कृषि क्षेत्र के लिये रोजगार व नौकरियों का सृजन किया है, जिससे प्रतियोगिता परीक्षाओं द्वारा उत्कृष्ट व प्रतिभाशाली युवाओं का चयन किया जा सके। इन सब उद्देश्यों की पूर्ति हेतु कृषि संकाय की विभिन्न प्रतियोगी परीक्षाओं के लिए यह पुस्तक सरल हिन्दी भाषा में प्रस्तुत की जा रही है।

इस पुस्तक में कृषि से सम्बन्धित विभिन्न विषयों को 2000 प्रश्नोत्तर के रूप में संकलित किया गया है। उत्तर वस्तुनिष्ठ न होकर विषयों के बारे में पूर्ण जानकारी देते हैं जैसा कि अन्य उपलब्ध कृषि प्रतियोगी परीक्षाओं की पुस्तकों में नहीं होता है। कृषि विषयों जैसे – सस्य विज्ञान, आनुवंशिकी, मृदा विज्ञान, उद्यानिकी, पशुपालन, आर्थिकी, पौध संरक्षण आदि में हो रहे शैक्षिक बदलाव, अनुसंधान, विकास, विस्तार, सरकारी योजनाओं इत्यादि के बारे में भी इसमें बताया गया है।

यह पुस्तक कृषि क्षेत्र की प्रतियोगी परीक्षाओं जैसे – बैंकिग, कृषि पर्यवेक्षक, बीज एवं कृषि अधिकारी (A.O./AAO/ARD),

JET/Pre PG/ARS/NET अथवा निजी क्षेत्र में भर्तियों के लिए ज्ञान का एक अनूठा संकलन है। इसके अतिरिक्त कृषि से जुड़े सरकारी, गैर–सरकारी, कृषि छात्रों, अध्यापकों एवं किसान भाईयों के लिए भी यह उपयोगी नवीनतम पुस्तक है।

पुस्तक को प्रकाशित करने में लेखकगण साईन्टिफिक पब्लिशर्स (इण्डिया), जोधपुर का आभार व्यक्त करते हैं, जिनकी प्रेरणा व सहयोग से यह कार्य सम्पादित हो पाया है।

लेखकगण

कृषि प्रश्नोत्तरी

प्रश्न 1. मूल्यह्वारा से क्या तात्पर्य है?

उत्तर – किसी परिसंपति (Assets) के उपयोग में लेने, समय के बढ़ने एवं उसके उपयोग में न होने के कारण उसके प्रारम्भिक कीमत में होने वाली कमी को मूल्यह्रास या अवमूल्यन कहते हैं।

प्रश्न 2. साइटोलॉजी क्या है?

उत्तर – कोशिकाओं के अध्ययन को साइटोलॉजी कहते हैं।

प्रश्न 3. इण्डियन बोटनिकल गार्डन कहाँ स्थित है?

उत्तर – सिबपुर, कोलकाता।

प्रश्न 4. केले के तने का भाग जो जमीन से ऊपर रहता है उसे क्या कहते हैं?

उत्तर – आभासी तना (Pseudostem)।

प्रश्न 5. भण्डारण में प्याज के अंकुरण को रोकने के लिए कौनसा रसायन काम में लेते हैं?

उत्तर – मेलिक हाइड्रेजाइड। इसे पौधों की वृद्धि रोकने के लिए भी काम में लिया जाता है।

प्रश्न 6. प्रुनिंग से क्या तात्पर्य है?

उत्तर – पौधों के भागों को उसका आकार सुधारने, वृद्धि को प्रभावित करने, अधिक फूल व फल बनने या उत्पादों की गुणवत्ता में वृद्धि करने के उद्देश्य से काटने को प्रुनिंग कहते हैं।

प्रश्न 7. कुल घुलनशील ठोस पदार्थ के निर्धारण के लिए किस यंत्र का उपयोग करते हैं?

उत्तर – रिफ्रेक्टोमिटर।

प्रश्न 8. सहलग्नता शब्द किसने दिया था?

उत्तर – मोरगन ने 1910 में दिया था। एक ही गुण सूत्र पर उपस्थित जब दो या दो से अधिक जीनों में वंशागति के दौरान साथ रहने की प्रवृत्ति पाई जाती है, उसे सहलग्नता कहते हैं।

प्रश्न 9. विसरण को परिभाषित कीजिए?

उत्तर – विसरण वह क्रिया है जिसमे पदार्थ के अणु उच्च सान्द्रता के स्थान से निम्न सान्द्रता वाले स्थान की ओर प्रवाहित होते हैं, यह गतिज ऊर्जा के परिणामस्वरूप होती है।

प्रश्न 10. मधुमक्खी में किस तरह के मुखाँग पाए जाते हैं?

उत्तर – चबाने एवं चाटने वाले। इस प्रकार के मुखाँग हायमेनोप्टेरा गण के कीटों में पाए जाते हैं।

प्रश्न 11. भारतीय रिजर्व बैंक की स्थापना कब हुई?

उत्तर – 1935 में। इसके प्रथम गवर्नर ओसबॉर्न स्मिथ थे।

प्रश्न 12. समान्तर माध्य क्या है?

उत्तर – समान्तर माध्य वे मूल्य हैं जो किसी श्रेणी के समस्त पदों के मूल्यों के योग में उनकी संख्या से भाग देने पर प्राप्त होता है।

प्रश्न 13. सायनोबैक्टीरिया को और किस नाम से जाना जाता है?

उत्तर – नील हरित शैवाल। यह एककोशिकीय जीवाणु है जिन्हें धान की फसल के लिए वायुमंडलीय नाइट्रोजन को भूमि में स्थापित कराने के उद्देश्य से उपयोग में लाया जाता है।

प्रश्न 14. अंतरराष्ट्रीय पुष्प बाजार कहाँ स्थित है?

उत्तर – अल्समिर, नीदरलैंड।

प्रश्न 15. एच.क्यू.पी.एम. मक्का की क्या विशेषता है?

उत्तर – हाई क्वालिटी प्रोटीन मेज में प्रोटीन के संघटक अमिनो अम्ल– लायसिन एवं ट्रिप्टोफेन की वृद्धि की गई है एवं ल्यूसिन तथा आइसोल्यूसिन घटकों का संतुलन बनाया गया है।

प्रश्न 16. गर्मी की जुताई के उद्देश्य बताइए?

उत्तर – (1) खेत में उगे खरपतवारो को नष्ट करना एवं मिट्टी में उनके बीजों का निष्क्रिय करना।

(2) खेत से पूर्व की फसलों के कीट एवं रोगजनक विषाणुओं को भूमि के अंदर अथवा ऊपर लाकर तेज धूप से नष्ट करना।

(3) इससे मिट्टी में अन्तःप्रवण की वृद्धि हो जाती है और मृदा कटाव की रोकथाम होती है।

प्रश्न 17. स्वामित्व के आधार पर भू–धृति (Land Tenure) के कितने प्रकार हैं?

उत्तर – स्वामित्व के आधार पर भू–धृति के तीन प्रकार है : रेयतवारी पद्धति, महलवारी पद्धति, जमींदारी एवं जागीरदारी पद्धति।

प्रश्न 18. जैवपोषी किसे कहते हैं?

उत्तर – वे जीव जो अपना पोषण केवल जीवित उत्तकों से ही प्राप्त करते हैं उन्हें जैवपोषी कहते हैं।

प्रश्न 19. विकल्पी परजीवी किसे कहते हैं?

उत्तर – एक ऐसा जीव जो सामान्य रूप से परजीवी होता है परन्तु परपोषी के अभाव में मृतजीवी के रुप में भी जीवन व्यतीत कर सकता है।

प्रश्न 20. कृषि श्रमिक कौन है?

उत्तर – वे श्रमिक जो वर्ष में कुल कार्यरत अवधि के आधे से अधिक समय दूसरे व्यक्ति की भूमि में कार्य करके रोजगार प्राप्त करते हैं उन्हें कृषि श्रमिक कहते हैं।

प्रश्न 21. सहजन का प्रवर्धन किस विधि द्वारा करते हैं?

उत्तर – सहजन को मोरिंगा या ड्रमस्टिक के नाम से जाना जाता है। इसका प्रवर्धन बीज व कलम दोनों से किया जाता है। एक हेक्टेयर के लिए 500–600 ग्राम बीज पर्याप्त है।

प्रश्न 22. अंगूर में हेन एवं चिकन व्याधि किस कारण होती है?

उत्तर – बोरोन की कमी के कारण।

प्रश्न 23. अल्पकालीन ऋण से क्या तात्पर्य है?

उत्तर – वह ऋण जो कृषक की मौसमी लागत को पूरा करने के लिए दिया जाता है। इसकी भुगतान करने की अधिकतम समय अवधि 15 माह होती है। उदाहरण बीज, खाद, उर्वरक आदि के लिए ऋण जबकि मध्यकालीन ऋण वह जो कृषकों को औजार, बैल, दुधारू पशु, भूमि सुधार, कुआँ गहरा करने के लिए प्रदान किया जाता है। इस ऋण की अधिकतम अवधि 5 वर्ष होती है।

प्रश्न 24. बहु कटाई वाली ज्वार की उन्नत किस्में बताइए?

उत्तर – एम.पी. चरी, पूसा चरी 23, सी.एस.एच 20, आदि।

प्रश्न 25. "पवन ऊर्जा" क्या है?

उत्तर – पवन/वायु द्वारा वैकल्पिक ऊर्जा उत्पादन में सौर ऊर्जा के बाद पवन ऊर्जा का स्थान प्रमुख है। पवन ऊर्जा उत्पादन में राजस्थान के अलावा तमिलनाडु, महाराष्ट्र, गुजरात, कर्नाटक, मध्यप्रदेश, केरल व पश्चिम बंगाल शीर्ष राज्य है।

प्रश्न 26. पादप कोशिका में श्वसन एवं प्रकाश संश्लेषण क्रिया कहाँ होती है?

उत्तर – श्वसन–माइट्रोकॉड्रिया में तथा प्रकाश संश्लेषण क्रिया हरित लवक में संपादित होती है। इन दोनों में स्वयं का डी.एन.ए. भी उपस्थित होता है।

प्रश्न 27. मोल्या, इयर कोकल एवं टूण्डू क्या है?

उत्तर – उपर्युक्त सूत्रकृमी जनित रोग है जो गेहूँ और जौ में लगते हैं।

प्रश्न 28. बीज जनित रोगों की रोकथाम कैसे करनी चाहिए?

उत्तर – इसके लिए रोग रोधक किस्मों का उपयोग हो एवं रोगग्रस्त बीजों का निस्तारण करना चाहिए। बीजों को बुवाई से पहले 2 ग्राम विटावेक्स/बेवस्टिन, थायरम अथवा केप्टान से प्रति किलो बीज से उपचारित करें।

प्रश्न 29. हरी सब्जी के लिए ग्वार की उन्नत किस्में बताइए?

उत्तर – आई.सी. 1388, पूसा मौसमी, पूसा सदाबहार, पूसा नवबहार, शरद बहार आदि।

प्रश्न 30. मटर *(पाइसम सटाइवम)* एवं चने *(साईसर एरीटिनम)* में कितने गुणसूत्र होते हैं?

उत्तर – $2n = 14$।

प्रश्न 31. हरा सोना किसे कहते हैं?

उत्तर – रिजका (लुसर्न) को हरा सोना कहा जाता है। यह एक पौष्टिक चारे की फसल है इसे "क्वीन ऑफ फाडर क्रॉप" भी कहा जाता है। जो लेग्यूमिनोसी कुल से हैं।

प्रश्न 32. दलहनी फसलों के फल को क्या कहते हैं?

उत्तर – फली या पोड कहते हैं। जबकि ग्रेमीनी कुल के फल को केरिओप्सिस कहते हैं।

प्रश्न 33. राष्ट्रीय मृदा सर्वेक्षण एवं भूमि उपयोग नियोजन ब्यूरो कहाँ स्थित है?

उत्तर – नागपुर, महाराष्ट्र में।

प्रश्न 34. वुड एप्पल (कैथ) का वानस्पतिक नाम क्या है?

उत्तर – *फेरोनिया लाइमोनिया*। यह रूटेसी कुल का पौधा है।

प्रश्न 35. एकीकृत ग्रामीण विकास योजना (IRDP) कब लागू की गई?

उत्तर – यह योजना पूरे देश में 2 अक्टूबर 1980 को लागू की गई थी। इसका प्रमुख उद्देश्य गरीबी रेखा से नीचे रह रहे लोगों को आधारभूत सुविधाएँ, स्वरोजगार के लिए ऋण व अनुदान उपलब्ध करा गरीबी रेखा से ऊपर लाना है। इसके अंतर्गत 40% आरक्षण महिलाओं के लिए है।

प्रश्न 36. दिवस निष्प्रभावी पौधों से क्या तात्पर्य है?

उत्तर – वह पौधें जिनमें पुष्पन क्रिया हेतु प्रकाश अवधि का कोई प्रभाव नहीं पड़ता है, जैसे – खीरा, टमाटर, सूरजमुखी आदि।

प्रश्न 37. पादप उन्मूलन से क्या तात्पर्य है?

उत्तर – पादप रोग–निरोध का सिद्धान्त, जिसमें किसी निश्चित क्षेत्र में रोग स्थापित हो जाने से उसके रोगजनक को नष्ट करना या हटाना।

प्रश्न 38. दीमक में किस प्रकार का एंटीना पाया जाता है?

उत्तर – मुक्ताकार। दीमक वर्ग इंसेक्टा (Insecta) और गण आइसॉप्टरा (Isoptera) की सदस्य हैं। इनके घरों को वल्मीक या टरमिटेरिया (Termitaria) कहते हैं। वल्मीक हर देश में मिलते हैं। ये पर्याप्त ऊँचे और भिन्न–भिन्न आकारों के होते हैं। साधारणतया चार से लेकर 10 फुट तक ऊँचे वल्मीक देखने में आते हैं, परन्तु ये 20 फुट तक ऊँचे भी पाए गए हैं। दक्षिणी भारत के पूर्वी तट पर काफी ऊँचे वल्मीक दिखाई पड़ते हैं।

प्रश्न 39. यूजी मक्खी (*Exorista bombycis* : Tachinidae) किससे संबंधित है?

उत्तर – यूजी मक्खी रेशम कीट का परजीवी है। यह मक्खी रेशम कीट के लार्वा के ऊपर अंडे देती है। इन अंडो से लार्वा निकलकर रेशम के कीट के लार्वा को खाते हैं। जिससे उनकी मृत्यु हो जाती है।

प्रश्न 40. मुर्गी (*Gallus domesticus*) के अंडे से चूजा कितने दिन में बाहर निकलता है?

उत्तर – 21 दिन में।

प्रश्न 41. फ्लेम फोटोमीटर किसके निर्धारण में काम आता है?

उत्तर – पोटेशियम।

प्रश्न 42. इंटरनेशनल सेंटर फॉर एग्रीकल्चर रिसर्च इन ड्राई एरियाज कहाँ स्थित है?

उत्तर – एलफो, सीरिया। इसकी स्थापना 1976 में हुई थी।

प्रश्न 43. पोटाश युक्त उर्वरकों के नाम बताइए?

उत्तर – म्यूरेट ऑफ पोटाश (KCl) 60%, सल्फेट ऑफ पोटाश (K_2SO_4) 48%, पोटेशियम नाइट्रेट (KNO_3) 44%, पोटेशियम काइनाईट 12-16% व पोटेशियम मैग्नीशियम सल्फेट 21-30%।

प्रश्न 44. गेंदे की प्रजातियों के नाम बताइए?

उत्तर – गेंदे का फूल वाली फसलों में महत्त्वपूर्ण स्थान है। अफ्रीकन गेंदा (*टैजेटिस इरेक्टा*), फ्रेंच गेंदा (*टैजेटिस पेटुला*), *टैजेटिस मैइन्युटा* आदि इसकी प्रजातियाँ है। यह ऐस्टेरेसी कुल का पौधा है।

प्रश्न 45. कद्दूवर्गीय सब्जियों में लाल मकड़ी (रेड स्पाइडर माइट) का नियंत्रण किस प्रकार किया जा सकता है?

उत्तर – यह कीट पत्तियों एवं तने से रस चूस कर पौधों को नुकसान पहुँचाता है। इसके नियंत्रण के लिए मोनोक्रोटोफॉस (0.1%) अथवा एसीफेट (0.1%) एक ग्राम/लीटर पानी में छिड़काव करें।

प्रश्न 46. लहसुन की विशिष्ट तेज गंध का कारण क्या है?

उत्तर – लहसुन में गंधयुक्त यौगिक एलाइल प्रोपाइल एवं एलिन पाए जाते हैं। जब लहसुन को काटते हैं तो इसमें उपस्थित एंजाइम सक्रिय हो जाते हैं तथा एलिन को एसिलिन में बदल देते हैं। इस कारण इसमें विशेष तेज गंध आने लगती है।

प्रश्न 47. अनिषेक जनन से क्या तात्पर्य है?

उत्तर – भ्रूण का विकास अंड कोशिका में बिना निषेचन से होना अनिषेक जनन कहलाता है। इस क्रिया से जो फल बनते हैं वह बीज रहित होते हैं, जैसे केला, अंगूर आदि।

प्रश्न 48. ग्रीष्म ऋतु में बुवाई हेतु बेल वाली सब्जियों के नाम बताइए?

उत्तर – बेल वाली सब्जियों के अन्तर्गत लौकी, तरोई, करेला, टिंडा, काशीफल, पेठा आदि की खेती की जाती हैं।

प्रश्न 49. बोर्डो मिश्रण की खोज किसने की?

उत्तर – पी॰ए॰ मिलारडेट ने 1885 में।

प्रश्न 50. फसलों की पुष्प अवस्था में कीटनाशक दवाओं का छिड़काव क्यों नहीं करना चाहिए?

उत्तर – मधुमक्खी की सुरक्षा हेतु।

प्रश्न 51. जीरे का उत्पत्ति स्थान बताइए?

उत्तर – जीरे का उत्पत्ति स्थान भूमध्य सागरीय क्षेत्र है। इसका वानस्पतिक नाम '*कुमिनम साइनम*' है। यह एपीएसी कुल का पौधा है।

प्रश्न 52. अंतरराष्ट्रीय माप प्रणाली के अनुसार मोटी बालू के कणों का व्यास कितना होता है?

उत्तर – 2.0 से 0.2 mm जबकि महीन बालू के कणों का व्यास 0.2 – 0.002 mm।

प्रश्न 53. भू पर्पटी (earth crust) से क्या तात्पर्य है?

उत्तर – थल मंडल की ऊपरी परत भू पर्पटी कहलाती है। इसका ऊपरी स्तर ऐसे शैलों से मिलकर बना है जिनके संघटक एल्यूमीनियम सिलीकेट खनिज है। इस स्तर को सिएल भी कहते हैं।

प्रश्न 54. पोषक तत्त्व किसे कहते हैं?

उत्तर – वह तत्त्व जो पौधों के पोषण में भाग लेते हैं उन्हें पोषक तत्त्व कहते हैं। इन तत्त्वों की अनुपस्थिति में पौधें अपने जीवन चक्र को सफलतापूर्वक पूर्ण नहीं कर सकते इसलिए इन्हें आवश्यक पोषक तत्त्व कहते हैं। कुल 17 पोषक तत्त्व होते हैं।

प्रश्न 55. एलोवेरा का प्रवर्धन किस विधि से करते हैं?

उत्तर – इसका प्रवर्धन वानस्पतिक विधि से होता है। वयस्क पौधों के आस–पास से निकलने वाली चार–पाँच पत्तियों से युक्त छोटे पौधें जिन्हें सकर्स कहते हैं जो इसके प्रवर्धन के लिए उपयुक्त रहते हैं। इन सकर्स को मातृ पौधों से अलग करके रोपित करते हैं।

प्रश्न 56. पादप उन्मूलन से क्या तात्पर्य है?

उत्तर – पादप रोग निरोध का सिद्धान्त जिसमें किसी निश्चित क्षेत्र में रोग स्थापित हो जाने से उसके रोगजनक को नष्ट करना या हटाना पादप उन्मूलन कहलाता है।

प्रश्न 57. ओजोन परत की क्षीणता के लिए सबसे खतरनाक गैस कौनसी है?

उत्तर – क्लोरोफ्लोरो कार्बन।

प्रश्न 58. मक्का के बीजों में सर्वप्रथम जीयाटीन का पृथक्करण किसने किया?

उत्तर – लेथम।

प्रश्न 59. फसल उत्पादन में पोषक तत्त्वों की पूर्ति भूमि में कैसे करते हैं?

उत्तर – पोषक तत्त्वों की आपूर्ति हेतु भूमि में रासायनिक उर्वरक, देशी खाद, जीवाणु खाद, कम्पोस्ट, आदि का मुख्य रूप से उपयोग किया जाता है।

प्रश्न 60. "स्टूडेंट रेडी" क्या है?

उत्तर – यह योजना कृषि स्नातक पाठ्यक्रम का भाग है जिसमे छात्रों को शैक्षिक अध्ययन के दौरान हुनरमंद बनाते हुए रोजगार के अनुकूल प्रशिक्षण प्रदान किया जाता है। इसका लक्ष्य कृषि स्नातकों के लिए रोजगार सुनिश्चित करते हुए ज्ञान आधारित उद्यमियों का विकास करना है।

प्रश्न 61. "स्टूडेंट रेडी" के महत्त्वपूर्ण घटक क्या है?

उत्तर – "स्टूडेंट रेडी" कार्यक्रम मूल रूप से तीन घटकों में विभाजित है : (i) अनुभव आधारित प्रशिक्षण (24 सप्ताह), (ii) ग्रामीण कृषि कार्य अनुभव (10 सप्ताह) एवं (iii) उत्पादन इकाईयों में औद्योगिक प्रशिक्षण (10 सप्ताह)।

प्रश्न 62. कृषि स्नातक पाठ्यक्रम की डिग्री के लिए "स्टूडेंट रेडी" सम्बन्धित प्रमुख क्षेत्र कौनसे हैं?

उत्तर – "स्टूडेंट रेडी" सम्बन्धित प्रमुख क्षेत्र निम्न है : बीज उत्पादन एवं प्रौद्योगिकी, मशरूम उत्पादन, मधुमक्खी पालन, हाईटेक बागवानी, वस्त्र उत्पादन, जलीय संवर्धन, बायोएजेंट्स और बायोफर्टिलाइजर्स का उत्पादन, मृदा एवं पौध विश्लेषण इकाईयाँ, ब्रॉयलर एवं लेयर उत्पादन एवं फलों, सब्जियों, औषधीय पौधों, दूध, माँस, मछली संबंधित मूल्य संर्वधित उत्पादों हेतु कटाई उपरांत प्रसंस्करण।

प्रश्न 63. लेडी बर्ड बीटल क्या है?

उत्तर – यह एक परभक्षी कीट है।

प्रश्न 64. परतदार चट्टान किसे कहते हैं?

उत्तर – वायु एवं जल द्वारा प्राचीन चट्टानों के अपक्षय से प्राप्त पदार्थ दूसरे स्थान पर जाकर परतो के रूप में जम जाते हैं उन्हें परतदार चट्टान कहते हैं। इन चट्टानों में जीवाश्म पाए जाते हैं।

प्रश्न 65. लैक्टोमिटर यन्त्र से क्या नापते हैं?

उत्तर – यह यन्त्र दूध का आपेक्षिक घनत्व नापने के काम आता है।

प्रश्न 66. "रेपिड रेड वाईट टिप" किसकी उन्नत किस्म है?

उत्तर – यह गोल आकार वाली मूली *(रेफेनस सटाईवस)* की किस्म है। यह 25–30 दिन में तैयार हो जाती है।

प्रश्न 67. हनीड्यू, कुर्ग हनीड्यू, ताईवान–786 किसकी उपयोगी किस्में हैं?

उत्तर – पपीता (*Carica papaya*: Caricaceae) की।

प्रश्न 68. फेनी पेय पदार्थ किससे प्राप्त होता है?

उत्तर – काजू से। जबकि "अराक" खजूर से बनाया जाता है और "नीरा" पेय पदार्थ नारियल से प्राप्त होता है।

प्रश्न 69. पिंचिग से क्या तात्पर्य है?

उत्तर – पौधों के उपरी भाग को तोड़ना पिंचिग कहलाता है। यह पौधों में अग्रस्थ प्रभाव को कम करने के लिए किया जाता है। इससे पौधों में अधिक शाखाएँ निकलती है और फूलों की पैदावार बढ़ जाती है। यह क्रिया गेंदा, गुलदाउदी, कारनेशन, आदि पौधों में की जाती है।

प्रश्न 70. फूलगोभी की अगेती किस्मों के नाम बताइए?

उत्तर – "पूसा दीपाली", "अर्ली कुवारी", "पंत गोभी–2", "पंत गोभी–3", आदि फूलगोभी (*ब्रेसीका ओलीरेसिया* वार *बोट्राईट्रिस*) की अगेती किस्में है।

प्रश्न 71. खरपतवार का नियंत्रण क्यों आवश्यक है?

उत्तर – खरपतवार वे अनावश्यक पौधें हैं जो खेत में फसलों के बीच उग आते हैं व फसल के पौधों के साथ पौषक तत्त्व, स्थान, नमी आदि के लिए प्रतिस्पर्धा करते हैं और कीटों व बीमारियों को आश्रय देते हैं।

प्रश्न 72. "ओरोबेंकी" क्या है ?

उत्तर – "ओरोबेंकी" मुख्यतः सरसों कुल की फसलों का परजीवी खरपतवार है यह फसल द्वारा संश्लेषित पदार्थ को चूसकर फसल के उत्पादन को कम कर देती है।

प्रश्न 73. "क्यूरिंग" किसे कहते हैं?

उत्तर – फसल की कटाई के पश्चात् उसको 4–5 दिन तक छाया में सुखा कर नमी कम करने की क्रिया को "क्यूरिंग" कहते हैं इसे आलू, प्याज, लहसुन, अदरक आदि फसलों में किया जाता है।

प्रश्न 74. "पेडोलोजी" किसे कहते हैं?

उत्तर – मृदा के उद्भव, वर्गीकरण तथा वर्णन के अध्ययन को पेडोलोजी कहते हैं। इस शब्द का सर्वप्रथम प्रयोग वी॰वी॰ दोकुचैव ने किया था जिन्हे मृदा विज्ञान का पितामह भी कहते हैं।

प्रश्न 75. मेसटाइटीस किससे सम्बन्धित है?

उत्तर – यह पशुओं से सम्बन्धित रोग है। जिसमे इनके थन में सुजन आ जाती है।

प्रश्न 76. केले के पुष्पक्रम को क्या कहते हैं?

उत्तर – केले (*मूसा पेराडीसिका*) के पुष्पक्रम को पेंडेंट कहते हैं। यह जीवन में एक ही बार फल देता है।

प्रश्न 77. ब्राउन प्लांट होपर किस रोग का वाहक है?

उत्तर – ब्राउन प्लांट होपर (*नीलापर्वता लिग्युंस*) धान में ग्रासी स्टंट रोग का वाहक है।

प्रश्न 78. "गोल्डन फाइबर क्रांति" किससे सम्बन्धित है?

उत्तर –जुट (*Corchorus capsularis*) उत्पादन से।

प्रश्न 79. अश्वगंधा किस लिए उपयोगी है?

उत्तर – अश्वगंधा (*Withania somnifera*)। यह सोलेनेसी कुल का पौधा है जिसकी जड़ों, पत्तियों का उपयोग वात रोग एवं रोग प्रतिरोधक क्षमता बढ़ाने में किया जाता है। इसमे प्रमुख एल्केलोइड "विथेनिन" पाया जाता है।

प्रश्न 80. मोनोकार्पिक से क्या तात्पर्य है?

उत्तर – जो पौधा अपने जीवन में सिर्फ एक बार ही फल देता है उन्हें मोनोकार्पिक कहते हैं। जैसे केला, गाजर, मूली, बाँस आदि।

प्रश्न 81. रतनजोत का उपयोगी भाग कौनसा है?

उत्तर – बीज व पत्ते। रतनजोत (*जेट्रोफा कर्कस*) यूफोरबीएसी कुल का पौधा है। इसके बीजों से प्राप्त तेल को दाद, खुजली, गठिया, लकवा आदि बीमारियों में उपयोग किया जाता है। इसके तेल से साबुन, वार्निश आदि भी बनाए जाते हैं एवं इसे बायोफ्यूल के रूप में भी काम

लिया जाता है। इसके पत्तों के रस का उपयोग बवासीर तथा उदर सम्बन्धी रोगों में होता है।

प्रश्न 82. किस सब्जी की जड़े एवं तने का उपयोग गुड़, खांड और बुरा साफ करने के काम में लिया जाता है?

उत्तर – भिन्डी *(एबेलमोसकस एस्कुलेंटम* : मालवेसी)। भिन्डी के रेशेदार डंठलो का उपयोग कागज उद्योग में भी किया जाता है।

प्रश्न 83. सब्जियों में नेक्रोसिस किस तत्त्व की कमी के कारण होता है?

उत्तर – आयरन (जस्ता)। इसी तत्त्व की कमी के कारण मक्का में "सफेद कली रोग" व धान में "खेरा रोग" होता है। इस तत्त्व की खोज डॉ॰ यशवंत लक्ष्मण (वाई॰एल॰) नेने द्वारा की गई।

प्रश्न 84. "कृष्णा", "चेतक", "श्यामा", "कीर्तिमान" किसकी किस्में हैं?

उत्तर – अफीम (*पेपेवर सोमनिफेरम* : पेपेवरिसी) की। इसका उत्पत्ति स्थान यूरोप है। इसमें मोर्फिन, कोडिन, नारकोटिक आदि रासायनिक पदार्थ पाए जाते हैं। इसका उपयोगी भाग कैप्सूल (डोडा) है।

प्रश्न 85. गुलमोहर का मूल स्थान क्या है?

उत्तर –गुलमोहर का वानस्पतिक नाम *"डेलोनिक्स रिजिया"* है। इसका मूल स्थान मैडागास्कर है।

प्रश्न 86. भू–पर्पटी में सबसे ज्यादा पाया जाने वाला तत्त्व कौनसा है?

उत्तर – ऑक्सीजन (46.02%)।

प्रश्न 87. हाईड्रोपोनिक्स क्या है?

उत्तर – हाईड्रोपोनिक्स या जल कृषि वह तकनीकी है जिसमें पौधों को बिना मिट्टी के सिर्फ खनिज घोल वाले जल में उगाया जाता है।

प्रश्न 88. pH की खोज किसने की?

उत्तर – (पोटेंशियल ऑफ हाइड्रोजन) की खोज एस.पी.एल. सोरेन्सन ने 1901 में की। यह मृदा लवणीयता, अम्लता व क्षारीयता की उपस्थिति को दर्शाता है। pH स्केल का मान 0–14 होता है। अगर pH का मान 7 से कम होता है तो मृदा अम्लीय होती है और अगर 7 से ज्यादा होता है तो वह लवणीय व क्षारीय मृदा कहलाती है।

प्रश्न 89. हॉर्टिकल्चर से क्या तात्पर्य है।

उत्तर – हॉर्टिकल्चर लेटिन भाषा का शब्द है जो दो शब्दों से मिलकर बना है हॉर्ट्स (उद्यान) + कल्चर (खेती)। यह कृषि विज्ञान की वह शाखा है जिसमे फूल, फल, सब्जियों तथा परिरक्षण का वैज्ञानिक तरीके से अध्ययन किया जाता है।

प्रश्न 90. पौधशाला (नर्सरी) को परिभाषित कीजिए?

उत्तर – वह स्थान जहाँ पर पौधों को उचित व अनुकुल वातावरण में तैयार कर प्रारंभिक अवस्था में रखा जाता है। जैसे टमाटर, बैंगन, खीरा, गुलाब, गेंदा, चावल, आदि की पौध तैयार की जाती है।

प्रश्न 91. रॉबर्ट हुक द्वारा लिखी गई पुस्तक का नाम बताइए?

उत्तर – "माइक्रोग्राफिया"। रॉबर्ट हुक ने 1665 में सर्वप्रथम कोशिका की खोज की थी। उन्होंने इसे "सेलुला" नाम दिया था जिसका अर्थ होलो स्पेस होता है।

प्रश्न 92. पंखविहीन कीट कौनसे उपवर्ग में आते हैं?

उत्तर – एप्टेरीगोटा। इनमे सिल्वर फिश, फायर ब्रेट आदि प्रमुख है।

प्रश्न 93. किस पौधें को खेत में लगाने से फसल को सूत्रकृमी के प्रकोप से बचाया जा सकता है?

उत्तर – गेंदा। इसकी जड़ों से एक प्रकार का स्त्राव निकलता है जो सूत्रकृमी की बढ़वार को रोकता है।

प्रश्न 94. मवेशियो में कॉपर की कमी से कौनसे रोग होते हैं?

उत्तर – फेलिंग डिसीज, स्कोरिंग व पीठ स्कोर रोग होते हैं।

प्रश्न 95. आग्नेय चट्टानों के उदाहरण दीजिये?

उत्तर – ग्रेनाइट, बेसाल्ट, डायोराईट, गेबरो आदि आग्नेय चट्टानों के उदाहरण है। अधिक ताप के कारण पिघलते हुए लावे के ठोस रूप से आग्नेय चट्टान बनती है। इसे मूल चट्टान भी कहते हैं।

प्रश्न 96. "इंटरनेशनल सेन्टर फॉर पोटेटो" कहाँ स्थित है?

उत्तर – लिमा, पेरू। इसकी स्थापना 1971 में हुई थी।

प्रश्न 97. भूमि में जड़ों का घेराव कौनसे यंत्र से नापते हैं?

उत्तर – राईजोमिटर।

प्रश्न 98. फलों में पेक्टिन किस यन्त्र द्वारा नापा जाता है?

उत्तर – जेल मीटर।

प्रश्न 99. भारत की काली मिट्टी किस मृदा ऑर्डर में वर्गीकृत की जाती है?

उत्तर –वर्टिसॉल। काली मिट्टी में कार्बनिक पदार्थ नाइट्रोजन व फॉस्फोरस की मात्रा कम तथा पोटाश और चूने की मात्रा अधिक होती है। इस प्रकार की मृदाएँ मोंटमोरीलीनाईट क्ले व खनिज द्वारा निर्मित है। यह कपास की खेती के लिए अति उपयोगी है।

प्रश्न 100. पलवार के लाभ बताइए?

उत्तर – पलवार के निम्न लाभ होते हैं :

- सूक्ष्म जीवों की क्रियाशीलता में बढ़ोतरी
- केचूओं की क्रियाशीलता में बढ़ोतरी
- खरपतवारों का दमन
- मृदा जल धारण क्षमता में बढ़ोतरी
- मृदा की उर्वरा शक्ति में बढ़ोतरी
- मृदा के तापमान में बढ़ोतरी के साथ–साथ जड़ों का समुचित विकास।

प्रश्न 101. स्लेटी क्रांति किससे संबंधित है?

उत्तर – उर्वरक उत्पादन से सम्बन्धित है। जबकि स्वर्ण क्रांति फूल एवं सब्जी उत्पादन से सम्बन्धित है।

प्रश्न 102. निर्मल ग्राम योजना क्या है?

उत्तर – गाँव में कचरे का उपयोग कर कंपोस्ट खाद तैयार करने हेतु वर्ष 1999 से 2000 में योजना प्रारम्भ की गई।

प्रश्न 103. राष्ट्रीय मसाला अनुसंधान केंद्र कहाँ स्थित है?

उत्तर – कालीकट, केरल में।

प्रश्न 104. आर्द्रता से क्या तात्पर्य है?

उत्तर – पृथ्वी के चारों ओर उपस्थित वायुमंडल में विद्यमान जलवाष्प की मात्रा आर्द्रता कहलाती है। वातावरण की आपेक्षिक आर्द्रता नापने के लिए हाईग्रोमीटर/साइक्रोमीटर नामक यंत्र उपयोग में लाया जाता है।

प्रश्न 105. मृदा में पोषक तत्त्व की प्राप्ति के स्रोत कौनसे हैं?

उत्तर – 1. फसल के अवशेषों से 2. कार्बनिक और अकार्बनिक खाद द्वारा 3. वर्षा द्वारा 4. नत्रजन का दलहनी फसलों द्वारा स्थिरीकरण एवं 5. मृदा की गहरी सतह से।

प्रश्न 106. बीज प्रौद्योगिकी से क्या तात्पर्य है?

उत्तर – बीजो के उत्पादन, संसाधन, भंडारण, परीक्षण एवं वितरण का विज्ञान, बीज प्रौद्योगिकी कहलाता है।

प्रश्न 107. मिलवा खेती से क्या तात्पर्य हैं?

उत्तर – एक खेत में एक ही समय में एक से अधिक फसल उगाना मिलवा फसलों की खेती कहलाती है। इस खेती में बीज मिश्रण प्रायः तीन विधि से बोये जाते हैं : (1) पंक्ति में बुवाई (2) छिड़काव बुवाई (3) विभिन्न फसलों की अलग–अलग पंक्तियों में बुवाई।

प्रश्न 108. अमरूद में ब्राजिंग किस तत्त्व की कमी के कारण होती है?

उत्तर – Zn (जस्ता)।

प्रश्न 109. सरसों के तेल में तीखापन किस कारण होता है?

उत्तर – एलाइल आइसो थायोसाइनेट।

प्रश्न 110. धान (*औराइजा सेटाइवा*) का उद्भव स्थान कहाँ है?

उत्तर – भारत (हस्तिनापुर)। यह ग्रेमिनी (पोएसी) कुल का पौधा है। यह स्वपरागित फसल है और इसके दानों को कैरियोपसिस कहते हैं।

प्रश्न 111. पनामा किस फसल का रोग है?

उत्तर – केले का। इस रोग को बनाना विल्ट भी कहते हैं। यह *फ्यूजेरियम ऑक्सीस्पोरम* नामक कवक द्वारा होता है।

प्रश्न 112. मक्का में तना छेदक कीट के नियंत्रण हेतु क्या करना चाहिए?

उत्तर – इसके नियंत्रण हेतु कार्बोफ्यूरॉन 3% कण 5 से 7.5 किलोग्राम प्रति हेक्टेयर की दर से पौधों के पाटों में डालें।

प्रश्न 113. कपास में रेशा व बिनौला अलग करने की क्रिया को क्या कहते हैं?

उत्तर – ओटाई। कपास में औसत औटाई 24 से 43% तक पाया जाता है। कपास के रेशे वाले भाग को रुई व बिनौले वाले भाग को बीज कहा जाता है।

प्रश्न 114. चूजों को अंडे से निकलने के बाद निश्चित ताप पर रखने की क्रिया क्या कहलाती है?

उत्तर – ब्रुडिंग या रियरिंग।

प्रश्न 115. "पूसा सावनी", "सिलेक्शन 1", "सिलेक्शन 2", "कोयंबटूर 1" किसकी उन्नत किस्में है?

उत्तर – भिंडी (*एबेलमोस्कस एस्कुलेंटस*) की। यह सभी किस्में अच्छी पैदावार देती है और इनमें कीड़े मकोड़े व रोगों का प्रकोप भी कम होता है।

प्रश्न 116. फल वृक्षों में कटाई–छँटाई क्यों की जाती है?

उत्तर – यह वह क्रिया है जिसके अंतर्गत पौधों की फलन अवस्था को वानस्पतिक वृद्धि अवस्था में बदला जाता है ताकि फल वृक्ष उपयुक्त समय पर परिपक्व अवस्था में अच्छी गुणवत्ता वाले फल दे।

प्रश्न 117. पपीते की कौनसी किस्में पेपेन उत्पादन के लिए उपयोगी है?

उत्तर – "कोयंबटूर 5", "कोयंबटूर 2", "पूसा मेजेस्टी" आदि। पपीते का वानस्पतिक नाम *केरिका पपाया* है। यह केरिकेसी कुल का पौधा है एवं इसका उद्‌भव स्थान ऊष्ण अमेरिका है।

प्रश्न 118. पशुओं में जोहनीस बीमारी का कारण कौन है?

उत्तर –माइक्रोबैक्टीरिया परटच्यूबरकुलोसिस। इसके प्रमुख लक्षण कमजोरी, बदबूदार गैस के बुलबुले युक्त दस्त हैं।

प्रश्न 119. *"साइप्रस रोटनडस"* किसका वानस्पतिक नाम है?

उत्तर – मोथा (*नट ग्रास*) का। यह वर्षा ऋतु में पाया जाने वाला साइप्रेसी कुल का खरपतवार है।

प्रश्न 120. 'माधुरी', 'प्रिया', 'विंटर स्ट्रीट', 'ब्राइट जीन' एवं 'शुगर 75' किसकी उन्नत किस्में है?

उत्तर – स्वीट कॉर्न की। यह विटामिन, खनिज, लवण एवं एंटी–ऑक्सीडेंट्स का अच्छा स्त्रोत है।

प्रश्न 121. अनार (*पूनिका ग्रेनटम* : प्यूनीकेसी) में फल सड़न रोग का कारक कौन है?

उत्तर – यह एक कवक जनित रोग है। इसके रोकथाम के लिए डाइथेन एम 45 या डाइथेन जेड 78 के 0.25% घोल का छिड़काव करना चाहिए अथवा 5% बॉविस्टिन के घोल का छिड़काव करने से रोग के प्रभाव को समाप्त किया जा सकता है।

प्रश्न 122. पेपेन से क्या तात्पर्य है?

उत्तर – पेपेन पपीते में पाया जाने वाला एक पदार्थ है। इसमें प्रोटियोलिटिक एंजाइम पाए जाते हैं जिसे पेप्सिन, इरोप्सिन, रेनिन नामों से भी जाना जाता है। यह प्रोटीन को अमीनो अम्ल में परिवर्तित कर भोजन पचाने में सहायक है।

प्रश्न 123. कृषि के साथ–साथ फसल चक्र में पेड़ों, बागवानी व झाड़ियों की खेती कर फसल व चारा उत्पादन को क्या कहते हैं?

उत्तर – कृषि वानिकी।

प्रश्न 124. डॉ॰ मोदादूगा विजय गुप्ता को विश्व खाद्य पुरस्कार से कब सम्मानित किया गया?

उत्तर – 2005 में। इन्हें मछली पालन के क्षेत्र में कार्य के लिए इस पुरस्कार से सम्मानित किया गया था।

प्रश्न 125. एग्रोस्टोलोजी किससे संबंधित है?

उत्तर – घास की खेती को एग्रोस्टोलोजी कहते हैं।

प्रश्न 126. नील हरित शैवाल एवं अजोला का उपयोग कौनसी फसल में किया जाता है?

उत्तर – धान की फसल में। यह मृदा में नाइट्रोजन का स्थिरीकरण कर उसे पौधों को उपलब्ध कराती है।

प्रश्न 127. राष्ट्रीय उष्ट्र अनुसंधान केन्द्र कहाँ है?

उत्तर – बीकानेर (राजस्थान), राजस्थान सरकार ने ऊँट को राज्य का पशु घोषित किया है। ऊँटनी का दूध इंसानी स्वास्थ्य के लिए बेहद लाभकारी है, जिससे पीलिया, फेटी लीवर, ड्रॉप्सी, एड्स जैसी खतरनाक बीमारी में इम्यूनो सिस्टम को मजबूत बनाए रखने में बहुत कारगर है।

प्रश्न 128. पौधशाला का महत्व बताइए?

उत्तर – 1. पौधों की उचित देखभाल होने के कारण पौधशाला में स्वस्थ पौधें तैयार होते हैं। 2. पौधशाला में पौधों को तैयार करने से भूमि व बीज की बचत होती है। 3. छोटे व हल्के बीजों की बुवाई खेत में सीधे नहीं कर सकते हैं, इसलिए उन्हें पौधशाला में आसानी से उगाकर खेत में स्थान्तरित किया जाता है। 4. पौधशाला में पौधों को प्रतिकूल परिस्थितियों, कीटों एवं रोगों से रक्षा की जा सकती है।

प्रश्न 129. ह्यूमस का C:N अनुपात कितना होता है?

उत्तर – 10:1। जबकि सामान्य मृदा का अनुपात 12:1 होता है।

प्रश्न 130. ग्राफ्टिंग का ऊपरी भाग जो मूलवृंत पर लगाते हैं क्या कहलाता है?

उत्तर – सांकुर (Scion)।

प्रश्न 131. ऊँट की बीकानेरी नस्ल किसका संकरण है?

उत्तर – यह बलूची व सिन्धी ऊँट के संकरण से प्राप्त द्विप्रयोजनी नस्ल है।

प्रश्न 132. बाग लगाने की वह विधि बताइए जिसमें पौधें से पौधें एवं कतार से कतार की दूरी बराबर होती है?

उत्तर – वर्गाकार।

प्रश्न 133. पॉपकॉर्न बनाने के काम आने वाली मक्का का वानस्पतिक नाम क्या है?

उत्तर – *जिया मेज इवरटा*।

प्रश्न 134. पेंटेड बग किस फसल का कीट है?

उत्तर – सरसो।

प्रश्न 135. आनुवंशिकी का जनक कौन है?

उत्तर – ग्रेगर जॉन मेंडल। उन्होंने मटर (*पाइसम सेटाइवम*) पर प्रयोग कर आनुवंशिक के नियम निर्धारित किए थे।

प्रश्न 136. वायु दिग्दर्शक यंत्र किस काम आता है?

उत्तर – वायु की दिशा नापने के लिये।

प्रश्न 137. पौधों में सामान्यतः छोटी पर्ण रोग किसकी कमी से होता है?

उत्तर – जस्ता की कमी से।

प्रश्न 138. पौधों में सर्वाधिक रूप से प्रयोग होने वाले वृद्धि नियामक का नाम बताइए?

उत्तर – ऑक्सीन। इसका जड़ों का शीघ्र निर्माण (IBA), फूलों और फलियों को गिरने से रोकने (NAA), खरपतवार नियंत्रण (2,4-D), आदि कार्यों में उपयोग किया जाता है।

प्रश्न 139. ऑपरेशन फ्लड योजना क्या है?

उत्तर – ऑपरेशन फ्लड विश्व के विशालतम विकास कार्यक्रम के रूप में प्रसिद्ध है। इस योजना को सन् 1970 में राष्ट्रीय डेयरी विकास बोर्ड द्वारा शुरू किया गया था, जिसने भारत को विश्व में दूध का सबसे बड़ा उत्पादक बना दिया।

प्रश्न 140. भैंस की सबसे अधिक दूध देने वाली नस्ल कौनसी है?

उत्तर – मुर्रा। यह विश्व में दूध देने वाली भैंसों की सर्वश्रेष्ठ नस्ल है। इसका औसत दूध उत्पादन 1360–2270 लीटर प्रति ब्यात है। इसके दूध में 6–7% वसा होता है।

प्रश्न 141. चरपरी (तीखी) मिर्च की किस्मों के नाम बताइए।

उत्तर – एलीफेंट ट्रंक, मथानिया लौंग, पंत सी–2, पूसा ज्वाला, एन.पी. –46ए, पूसा सदाबहार, अर्का सुफल, अर्का मैंघना, अर्का हरिता आदि।

प्रश्न 142. प्रोट्रे से क्या तात्पर्य है?

उत्तर – प्रोट्रे या प्लास्टिक ट्रे उच्च गुणवत्ता युक्त पौध को तैयारी करने के काम लेते हैं। इसे प्रसारण ट्रे भी कहते हैं।

प्रश्न 143. *'इलूसाइन कोराकाना'* किसका वानस्पतिक नाम है?

उत्तर – रागी या मंडुआ का। यह ग्रेगमिनी कुल का पौधा है, जिसका उद्भव स्थान भारत है। इसमें सर्वाधिक मात्रा में कैल्शियम पाया जाता है।

प्रश्न 144. जरबेरा का उत्पत्ति स्थान बताइए?

उत्तर – जरबेरा व्यावसायिक रूप से उगाया जाने वाला एक महत्त्वपूर्ण केंद्रीय फूल है जिसे अफ्रीकन डेजी या ट्रांसवाल डेजी के नाम से भी जाना जाता है। इसका उत्पत्ति स्थान अफ्रीका और एशिया महाद्वीप है।

प्रश्न 145. मूली की एशियाई किस्मों के नाम बताइएँ ?

उत्तर – काशी श्वेता, काशी हंस, अर्का निशांत, जापानी वाइट, पूसा रेशमी, पूसा चेतकी, हिसार मूली नंबर –1, आदि।

प्रश्न 146. फूलगोभी की बीज दर बताइए?

उत्तर – अगेती लगाई जाने वाली किस्मों की 500 ग्राम/हेक्टर एवं मध्य और देर से लगाई जाने वाली की 400 ग्राम/हेक्टर है।

प्रश्न 147. संरक्षित खेती किसे कहते हैं?

उत्तर – संरक्षित खेती वह तकनीक है जिसके द्वारा फसल की आवश्यकतानुसार जलवायु घटकों को नियंत्रित करके इसकी उपज बढ़ा सकते हैं। यह तकनीक लघु व सीमांत किसानों को प्रति इकाई भूमि से अधिक आमदनी दिलाने तथा शिक्षित बेरोजगारों को प्रतिष्ठित रोजगार के अवसर प्रदान करने में काफी सहायक सिद्ध होती है।

प्रश्न 148. फील्ड प्लॉट टेक्निक के जनक कौन है?

उत्तर – जे॰बी॰ वोसिंगाल्ट।

प्रश्न 149. गन्ने के पाईरिला कीट का जैविक नियंत्रण किस कीट द्वारा कर सकते हैं?

उत्तर – एपिकार्पिया।

प्रश्न 150. ईथाइलीन हार्मोन के अग्रदूत का नाम बताइए?

उत्तर – मिथायोनिन। ईथाइलीन एक गैस है जो पानी में अघुलनशील है। इथरल या इथेफोन गैस कृत्रिम रूप से फलों को शीघ्र पकाने में सहायक है।

प्रश्न 151. औषधीय एवं सुगंधी पौध अनुसंधान निदेशालय कहाँ स्थित हैं?

उत्तर – बोरियावी, आनंद (गुजरात)।

प्रश्न 152. गेहूँ की किन किस्मों का हरित क्रांति में अच्छा योगदान था?

उत्तर – एच. डी. 2329, लारमा राजो, सोनरो 63, 64 आदि।

प्रश्न 153. पौधें का सबसे गतिशील तत्त्व कौनसा है?

उत्तर – नत्रजन। जबकि मृदा में सबसे गतिशील तत्त्व पोटेशियम है। कैल्शियम (Ca), आयरन (Fe) व कोपर (Cu) मृदा में गतिशील तत्त्व है।

प्रश्न 154. ROCA से क्या तात्पर्य है?

उत्तर –राजस्थान ऑर्गेनिक सर्टिफिकेशन एजेंसी। यह संस्था एपीडा द्वारा 2007 में बनाई गई।

प्रश्न 155. बहुखंडी खेती किसे कहते हैं?

उत्तर – एक खेत में भिन्न–भिन्न ऊँचाई वाली फसलों को एक साथ उगाने की क्रिया को बहुखंडी खेती कहते हैं। इसका उद्देश्य अधिक उत्पादन हेतु फसल उत्पादन क्षेत्र को बढ़ाना है, जैसे नारियल + कोको + हरा चारा।

प्रश्न 156. बाजरे में बौनेपन के लिए कौनसा जीन जिम्मेदार है?

उत्तर – टिफ्ट–23A। गेहूँ में 'नोरिन–10' है जबकि धान में 'डी जीयो बू जन' है।

प्रश्न 157. जूट के रेशे को सड़ाने के लिए पानी का उपयुक्त तापमान कितना होना चाहिए?

उत्तर – 34 डिग्री सेल्सियस।

प्रश्न 158. टमाटर के फल का लाल रंग किस रसायन के कारण होता है?

उत्तर – लाईकोपिन–प्रतिऑक्सीकारक अवयक (Anti-oxidants)।

प्रश्न 159. परवल में चूर्ण आसिता रोग का कारक क्या है?

उत्तर – यह एक फफुंद जनित रोग है। रोग से प्रभावित पत्तियों की सतह पर गोल सफेद पाउडर जैसे धब्बे बनते हैं जो आकार और संख्या में तेजी से बढ़ते हैं एवं पूर्णरूप से पत्ती को ढ़क लेते हैं रोग से बचाव के लिए केराथेन नामक दवा का छिड़काव करना चाहिए।

प्रश्न 160. वेस्टइंडीज चेरी किस कुल का सदस्य है?

उत्तर – यह मालपीजीएसी परिवार का सदस्य है। इसका वानस्पतिक नाम *मालपीजीया ग्लेब्रा* है। यह विटामीन सी का एक बहुत बड़ा स्त्रोत है।

प्रश्न 161. ग्वारपाठे के पत्ती धब्बा रोग को नियंत्रण करने के उपाय बताइए?

उत्तर – यह रोग *अलटरनेरिया अलटरनाटा* जीवाणु से फैलता है। इसके नियंत्रण के लिए कैप्टान 2 ग्राम प्रति लीटर पानी की दर से घोल बनाकर छिड़काव करें।

प्रश्न 162. किसी एक जीव से किसी एक जीन को दूसरे पौधें में डी॰एन॰ए॰ रिकोम्बिनेंट तकनीक द्वारा स्थानांतरित किया जाना क्या कहलाता है?

उत्तर – जेनेटिक इंजीनियरिंग।

प्रश्न 163. लवणीय एवं क्षारीय मृदा बनने के कारण बताइए?

उत्तर – शुष्क जलवायु, लवणीय जल से लगातार सिंचाई, जल निकास की कमी, क्षारीय उर्वरकों का अधिक प्रयोग, मूल पदार्थों की प्रकृति आदि।

प्रश्न 164. काइनाइट से क्या तात्पर्य है?

उत्तर – यह पोटेशियम क्लोराइड व मैग्नीशियम सल्फेट से बना एक खनिज है। क्रूड पोटाश को कायनाइट के नाम से बेचा जाता है। इसमें कम से कम 12% K_2O होता है।

प्रश्न 165. फर्टिगेशन किसे कहते हैं?

उत्तर – सिंचाई जल के साथ लवण उर्वरकों को देना फर्टिगेशन कहलाता है जिससे दोनों की ही उपयोग क्षमता बढ़ सके। इस पद्धति का जन्म स्थान इजराइल है।

प्रश्न 166. C_4 प्लांट्स से क्या तात्पर्य है?

उत्तर –वे पौधें जिनमें अधिक जल उपयोग क्षमता एवं अधिक प्रकाश संश्लेषण दर हो लेकिन प्रकाश श्वसन दर कम हो। जैसे मक्का, गन्ना, चौलाई, ज्वार आदि।

प्रश्न 167. चंद्रसूर का वानस्पतिक नाम बताइए?

उत्तर – *लेपीडीयम सटाइवम*। यह क्रुसीफेरी कुल का पौधा है जो रबी में लगाया जाता है। इसके बीजों में 22.5% प्रोटीन, 27.5% वसा तथा 30% फाइबर होता है। यह कैल्शियम, आयरन, फोलिक एसिड, विटामिन ए और सी का अच्छा स्त्रोत है। यह आमतौर पर लम्बाई बढ़ाने व पशुओं में दूध बढ़ाने के लिए प्रयोग में लाया जाता है।

प्रश्न 168. दमस्क या डेमेसिना गुलाब की कुछ किस्मों के नाम बताइए?

उत्तर – इस वर्ग में इत्र के लिए उपयुक्त कुछ अत्यन्त सुगंधित किस्में है : नूरजहाँ, ज्वाला, सेल्सियाना, कैजन्लिक, मेडमहार्डी आदि। गुलकंद के लिए एडवारड रोज (*रोजा बोरबोनियाना*) काम में लाया जाता है।

प्रश्न 169. कंकोड़े (*Mamordica dioica*: Cucurbitaceae) की प्रवर्धन विधि बताइए?

उत्तर – कंकोड़े का पौधा बीज, कंद या तने की कटिंग के द्वारा तैयार किया जा सकता है।

प्रश्न 170. कुष्मांड कुल की सब्जियों में विषाणु रोग का कारक बताइए?

उत्तर – कुकुम्बर मोजेक वायरस (सी॰एम॰बी॰) और वाटरमेलन वायरस (डब्ल्यू॰एम॰सी॰)। यह विषाणु रोग एफिड्स (मोयला कीट) से पौधों में संचरित होता है।

प्रश्न 171. वर्ष 2016 का विश्व खाद्य पुरस्कार किन वैज्ञानिको को दिया गया?

उत्तर – यह पुरस्कार डॉ॰ जॉन लो, डॉ॰ मारिया आन्द्रोद, डॉ॰ रॉबर्ट मवांगे एवं डॉ॰ होवर्थ वुड्स को दिया गया था। इन्हें अफ्रीका में सुनहरी

शकरकंद के उत्पादन और उपभोग से विटामिन ए की कमी को दूर करने के कार्य के लिए दिया गया।

प्रश्न 172. सर्वप्रथम वीड (weed) शब्द का प्रयोग किसने किया था?

उत्तर – जेथ्रोटल ने। उनके अनुसार खरपतवार वह अवांछित पौधें हैं जो किसी स्थान पर बिना बोये उगते हैं और जो कृषक के लिए हानिकारक है।

प्रश्न 173. गेहूँ की बायोफोर्टीफाइड किस्म का नाम बताइए?

उत्तर – डब्लू बी–02। यह किस्म जिंक (42.0 पीपीएम) और लौह (40.0 पीपीएम) से समृद्ध है।

प्रश्न 174. एकता (EKTA) से क्या तात्पर्य है?

उत्तर – यह एकीकृत कृषि शिक्षा तकनीकी आयाम पोर्टल है। जिसे भारतीय कृषि अनुसंधान परिषद, नई दिल्ली द्वारा शुरू किया गया है।

प्रश्न 175. मोयला क्या है?

उत्तर – सरसों, जौ, मूली, आदि अनेक फसलों में रस चुसक कीट को मोयला (Aphid) कहते हैं।

प्रश्न 176. मोहेयर (Mohair) किससे प्राप्त होता है?

उत्तर – मोहेयर एक तरह का धागा है जो बकरी की अंगोरा नस्ल से प्राप्त होता है।

प्रश्न 177. पेगिंग कृषि क्रिया कौनसी फसल से सम्बन्धित है?

उत्तर – पेगिंग, मूंगफली (*ऐरेकिस हाईपोजिया*) की फसल में होने वाली एक लाभकारी प्रक्रिया है। इसमें परागण के बाद फूल के अवशेष भाग के आधार से पेग निकलकर जड़ की तरह नीचे की ओर मुड़कर जमीन के भीतर वृद्धि कर फल का निर्माण करते हैं।

प्रश्न 178. सिस्मोग्राफ और सिस्मोस्कॉप यंत्र किस काम आते हैं?

उत्तर – भूकंप की तीव्रता मापने हेतु।

प्रश्न 179. गाजर घास (*Parthenium hysterophorus*) को कौनसे कीट द्वारा नियंत्रित किया जा सकता है?

उत्तर – मैक्सिकन बीटल (*Zygogramma bicolorata*)।

प्रश्न 180. क्षेत्र क्षमता (Field Capacity) किसे कहते हैं?

उत्तर – सिंचाई के 36 से 48 घंटे बाद जो जल मात्रा पृथ्वी के गुरुत्वाकर्षण के विरुद्ध रोक ली जाती है उसे क्षेत्र क्षमता कहते हैं।

प्रश्न 181. NASM का पूरा नाम बताइए?

उत्तर – नेशनल एग्रीकल्चरल साइंस म्यूजियम। इसकी स्थापना 2004 में नई दिल्ली में हुई।

प्रश्न 182. मटर की परिपक्वता किस यंत्र द्वारा मापी जाती है?

उत्तर – टेनड्रोमीटर।

प्रश्न 183. दिवस निष्प्रभावी पौधों (Day neutral plants) के उदाहरण बताइए?

उत्तर – टमाटर, खीरा, मटर, सूरजमुखी आदि। दिवस निष्प्रभावी पौधों पर पुष्पन क्रिया हेतु प्रकाश अवधि का कोई प्रभाव नहीं पड़ता है।

प्रश्न 184. मृदा क्षरण से क्या तात्पर्य है?

उत्तर – भौतिक रूप से मिट्टी के कणों का अपने स्थान से हटने की क्रिया को मृदा क्षरण कहते हैं।

प्रश्न 185. गाय के पावसने (Milk let down) के लिए कौनसा हार्मोन उत्तरदायी है?

उत्तर – ऑक्सीटोसिन।

प्रश्न 186. *फैलेरिस माइनर* किसका वानस्पतिक नाम है?

उत्तर – गेहूँसा या गेहूँ के मामा का। यह गेहूँ का खरपतवार है।

प्रश्न 187. प्रमाणित बीज किसे कहते हैं?

उत्तर – आधार बीज, पंजीकृत बीज या प्रमाणित बीज की संतति, जिसका उत्पादन किसी बीज प्रमाणीकरण संस्था की देखरेख में किया गया हो और यह प्रमाणपत्र दिया गया हो की उसकी आनुवंशिक व भौतिक शुद्धता, अंकुरण प्रतिशत व आर्द्रता प्रतिशत आदि प्रमाणीकरण मानकों

के अनुरूप है। इस प्रकार के बीजों की थैली पर नीले रंग का टेग लगता है।

प्रश्न 188. कोलोकेसिया व रतालू में पाया जाने वाला हानिकारक रसायन का नाम बताइए?

उत्तर – कैल्शियम ऑक्सालेट।

प्रश्न 189. नत्रजन का पौधों में प्रमुख कार्य बताइए?

उत्तर – पौधों में हरा रंग निर्माण, प्रकाश संश्लेषण के लिए आवश्यक, पत्तियों में सरलता लाना, प्रोटीन निर्माण में सहायक, फसल पकने की अवधि को बढ़ा देना, पौधों के विकास में मदद करना।

प्रश्न 190. परवल (*ट्रायकोसेंथस डियोका* : कूकरबीटेसी) की उन्नत किस्मों के नाम बताइए?

उत्तर –स्वर्ण रेखा, काशी अलंकार, काशी जाग्रति, राजेंद्र परवल–1, फेजावाद परवल–3।

प्रश्न 191. कृष्ण क्रांति किससे सम्बंधित है?

उत्तर – बायोडीजल उत्पादन से। जबकि रजत क्रांति अंडा उत्पादन, पीली क्रांति–तिलहन उत्पादन व भूरी क्रांति–उर्वरक उत्पादन से सम्बंधित है।

प्रश्न 192. नगदी फसल किसे कहते हैं?

उत्तर – वह फसल जो व्यापार के उद्देश्य से किसानो द्वारा की जाती है। जैसे कपास, गन्ना, तम्बाकू, जूट, आदि।

प्रश्न 193. कॉफी के उत्पादन के लिए भारत में कौनसी जगह प्रसिद्ध है?

उत्तर – कुर्ग (नीलगिरी की पहाड़ी), कर्नाटक। कुर्ग को भारत का स्काटलैण्ड के नाम से भी जाना जाता है।

प्रश्न 194. किस मिट्टी में आयरन व सिलिका सबसे अधिक पाया जाता है?

उत्तर –लेटेराइट मिट्टी। इसे मुखरैला मिट्टी के नाम से भी जाना जाता है।

प्रश्न 195. जौ की कौनसी किस्म भूसी (छिलका) रहित (Huskless) हैं?

उत्तर – करण 201, 231, 264। जौ का वानस्पतिक नाम *होर्डियम वल्गेयर* हैं। यह गेमिनी कुल का पौधा है। इसका उत्पति स्थान इबीसिनीया (इथोपिया), दक्षिणी अफ्रीका है।

प्रश्न 196. झूम खेती को और किस नाम से जाना जाता है?

उत्तर – इस तरह की खेती को मलेशिया में लाड़ाग, फिलिपिन्स में चोगन, मेक्सिको में मिलपा, श्रीलंका में चेन्ना एवं वेनेजुएला में कोनुको कहते हैं। इस खेती में जंगलों को काटकर भूमि साफ कर उस पर खेती की जाती है। भूमि की उर्वरता समाप्त हो जाने पर यह भूमि छोड़ दी जाती है।

प्रश्न 197. पारिस्थितिकी (Ecology) से क्या तात्पर्य है?

उत्तर – पारिस्थितिकी शब्द की उत्पत्ति ग्रीक भाषा के दो शब्दों आइकोस तथा 'लोगोस' से हुई है। जीवों एवं वातावरण के पारस्परिक सम्बन्धो के अध्ययन को पारिस्थितिकी कहते हैं।

प्रश्न 198. भिन्डी में पीत शिरा मोजेक रोग का संचरण किस कीट से होता है?

उत्तर – भिन्डी में पीत शिरा मोजेक रोग का कारक विषाणु है, जिसका संचरण सफेद मक्खी (*Bemisia tabaci*) द्वारा होता है।

प्रश्न 199. टमाटर कैचप में कुल घुलनशील पदार्थ (TSS) कितना होना चाहिए?

उत्तर –25–30%। जबकि सॉस में यह 16-24% होता है। कैचप में सॉस की अपेक्षा अधिक मसाले मिलाये जाते हैं।

प्रश्न 200. भारतीय गन्ना अनुसंधान संस्थान कहाँ स्थित है?

उत्तर – लखनऊ, उत्तरप्रदेश। इसकी एक शाखा कोयम्बटूर में गन्ना प्रजनन एवं आनुवंशिकी का कार्य करती है।

प्रश्न 201. मृदा उर्वरता से क्या तात्पर्य है?

उत्तर – पादप वृद्धि की उपयुक्त दशाओं में मृदा की पोषक तत्त्वों को प्राप्य अवस्था में उचित मात्रा व निर्दिष्ट संतुलन में प्रदान करने की क्षमता मृदा उर्वरता कहलाती है।

प्रश्न 202. न्यून लवण सहिष्णु फसलों के नाम बताइए?

उत्तर – सनई, उर्द, मूंग, मटर, चना, सेम, नाशपती, सेब, नारंगी आदि।

प्रश्न 203. जिंक तत्त्व के पौधों में प्रमुख कार्य बताइए?

उत्तर – प्रोटीन संश्लेषण में सहायक, हार्मोन के जैविक संश्लेषण में सहायक, क्लोरोफिल निर्माण में उत्प्रेरक आदि। इसकी कमी से ही मक्का में खेत कली रोग, धान में खैरा रोग, अमरुद में ब्रोंजिंग रोग होता है।

प्रश्न 204. जिप्सम में कैल्शियम कितने प्रतिशत पाया जाता है?

उत्तर – 29.2%।

प्रश्न 205. अरबी में झुलसा रोग नियंत्रण करने के उपाय बताइए?

उत्तर – झुलसा रोग फफूंद जनित रोग है इसके रोकथाम हेतु डायथेन जेड–78 द्रव को 2.0 ग्राम/लीटर पानी की दर से घोल तैयार कर फसल में छिड़काव करना चाहिए।

प्रश्न 206. ऊतक संवर्धन से क्या तात्पर्य है?

उत्तर – पादप ऊतक संवर्धन एक ऐसी तकनीक है जिसके द्वारा कोशिका ऊतक अंगों और यहाँ तक कि पूरे पौधें को अपनी इच्छा अनुसार पूरे साल प्रयोगशाला में उगाया जा सकता है।

प्रश्न 207. वर्मीक्यूलाइट क्या है?

उत्तर – यह अभ्रक युक्त खनिज होता है। जिसका मृदाविहीन माध्यम के रुप में उपयोग किया जाता है। यह वजन में हल्का उदासीन तथा पानी में अघुलनशील होता है एवं इसकी जल धारण क्षमता अत्यधिक होती है।

प्रश्न 208. बीजोपचार के लाभ बताइए?

उत्तर – बीजोढ़ व मृदोढ़ रोगों से नियंत्रण, अंकुरण में सुधार एवं कीटों व मृदा कीटों से सुरक्षा प्रदान करता है।

प्रश्न 209. संकर कपास के जनक कौन है?

उत्तर – डॉ॰ सी॰टी॰ पटेल।

प्रश्न 210. मौनचर किसे कहते हैं?

उत्तर – वह पौधें जिनसे मधुमक्खी भोजन प्राप्त करती है उन्हें मौनचर कहते हैं। मुख्यतः मधुमक्खियाँ पुष्पों का रस व परागकणों का सेवन करती है। जैसे : सरसो, सूरजमुखी, राई, तोरिया, कुसुम, अरहर, मटर, चना आदि।

प्रश्न 211. चमेली की आयुर्वेदिक उपयोगिता बताइए?

उत्तर – चमेली की जड़, पत्तियों और फूलों का उपयोग यकृत रोग, त्वचा रोग, कुष्ठ रोग आदि में लाभकारी है। चमेली का तेल सिरदर्द, तनाव से मुक्ति व मानसिक चिंता से मुक्त करता है।

प्रश्न 212. हरितगृह में उगने वाले प्रमुख व्यवसाय फूल कौनसे हैं?

उत्तर – कारनेशन, लिलियम, जरबेरा, गुलाब, गुलदाउदी आदि।

प्रश्न 213. पत्तागोभी में सुगन्ध किस रसायन के कारण आती है?

उत्तर – सिनीग्रीन ग्लूकोसाइड के कारण पत्ता गोभी में सुगन्ध पाई जाती है। इसमें इंडोल 3 कोर्बीनाल रसायन भी पाया जाता है जो कैंसर रोधी माना जाता है। इसमें विटामिन ए व सी तथा कैल्सियम फास्फोरस खनिज भी प्रचुर मात्रा में पाया जाता है।

प्रश्न 214. स्टूलिंग से क्या तात्पर्य है?

उत्तर – यह पौधों के वानस्पतिक प्रवर्धन की एक विधि है जिसमें पौधों को भूमि की सतह से थोड़ा छोड़ते हुए काट देते हैं। भूमि की सतह के पास से वृद्धि करती शाखाओं को मिट्टी में दबाकर जड़े विकसित कराई जाती है। जैसे लीची, करौंदा।

प्रश्न 215. जौ के फल को क्या कहते हैं?

उत्तर – जौ, गेहूँ, चावल, मक्का के फल को कैरीओप्सिस व मूंगफली, इमली के फल को लोमेंटम कहते हैं।

प्रश्न 216. मुर्गी में खूनी दस्त रोग का कारक कौन है?

उत्तर – मुर्गी में यह रोग प्रोटोजोआ द्वारा फैलता है। इसके रोकथाम के लिए कॉक्सीडीयो प्रतिरोधक पदार्थ मिला कर देना चाहिए। पानी के साथ सल्फा मेंजाथिन देनी चाहिए।

प्रश्न 217. दूध में मधुरित जमाव (Sweet curdling) के लिए कौनसा जीवाणु जिम्मेदार है?

उत्तर – *बेसिलस माईकोईडी*।

प्रश्न 218. कीट के मुखंगो का कौनसा भाग जीभ का कार्य करता है?

उत्तर – हाइपोफैरिंक्स।

प्रश्न 219. विश्व वानिकी दिवस कब मनाया जाता है?

उत्तर – 21 मार्च।

प्रश्न 220. रबी फसल की बुवाई किस माह में की जाती है?

उत्तर – अक्टूबर–नवम्बर माह में, जबकि जून–जुलाई में खरीफ की तथा जायद फसल की बुवाई फरवरी–मार्च में की जाती है।

प्रश्न 221. मृदा गाढ़ता (Soil Consistence) से क्या तात्पर्य है?

उत्तर – विभिन्न आद्रताओं में मृदा पदार्थों के संसजन तथा आसंजन की मात्रा या मृदा को विंघटित एवं विरुपित करने की ओर लगे बलों की प्रतिरोधकता को मृदा गाढ़ता कहते हैं।

प्रश्न 222. गाजर घास (Congress grass) क्या है?

उत्तर – यह एक खरपतवार है, जिसका वानस्पतिक नाम *पार्थेनियम हिस्टेरोफोरस* (*Parthenium hysterophorus*) है। यह किसानों के लिए ही नही अपितु मानव, पशुओं, पर्यावरण एवं जैव विविधता के लिए एक बड़ा खतरा है। इस खरपतवार के लगातार सम्पर्क में आने से मनुष्यों में डरमेटाइटिस, एक्जिमा, एलर्जी, बुखार, दमा आदि की बीमारियाँ हो जाती हैं और दुधारू पशुओं के दूध में कड़वाहट आने लगती है। पशुओं द्वारा अधिक मात्रा में इसे चरने से उनकी मृत्यु भी हो सकती है। इसके नियंत्रण के लिए सान्द्र नमक या शाकनाशी रसायन एट्राजिन का प्रयोग फूल आने से पूर्व 1.50 किग्रा. सक्रिय तत्त्व प्रति हेक्टेयर पर उपयोग किया जाना चाहिए।

प्रश्न 223. क्लोराइड युक्त पोटाश उर्वरक का नाम बताइए?

उत्तर – म्यूरेट ऑफ पोटाश या पोटेशियम क्लोराइड। इसमें 58 से 62% पोटाश पाया जाता है। इसका रासायनिक सूत्र KCl है।

प्रश्न 224. पोमोलोजी किसे कहते हैं?

उत्तर– यह उद्यान विज्ञान की वह शाखा है, जिसके अन्तर्गत फलोत्पादन का वैज्ञानिक तरीके से अध्ययन करते हैं।

प्रश्न 225. ग्राफ्टिंग के नीचे वाले भाग को क्या कहते हैं?

उत्तर – रूट स्टॉक (मूल वृंत), जबकि इसके ऊपरी भाग को साइन कहा जाता है।

प्रश्न 226. शून्य ऊर्जा शीतगृह (Zero enery cool chamber) किस सिद्धांत पर काम करते हैं?

उत्तर – वाष्पीकृत शीतलन (evaporative cooling system)। इसके अंदर 25°C तापमान एवं आर्द्रता 90% होती है। यह सब्जियों एवं फलों को अधिक दिन तक ताजा रखने के लिए काम में लेते हैं।

प्रश्न 227. ग्वारपाठे के पुष्प व फलियों को क्या कहते हैं?

उत्तर – गंदल। इसका वानस्पतिक नाम *एलोवेरा बारबन्डसिस* है। इसका उत्पत्ति स्थान दक्षिणी पश्चिमी अफ्रीका है।

प्रश्न 228. नॉन क्लाईमैक्टेरिक फलों के नाम बताओ?

उत्तर – नींबू, अंगूर, अनन्नास, अनार आदि। ये वो फल हैं जो पेड़ के ऊपर ही पक जाते हैं किन्तु क्लाईमैक्टेरिक फल वो होते हैं जिन्हें तुड़ाई के बाद रसायनों द्वारा पकाया जाता है जैसे : आम, केला, पपीता आदि।

प्रश्न 229. पौध प्रतिरोपण (Transplanting) क्या है?

उत्तर – पौधशाला से स्वस्थ व निरोग पौधों को सावधानीपूर्वक निकालकर खेत में लगाना पौध प्रतिरोपण कहलाता है।

प्रश्न 230. ग्रेपफ्रूट का कड़वा स्वाद किस फ्लेवेनाइड के कारण होता है?

उत्तर – नारिंजस। जबकि संतरे के रस में कड़वापन लिमोनिन के कारण होता है।

प्रश्न 231. भिंडी (*अबेलमोस्कस एस्कूलेन्टस*) की फसल की उत्परिवर्तन द्वारा विकसित किस्मों के नाम बताइए?

उत्तर – EMS-8 व MDU-1।

प्रश्न 232. बरसीम की उन्नत किस्मों के नाम बताइए?

उत्तर – वरदान, जे.बी. 1, बी.एल. 1, 10, 42।

प्रश्न 233. कुक्कुट पालन के लिए विस्तृत स्वतंत्र विचरण विधि क्या है?

उत्तर – यह विधि ऐसे स्थानों में अपनाई जाती है जहाँ पर जमीन की कमी नहीं होती है व एक एकड़ में लगभग सो मुर्गियाँ रखी जाती है।

प्रश्न 234. जीवन क्षमता से क्या तात्पर्य है?

उत्तर – जीवित रहने, बढ़ने तथा विकसित होने की क्षमता को जीवन क्षमता कहते हैं।

प्रश्न 235. शहतूत की खेती को क्या कहते हैं?

उत्तर – मोरिकल्चर। शहतूत (*Morus alba* : Moraceae) मोरेसी कुल से सम्बंधित है, अधिकांशतः इस पेड़ की पत्तियों का उपयोग रेशम कीट के भोजन के रूप में किया जाता है।

प्रश्न 236. पादपों में तत्त्वों की अनिवार्यता की कसौटी का सिद्धांत किसने प्रतिपादित किया?

उत्तर – ऑरनान एवं स्टआउट ने।

प्रश्न 237. तिल का छाछ्या रोग को कैसे नियंत्रण किया जा सकता है?

उत्तर – यह फफूंदजनक रोग है। इसके रोकथाम के लिए 20 किलो गंधक चूर्ण का भुरकाव करें अथवा 200 ग्राम कार्बेण्डाजिम का 500–600 लीटर पानी में घोल बनाकर छिड़काव करें।

प्रश्न 238. अरंडी का वानस्पतिक नाम बताओ?

उत्तर – *रिसिनस कॉम्युनिस*। यह यूफोरबिएसी कुल का पौधा है। इसमें 40 प्रतिशत तेल होता है। अधिकांश तेल भारत से निर्यात किया जाता है।

प्रश्न 239. रबी के खरपतवार के नाम बताइए?

उत्तर – मंडुसी/गुल्ली डंडा, ओरेबैंकी, कृष्णनील, बथुआ, हिरनखुरी आदि।

प्रश्न 240. गेहूँ की अधिक जिंक वाली उन्नत किस्में बताइए?

उत्तर – WB 02 एवं HPBW 01 (इनमे 40 ppm से अधिक जिंक होता है)।

प्रश्न 241. सफेद बैंगन मधुमेह रोगियों के लिए काफी फायदेमंद है?

उत्तर – सफेद बैंगन में अत्यधिक रेशा, फेनोल्स की अधिकता, कार्बोहाईड्रेट की न्यूनतम मात्रा तथा क्लोरोजेनक एसिड पाया जाता है। अधिक फाईबर और कम कार्बोहाइड्रेट के तत्त्व होने के कारण यह मधुमेह रोगियों के लिए अच्छा आहार है। इसे नियमित खाने से शुगर का स्तर कम होता है। परन्तु लोग इसे खाना पसंद नहीं करते हैं क्योकि यह गुणकारी होने के बावजूद कड़क, अधिक बीज वाला एवं स्वाद में अन्य बैंगन से फीका होता है। वैज्ञानिक इसकी गुणवत्ता एवं उत्पादकता को बढ़ाने की दिशा में निरंतर शोध में लगे हुए हैं। सफेद बैंगन की प्रमुख किस्में है : कुलाथुर लोकल, के.के.एम.–1, स्वेथा, आदि।

प्रश्न 242. अनार में फल फटने की समस्या को कैसे नियंत्रित करना चाहिए?

उत्तर – यह समस्या मिट्टी में नमी के उतार–चढ़ाव व बोरोन तत्त्व की कमी के कारण होती है। रोकथाम हेतु नियमित अंतराल पर सही मात्रा में सिंचाई प्रबंधन कर बोरोन (0.2%) या बोरेक्स का छिड़काव करें।

प्रश्न 243. पॉलीहाऊस क्या है?

उत्तर – पॉलीहाऊस/हरित गृह ऐसे ढ़ाँचे हैं, जिसमें वातावरण को नियंत्रित कर बेमौसमी फसलोत्पादन के लिए उपयोग में लिया जाता है। सामान्यतः इसमें गुलाब, जरबैरा, खीरा, रंगीन शिमला मिर्च, टमाटर, चेरी टमाटर, आदि लगाते हैं।

प्रश्न 244. इंटरनेशनल फूड पॉलिसी रिसर्च इंस्टिट्यूट कहाँ स्थित है?

उत्तर – वॉशिंगटन डी॰सी॰, अमेरिका।

प्रश्न 245. वृक्ष संवर्धन (Arboriculture) किसे कहते हैं?

उत्तर – पेड़ों, झाड़ियों, लताओं और अन्य काष्ठीय पौधों की खेती प्रबंधन एवं अध्ययन को वृक्ष संवर्धन कहते हैं।

प्रश्न 246. सह–फसली खेती किसे कहते हैं?

उत्तर – मुख्य फसल के मध्य में सहायक फसल का उगाना सह–फसली खेती कहलाता है। इसका उद्देश्य मुख्य फसल द्वारा अप्रयुक्त स्थान का उपयोग कर उत्पादन को बढ़ाना है। इस प्रकार की खेती में एक

फसल मुख्य तथा दूसरी फसल गौण होती है। उदाहरण : बाजरा + चना, कुसुम + चना, मक्का + सोयाबीन।

प्रश्न 247. ग्वारपाठे का वानस्पतिक नाम बताए?

उत्तर – ग्वारपाठे का वानस्पतिक नाम *एलोवेरा बारबन्डसिस* है। इसका उत्पत्ति स्थान दक्षिणी पश्चिमी अफ्रीका है। ग्वारपाठा के पत्तों में 94% पानी एवं 6% अमीनो अम्ल (20 प्रकार के) एवं कार्बोहाइड्रेट्स होते हैं ग्वारपाठे के पत्तों को काटने पर एक पीले रंग का रस निकलता है, इसे कुमारी सार कहते हैं। इसे वात एवं त्वचा रोग के लिए उत्तम बताया गया है।

प्रश्न 248. खाद्य पदार्थों में कितने प्रतिशत नमक परिरक्षण का काम करता है?

उत्तर – 15 से 20%।

प्रश्न 249. मैंगनीज की कमी से फसलों में होने वाले प्रमुख रोग बताइए?

उत्तर – जई में भूरी चित्ती रोग, मटर का पैक चित्ती रोग, गन्ने का अंगकारी रोग, चुकंदर का चित्तीदार पीला रोग।

प्रश्न 250. राजस्थान में गुलाब की कलम लगाने का सर्वोत्तम समय क्या है?

उत्तर – राजस्थान के लिए गुलाब को कलम से तैयार करने का सही समय अक्टूबर है। इसी समय गुलाब के पौधों की कटाई–छँटाई भी करें।

प्रश्न 251. लहसुन की उन्नत किस्में बताइए?

उत्तर – यमुना सफेद 2, जी 4, जी 323, एग्री– फाउंड पार्वती।

प्रश्न 252. हरी पत्तेदार सब्जियाँ क्यों महत्त्वपूर्ण है?

उत्तर – हरी पत्तेदार सब्जियाँ जैसे पालक, मेथी, लाल साग, लेट्यूस आदि प्रोटीन, वसा, विटामिन बी–2, विटामिन सी, विटामिन के एवं खनिज पदार्थ जैसे कैल्शियम, फॉस्फोरस एवं रेशा प्रचुर मात्रा में विद्यमान रहता है।

प्रश्न 253. पत्तागोभी की बीज दर बताइए?

उत्तर – पत्तागोभी (*ब्रेसीका ओलेरेसिया* वार *केपिटेटा* : ब्रेसीकेसी) की अगेती किस्म की बीज दर 500–600 ग्राम/हेक्टर व मध्यम व देरी से बुवाई के लिए 350 से 400 ग्राम उपयुक्त रहती है।

प्रश्न 254. करौंदे का वानस्पतिक नाम बताइए?

उत्तर – *कैरिसा केरेंडस*। यह एपोसायनेसी कुल का पौधा है। यह विटामिन, खनिज व ऊर्जा का समृद्ध स्रोत है। खेत के चारो तरफ बाड लगाने में यह सर्वोत्तम है।

प्रश्न 255. अंगूर (*विटीस विनीफेरा* : विटेसी) का पाउडरी मिल्डयू रोग को कैसे नियंत्रित किया जा सकता है?

उत्तर – यह एक फफूंद जनक रोग है जिसके नियंत्रण हेतु सल्फर 80 डब्लूजी, 2 ग्राम प्रति लीटर पानी में घोलकर छिड़काव करना चाहिए।

प्रश्न 256. 'बीजीय मसालों का कटोरा' कौनसे राज्य को कहा जाता है?

उत्तर – राजस्थान एवं गुजरात। राजस्थान को धनिया, मेथी एवं अजवाइन में प्रथम और जीरा व सौंफ उत्पादन में द्वितीय स्थान प्राप्त है।

प्रश्न 257. जौ के पुष्पक्रम को क्या कहते हैं?

उत्तर – स्पाइक या हेड। *होरडियम वलगेर* का उत्पत्ति स्थान एबीसीनीया, दक्षिण अफ्रीका है। इसके दानों को केरियोप्सिस कहते हैं।

प्रश्न 258. मृदा में उपलब्ध पोटेशियम व सोडियम की उपलब्धता पता लगाने के लिए कौनसा यंत्र उपयोग किया जाता है?

उत्तर – फ्लेम फोटोमीटर।

प्रश्न 259. क्विनोआ क्या है?

उत्तर – क्विनोआ (*Chenopodium quinoa*) एक सुपर ग्रेन है, इसमें मानव के लिए आवश्यक सभी पोषक तत्त्व सही अनुपात में पाए जाते हैं।

प्रश्न 260. अक्टूबर–नवम्बर माह में लगाई जाने वाली प्रमुख फूलवार के नाम बताइए?

उत्तर – पिटुनिया, कॉसमोस, स्वीट अलाइसम, कैलेंडुला, गेलार्डीया, डेहलिया, स्वीट सुल्तान आदि।

प्रश्न 261. राष्ट्रीय कृषि विस्तार प्रबन्ध संस्थान कहाँ स्थित है?

उत्तर – यह राजेंद्र नगर, हैदराबाद में स्थित है। इसे मेनेज (MANAGE) भी कहते हैं।

प्रश्न 262. कृषि मंत्रालय का पूरा नाम क्या है?

उत्तर – कृषि एवं किसान कल्याण मंत्रालय, भारत सरकार। यह कृषि भवन नई दिल्ली में स्थित है।

प्रश्न 263. जैतून क्या है?

उत्तर – जैतून (*Olea europaea* : Oleaceae) के फल से तेल प्राप्त होता है। वर्ष 2008 से ही राजस्थान में जैतून की खेती को बढ़ावा देने के प्रयास किए जा रहे हैं। इसकी पत्तियाँ चाय बनाने में प्रयुक्त होती है।

प्रश्न 264. ट्राईवेक क्या है

उत्तर – यह वैक्सीन टीका वर्ष में एक बार पशुओं को लगाने से पशु रोग जैसे मुँहपका–खुरपका, गलघोंटू व लंगड़ा बुखार नहीं होते हैं।

प्रश्न 265. पपेन का औषधीय उपयोग बताइए?

उत्तर – पपीते के फल से निकलने वाला दूध उदर रोगों से संबंधित बीमारियों में प्रयोग होता है।

प्रश्न 266. राजस्थान में सबसे बड़ा पशु मेला कहाँ लगता है?

उत्तर – पुष्कर (अजमेर) में। यह मेला प्रायः नवम्बर में लगता है।

प्रश्न 267. मृदा उर्वरता को प्रभावित करने वाले कृत्रिम कारक बताइए?

उत्तर – फसल प्रणाली, जल क्रांति, मृदा पी.एच., मृदा कार्बनिक पदार्थ, मृदा जीव, मृदा प्रबंधन।

प्रश्न 268. हरे चारे को साइलेज में बदलने के फायदे बताइए?

उत्तर – जब हरे चारे की उपलब्धता कम हो जाती है तब इसे इस्तेमाल कर सकते हैं। यह पशुओं में दुग्ध उत्पादन बढ़ाता है। यह बेहतर गुणवत्ता वाला चारा है व इससे बेहतर पाचन मिलता है।

प्रश्न 269. हल्की कार्बनिक खाद के उदाहरण बताइए?

उत्तर – खलियाँ, हड्डी का चूरा, सुखा रक्त व मछली की खाद आदि। जबकि गोबर की खाद, कंपोस्ट, हरी खाद आदि भारी कार्बनिक खाद के उदाहरण है।

प्रश्न 270. बहुवर्षीय खरपतवार से क्या तात्पर्य है?

उत्तर – इस श्रेणी के खरपतवार कई वर्षो तक फलते–फूलते हैं। जैसे मोथा, झरबेरी, लटजीरा, बरूघास आदि।

प्रश्न 271. मेण्ड्रेरीन का वानस्पतिक नाम बताइए?

उत्तर – *सिट्रस रेटिकूलेटा*। इसका उत्पत्ति स्थान मध्य चीन है। इसे ढीली छाल संतरा के नाम से भी जाना जाता है। यह एक बहुभ्रूणीय फल है।

प्रश्न 272. अमरूद का व्यावसायिक प्रवर्धन किस विधि से करते हैं?

उत्तर – अमरूद (*Psidium guajava* : Myrtaceae) का व्यावसायिक प्रवर्धन गुटी, इनार्चिंग व स्टूलिंग से करते हैं।

प्रश्न 273. तारामीरा की बीज दर बताइए?

उत्तर – 5 कि.ग्रा. प्रति हेक्टेयर है। इसे रॉकेट वेजिटेबल/सलाद के नाम से भी जाना जाता है।

प्रश्न 274. थर्मल प्रोसेसिंग क्या है?

उत्तर – इस तकनीक द्वारा जेम, जेली, डिब्बाबंद और बोतलबंद सब्जियों की विसंक्रमित परतदार पैकेजिंग की जाती है जिससे उत्पाद की कीमत बढ़ जाती है तथा लंबे समय तक इन्हें ताजा व सुरक्षित रखा जा सकता है।

प्रश्न 275. कन्टूर पद्धति से बाग कहाँ लगाए जाते हैं?

उत्तर – यह विधि अधिकतर पहाड़ी क्षेत्रों में जहाँ जमीन ऊँची–नीची, उबड़–खाबड़ या अधिक ढलान वाली होती है, अपनाई जाती है।

प्रश्न 276. मुर्गी की भारतीय वर्ग की नस्लों का नाम बताइए?

उत्तर – इन्हें देशी नस्ल भी कहते हैं। जैसे असील, चटगाँव, कड़कनाथ, पंजाब भूरी, वसरा आदि।

प्रश्न 277. इनिहबीटर्स से क्या तात्पर्य है?

उत्तर – यह पौधों की वृद्धि रोकने का काम करते हैं जैसे – मेलिक हाइड्रेजाइड ऐसा रसायन है, जिसका उपयोग भण्डारण में प्याज के अंकुरण को रोकने के लिए किया जाता है।

प्रश्न 278. प्रथम प्राकृतिक साइटोकाइनिन किसमें खोजा गया?

उत्तर – मक्का में – जीयटीन।

प्रश्न 279. 'कूफरी बहार', 'कूफरी बादशाह', 'कूफरी रेड', 'कूफरी सिन्दूरी' किसकी किस्में है?

उत्तर – आलू (*सोलेनम ट्यूबरोसम* : सोलेनेसी)। इसका बुवाई समय अक्टूबर–नवम्बर है।

प्रश्न 280. नाबार्ड की स्थापना कब हुई और इसका मुख्यालय कहाँ स्थित है?

उत्तर – 12 जुलाई 1982। इसका पूरा नाम राष्ट्रीय कृषि और ग्रामीण विकास बैंक (नाबार्ड) है जिसका मुख्यालय मुंबई में स्थित है।

प्रश्न 281. ओजोन परत वायुमंडल में कहाँ स्थित है?

उत्तर – स्ट्रेटोसफियर। इसका आविष्कार चार्ल्स फेबरी व बुईसन ने 1913 में किया था। यह परत पृथ्वी को पराबेंगनी किरणों से बचाती है।

प्रश्न 282. बैंगन (*सोलेनम मेलोन्जना* : सोलेनेसी) की हरे रंग की किस्मों के नाम बताइए?

उत्तर – अर्का कुस्माकर, रामनगर जोइन्ट, राजेंद्र बैंगन, अर्का शिरीष आदि।

प्रश्न 283. विश्व के उस देश का नाम बताइए जिसके पास जंगलों को संरक्षित करने के लिए खुद का संविधान है?

उत्तर – भूटान। यह एक कार्बन नेगेटिव देश है। इसका 70 फीसदी हिस्सा जंगल व हरियाली से घिरा है।

प्रश्न 284. आम (*मेंजीफेरा इन्डीका* : एनाकार्डियासी) बीज रहित किस्म का नाम बताइए?

उत्तर – सिंधु। यह रतना व अलफांसो का संकरण है।

प्रश्न 285. पादप की वृद्धि नापने के लिए कौनसा यंत्र काम में लिया जाता है?

उत्तर – ऑक्सेनोमीटर व क्रेस्कोग्राफ।

प्रश्न 286. भारत की प्रथम बायोफोर्टीफाइड ज्वार की किस्म का नाम बताइए?

उत्तर – ICSR 14001। इस किस्म में जस्ता व लौह तत्त्व अधिक मात्रा में पाया जाता है। इसे ICRISAT द्वारा तैयार किया गया है।

प्रश्न 287. गेहूँ व जौ की फसलों में लगने वाले प्रमुख सूत्रकृमी के नाम बताइए?

उत्तर – *हेटरोडेरा एवीनी*। इसे "मोल्या" रोग से भी जानते हैं तथा इसके संक्रमण से 50% अधिक फसल नष्ट हो जाती है।

प्रश्न 288. संरक्षित खेती क्या है?

उत्तर – बढ़ते शहरीकरण, व्यवसायीकरण, मौसम में उतार–चढ़ाव, कृषि उत्पादों के मूल्यों में लगातार गिरावट को ध्यान में रखते हुए हमें ऐसी कृषि पद्धतियाँ अपनानी होगी जिससे विभिन्न फसलों का उत्पादन बढ़े तथा फसल उत्पादन में बाधा पहुँचाने वाले कारकों से अधिक तत्परता से निपटा जा सके।

प्रश्न 289. धनियाँ फसल के लिए बीज दर क्या है?

उत्तर – 15 से 20 किलो बीज एक हेक्टेयर के लिए पर्याप्त है। बुवाई से पूर्व बीज को समतल फर्श पर फैलाकर किसी कठोर वस्तु से रगड़ कर दो भागों में विभक्त कर ले तथा प्रति किलो बीज को 3 ग्राम थायरम से उपचारित कर 30 सेंटीमीटर कतार से कतार की दूरी पर 5 से 6 सेंटीमीटर गहरा बोएँ।

प्रश्न 290. सर्दी में प्रोटीन प्राप्त करने के लिए कौन–कौनसी फसलों की बुवाई करनी चाहिए?

उत्तर – इसमें चना प्रमुख फसल है। मटर, मसूर, मेथी आदि फसलों से भी प्रोटीन प्राप्त किया जा सकता है।

प्रश्न 291. राजस्थान में गेहूँ की उन्नत किस्मों की पैदावार बताइए?

उत्तर – बोनी एवं उन्नत गेहूँ की किस्मों की औसतन उपज 40 से 50 क्विंटल व 70 से 82 क्विंटल प्रति हेक्टेयर भूसा प्राप्त हो जाता है।

प्रश्न 292. एक हेक्टेयर भूमि में कितने पपीते के पेड़ लगा सकते हैं?

उत्तर – पपीते की उन्नत किस्मों पूसा नन्हा, ताइवान 786, पूसा मेजेस्टी के अच्छी पैदावार के लिए लगभग 5000 पौधें लगाने चाहिए।

प्रश्न 293. अमरूद का बगीचा कब लगाना चाहिए?

उत्तर – अमरूद का बगीचा लगाने के लिए जून–जुलाई सर्वोत्तम समय है परन्तु जनवरी–फरवरी में भी अमरुद 6x6 मीटर दूरी पर 1x1x1 मीटर चौड़े गड्ढों में भी लगाया जाता है।

प्रश्न 294. हलवी, बरही, मैडजूल, जेडी, शामरून क्या है?

उत्तर – यह सभी खजूर की उन्नत किस्में है।

प्रश्न 295. *विथानिया सोमनीफेरा* पौधें के कौनसे भाग से किसान को आर्थिक लाभ होता है?

उत्तर – इसे अश्वगंधा कहते हैं जिसकी जड़ व पत्तियों को मुख्य रूप से औषधीय उपयोग में लिया जाता है।

प्रश्न 296. गृह वाटिका हेतु पाँच औषधीय पौधों के नाम बताइए?

उत्तर – तुलसी, पुदीना, स्टीविया, धृतकुमारी एवं गिलोय।

प्रश्न 297. कौनसी फसलों को हरी खाद के रूप में उपयोग में लाते हैं?

उत्तर – अविच्छेदित अर्थात् बिना सड़े–गले हरे पौधों अथवा उनके भागों को जब भूमि में मृदा की उर्वरा शक्ति बढ़ाने के लिए दबाया जाता है, उसे हरी खाद कहते हैं इसके लिए सनई, ढेंचा, उड़द, मुंग, मसूर, चँवला बरसीम आदि फसले उपयोग में लेते हैं।

प्रश्न 298. बौद्धिक सम्पत्ति अधिकार क्या है?

उत्तर – व्यक्ति के बौद्धिक प्रयासों द्वारा सृजन की गई सम्पत्ति को बौद्धिक सम्पत्ति के रूप में जाना जाता है। राज्य द्वारा किसी व्यक्ति को बौद्धिक सम्पत्ति के सृजन हेतु एक निश्चित अवधि के लिए प्रदत्त अधिकारों को बौद्धिक सम्पत्ति अधिकार कहते हैं।

प्रश्न 299. स्प्रे मशीन और डस्टर में क्या अन्तर है?

उत्तर – स्प्रे मशीन से केवल घोल का छिड़काव किया जाता है जबकि डस्टर चूर्ण भुरकाव करने में काम आता है। उदाहरण : स्प्रे मशीन : नेपसेक स्प्रे पम्प, बेटरी स्प्रे पम्प। डस्टर : हेंड डस्टर, इलेक्ट्रिक डस्टर आदि।

प्रश्न 300. विश्व का सबसे बड़ा सोलर पार्क कहाँ स्थित है?

उत्तर – बेंगलुरु। इसकी क्षमता 23379 मेगावाट है।

प्रश्न 301. किस राज्य को सोलर हब के नाम से जाना जाता है?

उत्तर – राजस्थान को। राजस्थान का सौर किरणीयन में देश में प्रथम स्थान है (5.72 KWh/m^2 1 day)।

प्रश्न 302. दिल (सुवा) का वानस्पतिक नाम क्या है?

उत्तर – *एथेनम ग्रेविओलेन्स*। यह एपियेसी कुल का पौधा है।

प्रश्न 303. आधार बीज (Foundation seed) का स्रोत क्या है?

उत्तर – प्रजनक बीज। आधार बीज की अनुवांशिक शुद्धता 99.5% होती है। यह बीज पंजीकृत (Registered seed) व प्रमाणित बीज (certified seed) का स्रोत है।

प्रश्न 304. प्याज (*एलियम सेपा* : लिलिएसी) में तीखापन किसके कारण होता है?

उत्तर – प्याज में तीखापन 'एलिल प्रोपिल डाई सल्फाइड' नामक एक वाष्पशील तेल के कारण होता है।

प्रश्न 305. अंजीर (*फाइकस केरीका* : मोरेसी) की उन्नत किस्में बताइए?

उत्तर – ब्लैक इस्चिया, पुना अंजीर, ब्राउनटर्की, मर्शीलीज अंजीर की उन्नत किस्में है।

प्रश्न 306. फल जैली से क्या तात्पर्य है?

उत्तर – यह फलों के निष्कर्षण में चीनी व अम्ल को मिलाकर बनाया जाता है। फलों में उपस्थित एक घुलनशील पदार्थ "पेक्टीन" जैली बनाने के उपयोग में लाया जाता है। जो अम्ल की उपस्थिति में

105°C (220°F) तापमान पर गर्म करने पर अर्द्ध ठोस जैली बना देती है। जैली पारदर्शक होती है।

प्रश्न 307. बागवानी फसलों में प्लास्टिक पलवार का महत्व बताइए?

उत्तर – 1. नमी का संरक्षण व पानी की बचत 2. खरपतवार नियंत्रण 3. भूमि में तापमान का संतुलन 4. बीज का तेजी से अंकुरण 5. भूमि को कठोर होने से बचाना।

प्रश्न 308. हरितगृह में उर्वरक किस विधि से दिया जाता है?

उत्तर – फर्टिगेशन। इस प्रक्रिया से रासायनिक घुलनशील खाद को पानी में घोल कर सिंचाई के लिए प्रयोग किया जाता है। इस तरह पौधें को पानी व खाद एक जगह उपलब्ध हो जाता है।

प्रश्न 309. यूरोपियन मूली की बुवाई का समय बताइए?

उत्तर – मैदानी क्षेत्रों में इसकी बुवाई अक्टूबर से फरवरी व पहाड़ी क्षेत्रों में मार्च से अगस्त तक की जाती है। "व्हाइट आइसकिल", "रैपिड रेड व्हाइट", "टिप्स स्कारलेट ग्लोब" व "पूसा हिमानी" इसकी उन्नत किस्में है।

प्रश्न 310. अनावृतबीजी (Gymnosperm) पौधें क्या है?

उत्तर – इनमें पुष्प व फल नहीं पाए जाते और इन्हें नग्नबीजी पादप भी कहा जाता है (बीज छोटी टहनियों या शंकुओं में खुली अवस्था में होते हैं)। ये पादप बहुवर्षीय एवं काष्ठीय होते हैं, जैसे चिड़ (पाइनस), साइकस, देवदारु, गिन्क्गो, इफ्रिड्रा आदि।

प्रश्न 311. ज्वार के दाने में कितना प्रतिशत प्रोटीन (*सोरगम बाईकॉलर* : पोएसी) पाया जाता है?

उत्तर – 10 से 12%। इसकी खेती मुख्य रूप से शुष्क क्षेत्रों में खाद्यान्न एवं चारे की फसल के रूप में की जाती है।

प्रश्न 312. आलू की चारकोल रोट (*सोलेनम ट्युबरोसम* : सोलेनेसी) का कारक कौन है?

उत्तर – यह आलू का संग्रहण रोग है जो *माइक्रोफोमिना फेसोलाई* नामक कवक द्वारा होती है।

प्रश्न 313. केले के प्रवर्धन के लिए किस भाग का प्रयोग करते हैं?

उत्तर – अंतःभूस्तारी (सर्कस)। केले को कदली फ़ल भी कहते हैं। यह अपने जीवन में एक बार ही फल देता है।

प्रश्न 314. बीज प्रसुप्ति से क्या तात्पर्य है?

उत्तर – वह जीवित बीज जो अंकुरण की अनुकूल दशाओं के मिलने पर भी अंकुरित ना हो प्रसुप्ति बीज कहलाता है।

प्रश्न 315. आई.सी.ए.आर. मूँगफली अनुसन्धान निदेशालय कहाँ स्थित है?

उत्तर – जूनागढ़, गुजरात।

प्रश्न 316. केल्सियम तत्त्व का पौधें में प्रमुख कार्य बताइए?

उत्तर – केल्सियम भूमि सुधारक व दलहनी फसलों में प्रोटीन निर्माण (विशेषकर मूंगफली) में सहायक है।

प्रश्न 317. जुट का वानस्पतिक क्या है?

उत्तर – *कोरकोरस केपसुलेरिस*। यह टिलीएसी कुल का पौधा है जिसका उद्भव स्थान भारत है।

प्रश्न 318. जीरो टिलेज (Zero tillage) क्या है?

उत्तर – धान की कटाई कर खेत की जुताई किए बिना जीरो टिलेज मशीन द्वारा गेहूँ की बुवाई करने की प्रणाली। इससे जल, बीज व उर्वरक की मात्रा कम लगती है और समय व श्रम की बचत होती है।

प्रश्न 319. रेशम कीट की फ्लेचारी बीमारी किससे होती है?

उत्तर – अपच के कारण।

प्रश्न 320. वर्मीकम्पोस्ट से क्या तात्पर्य है?

उत्तर – गोबर, सुखे एवं हरे पत्ते, घास–फूस, धान का पुआल, मक्का, बजरी की कड़वी इत्यादि खाकर केंचुआ द्वारा प्राप्त मल से तैयार खाद वर्मीकम्पोस्ट कहलाती है।

प्रश्न 321. कृषि वानिकी के विभिन्न स्वरूप बताइए?

उत्तर – कृषि वानिकी के विभिन्न स्वरूप निम्न है:

- एग्री सिल्वीकल्चर (फसल + ईंधन के पेड़), जैसे आलू + पॉपलर
- एग्रो हॉर्टिकल्चर (फसलें + फल वृक्ष), जैसे मसूर + आँवला
- एग्रो सिल्वी पास्चुरल (फसलें + पेड़ + चारागाह + पशु)
- एग्रो हॉर्टी सिल्वीकल्चर (फसलें + फल वृक्ष + ईंधन के पेड़)
- सिल्वी पास्चुरल प्रणाली (पेड़ + चारागाह + पशु)

प्रश्न 322. लवणीय तथा क्षारीय मृदा बनने के कारण बताइए?

उत्तर – शुष्क जलवायु, लवणीय जल से लगातार सिंचाई, जल निकास की कमी, उच्च भौम स्तर (High water table), मूल पदार्थो की प्रकृति, क्षारीय उर्वरकों का प्रयोग, समुद्री जल, प्रोफाइल में कड़ी परत आदि लवणीय तथा क्षारीय मृदा बनने के प्रमुख कारण है।

प्रश्न 323. बडिंग (चश्मा चढ़ाना) करने का सही समय बताइए?

उत्तर – इसे करने का उचित समय फरवरी–मार्च है। यह वानस्पतिक प्रवर्धन की एक विधि है जिसमें कलिका को मातृ पौधें से अलग कर मूलवृन्त पर रोपा जाता है। चश्मा भूमि से 22 से 23 सेंटीमीटर की ऊँचाई पर चढ़ाया जाता है।

प्रश्न 324. आमतौर पर कौनसे पदार्थों को भूमि सुधारक के रूप में उपयोग किया जाता है?

उत्तर – ये वह पदार्थ होते हैं जो भूमि के दोषों को दूर कर भूमि की दशा सुधारकर फसल उगाने की क्षमता में वृद्धि करते हैं। अम्लीय भूमि में चूना तथा ऊसरिली (क्षारीय व लवणीय) मृदा में जिप्सम व पायराइट का प्रयोग किया जाता है।

प्रश्न 325. जल में घुलनशील फॉस्फोरस उर्वरकों के नाम बताइए?

उत्तर – सिंगल सुपर फास्फेट, डबल सुपर फास्फेट, ट्रिपल सुपर फास्फेट। जबकि डाई कैल्शियम फास्फेट, रॉक फास्फेट, हाइपर फास्फेट, साइट्रिक अम्ल में घुलनशील है।

प्रश्न 326. अखरोट (*Juglans regia*) की व्यावसायिक प्रवर्धन की विधि बताइए?

उत्तर – बीज। इसका प्रवर्धन पैबन्दी चश्मा व चीरा कलम की विधि से भी किया जा सकता है।

प्रश्न 327. तैरती हुई सब्जियों की खेती कहाँ की जाती है?

उत्तर – यह सब्जी उत्पादन की एक विधि है जो कश्मीर घाटी के डल झील में की जाती है।

प्रश्न 328. शरद ऋतु में उगाये जाने वाले फूलों के नाम बताइए?

उत्तर – हॉली हॉक, स्वीट एलीसम, एनीमोन, कैलंडुला, कारनेशन, जरबेरा, क्राईसेंथेमम आदि।

प्रश्न 329. कीट विज्ञान क्या है?

उत्तर – यह जंतु विज्ञान की वह शाखा है जिसके अंतर्गत कीटों का अध्ययन किया जाता है।

प्रश्न 330. इंटिग्रेटेड पेस्ट मैनेजमेंट का उद्देश्य बताइए?

उत्तर – इस पद्धति में कीटों के नियन्त्रण की बजाय उनके प्रबन्ध पर जोर दिया जाता है। इसका मुख्य उद्देश्य किसी जीव को हमेशा के लिए नष्ट करने की बजाय ऐसे उपाय करने से हैं जिससे उनकी (कीटों) की संख्या या घनत्व सीमित रहे और उनसे फसल को अधिक क्षति न पहुँच सके।

प्रश्न 331. पशुओं को खिलाए जाने वाले मोटे चारे (Roughages) में कितने प्रतिशत रेशा पाया जाता है?

उत्तर – इसमें रेशे (crude fibre) की मात्रा 18 प्रतिशत से अधिक तथा संपूर्ण पचनीय पोषक टी.डी.एन (टोटल डाईजेस्टीबल न्यूट्रीयन्ट) की मात्रा 60 प्रतिशत से कम होती है।

प्रश्न 332. सकल फसल क्षेत्रफल क्या है?

उत्तर – वर्ष भर फार्म पर उगाई गई विभिन्न फसलों के कुल क्षेत्रफल को सकल फसल क्षेत्रफल कहा जाता है।

प्रश्न 333. राष्ट्रीय कृषक आयोग के अध्यक्ष कौन हैं?

उत्तर – डॉ॰ एम॰एस॰ स्वामीनाथन। इस आयोग का गठन फरवरी 2004 में भारत सरकार द्वारा किया गया था। जिसमें भारतीय कृषक की समस्याओं की जाँच, बागवानी, पशुधन, डेयरी तथा मत्सियिकी सहित कृषि विविधीकरण की आर्थिक व्यवहारिता और कृषकों की आय दुगुना करने के उपाय सम्मिलित हैं। इसका पुनर्गठन नवम्बर 2004 में किया गया।

प्रश्न 334. एकलिंगाश्रयी पौधें कौनसे होते हैं ?

उत्तर – वे पौधें जिनमें या तो केवल नर या केवल मादा फूल लगते हैं, उन्हें एकलिंगाश्रयी पौधें कहते हैं। जैसे – पपीता, खजूर, शहतूत आदि।

प्रश्न 335. मेरीकल्चर किसे कहते हैं?

उत्तर – व्यापारिक उद्देश्यों की पूर्ति हेतु समुद्री जीवों के उत्पादन की क्रिया को मेरीकल्चर कहते हैं।

प्रश्न 336. पत्तागोभी (*Brassica oleracea* var. *capitata*) की उन्नत किस्मों के नाम बताइए?

उत्तर – "गोल्डन एकर", "प्राइड ऑफ इंडिया", "पूसा ड्रम हेड", "गोल्डन बॉल", "पूसा सिंथेटिक", "कोपहेगन मार्केट" आदि पत्तागोभी की उन्नत किस्में है।

प्रश्न 337. टेंसिओमीटर यंत्र का उपयोग बताइए?

उत्तर – यह यंत्र मृदा नमी तनाव को मापने के लिए उपयोग में लाया जाता है।

प्रश्न 338. सरसों (*Brassica campestris*) के तेल में तीखापन (pungency) किस रसायन के कारण होता है?

उत्तर – ग्लूकोसाइनोलेट।

प्रश्न 339. बाजरा (*Pennisetum glaucum* : Poaceae) में कंडुवा रोग किससे होता है?

उत्तर – *टोलीपोस्पोरियम पेनिसिलेरिया* (*Tolyposporium penicillariae*) कवक द्वारा। यह मृदा व बीज जनित रोग है।

प्रश्न 340. अंतःस्पंदन (Infiltration) किसे कहते हैं?

उत्तर – भूमि की ऊपर पतली तह में होकर जल के नीचे की ओर गति की क्रिया को अंतःस्पंदन कहते हैं।

प्रश्न 341. राष्ट्रीय पशु आनुवंशिक संसाधन ब्यूरो कहाँ स्थित है?

उत्तर – करनाल, हरियाणा।

प्रश्न 342. छादन (Mulch) किसे कहते हैं?

उत्तर – मृदा सतह पर प्राकृतिक या कृत्रिम ढ़ंग से डाला गया पादप अवशेष या अन्य पदार्थ को छादन कहते हैं।

प्रश्न 343. कौनसा पोषक तत्त्व पौधों को मृदा व वायु से प्राप्त होता है?

उत्तर – नाइट्रोजन।

प्रश्न 344. फसल चक्र की सघनता कैसे ज्ञात करते हैं?

उत्तर – किसी फसल चक्र की सघनता ज्ञात करने के लिए उसमें सम्मिलित फसलों की संख्या में 100 का गुणा करके फसल चक्र की अवधि का भाग दिया जाता है। जैसे एक खेत में एक वर्षीय फसल चक्र 'मक्का–आलू–प्याज–मूंग' का प्रयोग किया गया इसकी सघनता 4 x 100/1 = 400% होगी।

प्रश्न 345. राजस्थान की परिस्थितियों में सबसे अधिक केंचुए की प्रजाति कौनसी है?

उत्तर – *आइसीनिया फोइटिडा*।

प्रश्न 346. अमोनिकरण (Ammonification) से क्या तात्पर्य हैं?

उत्तर –वह प्रक्रिया जिसमें एमिनो एसिड मृदा में सूक्ष्म जीवों की क्रिया से अमोनिया यौगिकों में परिवर्तित होते हैं उसे अमोनिकरण कहते हैं।

प्रश्न 347. हड्डी की खाद में किस तत्त्व की अधिकता पाई जाती है?

उत्तर – इसमें फास्फोरस की अधिकता पाई जाती है अतः इसे प्लेसमेंट विधि से प्रयोग करते हैं। इसमें 3 से 4 प्रतिशत नाइट्रोजन तथा 20 से 25% पोटाश भी पाया जाता है।

प्रश्न 348. स्ट्रॉबेरी का वानस्पतिक नाम बताइए?

उत्तर – *फ्रेगेरिया अननासा*। यह रोजेसी कुल का सदस्य है। इसे *फ्रेगेरिया चिलयोनसिस* एवं *फ्रेगेरिया बरजीनियाना* के प्राकृतिक संकरण से विकसित किया गया है।

प्रश्न 349. पपीता (*Carica papaya* : Caricaceae) में मोजेक रोग का कारक कौन है?

उत्तर – यह विषाणुजनित रोग है। इस रोग से ग्रसित पौधों को उखाड़ कर जला देना चाहिए। इस रोग का वाहक एफिड है। अतः 250 मि.

ली. लीटर मेलाथियान 50 ई.सी. का 250 लीटर पानी में घोल बनाकर छिड़काव करना चाहिए।

प्रश्न 350. 'गरीबों का मेवा' किस फल को कहा जाता है?

उत्तर – बेर (*जीजीफस मोरेशीयाना* : रेमनेसी)। इसके पके फलो में विटामिन ए, बी, सी तथा शर्करा के अतिरिक्त खनिज पदार्थ कैल्शियम, मैग्निशियम व जस्ता प्रचुर मात्रा में पाए जाते हैं।

प्रश्न 351. मिश्रित शस्यन किसे कहते हैं?

उत्तर – बगैर किसी निश्चित कतार व्यवस्थापन के एक ही खेत में एक साथ दो या दो से अधिक फसलों का उगाना, मिश्रित फसल कहलाता है।

प्रश्न 352. एगमार्क से क्या तात्पर्य है?

उत्तर – यह एक राष्ट्रीय तमगा है, जो कृषि एवं पशु उत्पादों की गुणवत्ता एवं शुद्धता दर्शाता है (कृषि उत्पादन अधिनियम 1937 के अनुसार)।

प्रश्न 353. द्विवर्षीय पौधें किसे कहते हैं?

उत्तर – एक पौधा जो अपना जीवनचक्र दो वृद्धि कालों में पूर्ण करता है, जैसे गाजर, पत्ता गोभी, फूल गोभी, आदि।

प्रश्न 354. शहतूत (*Morus alba* : Moraceae) की खेती को क्या कहते हैं?

उत्तर – शहतूत (Mulberry) की खेती को मोरीकल्चर (Moriculture) कहते हैं इसके फल रसदार व पोष्टिक होते हैं, इसकी पत्तियों पर रेशम के कीट (*Bombyx mori*) पाले जाते हैं।

प्रश्न 355. अनुकारी अथवा नकलची (Mimicry) खरपतवार किसे कहते हैं?

उत्तर – धान के खेत में जंगली धान, गेहूँ के खेत में जंगली जई व मंडूसी अथवा गुल्ली–डंडा (*Phalaris minor*) जैसे खरपतवार अपने परपोषी फसल के पौधों के साथ बाह्य आकारिकी (Morphology) में मिलते हैं और फसल के साथ–साथ बढ़ते रहते हैं, इन्हें अनुकारी या नकलची खरपतवार कहते हैं।

प्रश्न 356. C_4 पौधों के उदाहरण दीजिए?

उत्तर – मक्का, गन्ना, मिलेट्स, चौलाई, आदि। यह वे पौधें हैं जिनमें जल उपयोग क्षमता एवं प्रकाश संश्लेषण दर, दोनों अधिक हो लेकिन प्रकाश–श्वसन कम होती है।

प्रश्न 357. म्युटेशन क्या है?

उत्तर – जीन अथवा क्रोमोसोम में आकस्मिक एवं वंशागत परिवर्तन के फलस्वरूप किसी व्यक्ति विशेष जीव/पौधे में एक नए विशिष्ट लक्षण का अचानक प्रकट होना म्यूटेशन कहलाता है।

प्रश्न 358. पूर्ण उर्वरक किसे कहते हैं?

उत्तर – पूर्ण उर्वरक में तीनों प्राथमिक पोषक तत्त्व (N,P,K) पाए जाते हैं। जैसे 20:20:20।

प्रश्न 359. लालबाग बगीचा कहाँ स्थित हैं?

उत्तर – बैंगलौर।

प्रश्न 360. जीन बैंक क्या है?

उत्तर – जीन बैंक विश्व के विभिन्न भागों से एकत्रित किए गए किसी प्रजांति के जनक द्रव्य (Germplasm) का विशाल संग्रह है। अंतरराष्ट्रीय स्तर पर यह संस्थान, International Plant Genetic Resources Institute के नाम से रोम, इटली में और भारत में National Bureau of Plant Genetic Resources के नाम से नई दिल्ली में स्थित है।

प्रश्न 361. "पूसा केसर", "पूसा मेघाली", "अर्ली नान्टेस", "पूसा यमदग्नी", "पूसा वसुधा" किसकी किस्में है?

उत्तर – गाजर (*डेकस केरोटा* : एपीएसी)।

प्रश्न 362. विटीकल्चर से क्या तात्पर्य है?

उत्तर –अंगूर की खेती को विटीकल्चर कहते हैं। "थोमसन सीडलेस", "अनाबेशाही", "बैंगलोर ब्लू", "शरद सीडलेस", "परलेट" अंगूर की उन्नत किस्में है।

प्रश्न 363. सर्वप्रथम पंचायतीराज राजस्थान के किस जिले में लागू हुआ था?

उत्तर – बलवंतराय मेहता समिति की सिफारिश के आधार पर 1959 में सर्वप्रथम पंचायतीराज राजस्थान के नागौर जिले में लागू किया गया था।

प्रश्न 364. दीप्तिकालीता की आवश्यकता के आधार पर पौधों को विभाजित कीजिए?

उत्तर – दीप्तिकालीता की आवश्यकता के आधार पर पौधों को तीन भागों में विभक्त किया गया है : (i) अल्प प्रकाशपेक्षी पौधें जैसे – मक्का, ज्वार, सोयाबीन, आदि। (ii) दीर्घ प्रकाशपेक्षी पौधें जैसे – गेहूँ, जौ, बरसीम आदि। (iii) दिवस निष्प्रभावी पौधें जैसे – कपास, सूरजमुखी, टमाटर आदि।

प्रश्न 365. पादप में प्राकृतिक ऑक्सिन कहाँ बनती है?

उत्तर – ऑक्सिन एक पादप नियंत्रक है जो पौधों में सूर्य के प्रकाश में उत्पन होते हैं। प्राकृतिक ऑक्सिन पादप में नई पत्तियों एवं ऊपरी कलियों में बनता है। पौधों में सर्वाधिक इसी नियंत्रक का उपयोग होता है। जैसे IAA, NAA 2, 4-D आदि।

प्रश्न 366. वैक्सीन क्या है?

उत्तर – वैक्सीन एक एन्टीजन है, जो कि जीवित, क्षीणीकृत अथवा मृत जीवाणु या विषाणुओं से प्राप्त होता है।

प्रश्न 367. आलु की क्रांतिक अवस्था बताइए?

उत्तर – अंकुरण एवं कंद बनने की प्रारंभिक अवस्था।

प्रश्न 368. धान (*Oryza sativa* : Poaceae) फसल में रिक्लेमेशन रोग किसकी कमी से होता है?

उत्तर – कॉपर की कमी से। जबकि धान का खैरा रोग जस्ते की कमी से होता है।

प्रश्न 369. रजत क्रांति किससे संबंधित है?

उत्तर – मुर्गी पालन या अंडा उत्पादन में हुई उल्लेखनीय वृद्धि को रजत क्रांति कहा गया है।

प्रश्न 370. संगरोध (Quarantine) से क्या तात्पर्य है?

उत्तर – रोगों एवं नाशकजीवों के प्रसार को रोकने के लिए पौधों के आयात–निर्यात के नियंत्रण को संगरोध कहते हैं।

प्रश्न 371. पेलीनोलॉजी क्या है?

उत्तर – पौधों के परागकणों के अध्ययन को पेलीनोलॉजी कहते हैं।

प्रश्न 372. समांतर खेती के उदाहरण बताइए?

उत्तर – अरहर के साथ उड़द, मक्का के साथ सोयाबीन, कपास के साथ उड़द आदि। समानान्तर खेती में एक साथ दो ऐसी फसलें ली जाती है जिनके विकास का ढंग अलग–अलग तथा उनके बीच शून्य प्रतियोगिता की परिस्थिति होती है।

प्रश्न 373. मसूर (Lentil) का उद्भव स्थान बताइए?

उत्तर – मसूर (*Lens esculenta* : Fabaceae) का उद्भव स्थान ग्रीस व इजिप्ट है। यह रबी में उगाई जाने वाली दाल की मुख्य फसल है। इसमें 25% प्रोटीन पाया जाता है।

प्रश्न 374. गूलर से कपास निकालने को क्या कहते हैं?

उत्तर – पिकिंग। कपास के रेशे वाले भाग को रुई व बिनौले वाले भाग को बीज कहते हैं।

प्रश्न 375. एक वर्षीय खरपतवार को परिभाषित कीजिए?

उत्तर – वे खरपतवार जो उगने से लेकर पकने तक के जीवन चक्र को 1 वर्ष/ऋतु में पूरा कर लेते हैं उन्हें एक वर्षीय खरपतवार कहते है : जैसे– बथुआ, जंगली जई, जवासा, आदि।

प्रश्न 376. वाष्पोत्सर्जन व वाष्पीकरण में अंतर बताइए?

उत्तर – पौधों की पत्तियों की सतह पर उपस्थित पर्णरन्ध्रो (stomata) से जल का वाष्प के रूप में उत्सर्जित होना वाष्पोत्सर्जन कहलाता है। जबकि वह जल जो मृदा सतह द्वारा वाष्प के रूप में उड़ता है, उसे वाष्पीकरण कहते हैं।

प्रश्न 377. गेहूँ की सिंचाई हेतु अति संवेदनशील अवस्था बताइए?

उत्तर – गेहूँ में सिंचाई हेतु अति संवेदनशील अवस्था शीर्ष जड़ अवस्था (crown root intiation) होती है जो बुवाई के 21–25 दिन बाद आती है।

प्रश्न 378. गेहूँ के दाने को क्या कहते हैं?

उत्तर – करनेल (Kernal)। जबकि इसके फल को कैरीयोपसिस कहते हैं।

प्रश्न 379. स्ट्रॉबेरी का प्रवर्धन किस विधि से करते हैं?

उत्तर – स्ट्रॉबेरी का प्रवर्धन मुख्यतः **रनर्स (लता** को पकड़ने वाली नॉक) द्वारा किया जाता है। बड़े स्तर **पर प्रवर्धन** के लिए सूक्ष्म प्रवर्धन (ऊत्तक प्रवर्धन) का प्रयोग करते हैं।

प्रश्न 380. कृषक से क्या तात्पर्य हैं?

उत्तर – ऐसा व्यक्ति जो कृषि से स्वयं **या सेवक**ों या अधिकारियों द्वारा पूर्णतः या मुख्यतः अपनी आजीविका **चलाता** हो।

प्रश्न 381. गोचर भूमि किसे कहते हैं?

उत्तर – भूमि जो गाँव के मवेशी चराने के काम में आती हो, बंदोबस्त अभिलेख में गोचर भूमि में दर्ज कर राज्य सरकार द्वारा बनाए गए नियमों में गोचर भूमि के रूप में सुरक्षित की गई हैं।

प्रश्न 382. भारत व राजस्थान का कुल भौगोलिक क्षेत्रफल कितना है?

उत्तर – भारत का 3,287,263 वर्ग कि.मी. व राजस्थान का 3,42,239 वर्ग कि.मी.।

प्रश्न 383. भारत का 'शक्कर का प्याला' किस राज्य को कहा जाता है?

उत्तर – उत्तरप्रदेश।

प्रश्न 384. भारत का प्रथम कृषि विश्वविद्यालय कौनसा है?

उत्तर – पन्तनगर (उत्तराखंड)।

प्रश्न 385. भारत में फसल बीमा योजना किस वर्ष शुरू हुई?

उत्तर – 1985।

प्रश्न 386. हरित क्रान्ति में प्रयुक्त मुख्य फसल कौनसी थी?

उत्तर – गेहूँ।

प्रश्न 387. भारतीय कृषि अनुसंधान संस्थान कहाँ स्थित हैं?

उत्तर – नई दिल्ली।

प्रश्न 388. राष्ट्रीय बीज निगम की स्थापना किस वर्ष में हुई?

उत्तर – मार्च 1963।

प्रश्न 389. सर्वप्रथम भारत के किस कृषि वैज्ञानिक को खाद्यान पुरस्कार मिला?

उत्तर – डॉ॰ एम॰एस॰ स्वामीनाथन (1987)।

प्रश्न 390. कृषि में नीली क्रांति किससे सम्बन्धित हैं?

उत्तर – मछली उत्पादन।

प्रश्न 391. धान की कौनसी किस्म विटामिन–A से भरपूर हैं?

उत्तर – सुनहरा चावल (गोल्डन राइस)।

प्रश्न 392. अलसी की क्रांतिक अवस्था बताइए?

उत्तर – फूल आने से पहले व फलियाँ बनते समय।

प्रश्न 393. भारत में दुग्ध उत्पादन में श्वेत क्रांति के जनक कौन हैं?

उत्तर – डॉ॰ वर्गीस कुरियन।

प्रश्न 394. भारत का प्रथम कृषि विज्ञान केंद्र कहाँ हैं?

उत्तर – पांडिचेरी/पुड्डुचेरी।

प्रश्न 395. कृषि के छः मूल स्तम्भ कौनसे हैं?

उत्तर – बीज, मृदा, जल, जलवायु, औजार/यंत्र और किसान।

प्रश्न 396. केन्द्रीय भेड़ एवं ऊन अनुसंधान संस्थान कहाँ है?

उत्तर – अविकानगर, राजस्थान।

प्रश्न 397. प्रथम मानव निर्मित खाद्यान्न कौनसा है?

उत्तर – ट्रिटिकेल (गेहूँ x राई)।

प्रश्न 398. गेहूँ में पाए जाने वाले प्रोटीन को क्या कहते हैं?

उत्तर – ग्लूटेन।

प्रश्न 399. गेहूँ में करनाल बंट किसके द्वारा होता है?

उत्तर – फफुंद (*Tilletia indica*)।

प्रश्न 400. भारत के कुल भू–भाग का कितना प्रतिशत राजस्थान में हैं?

उत्तर – 10.41%।

प्रश्न 401. भारतीय कृषि अनुसंधान परिषद् की स्थापना कब हुई?

उत्तर – 16 जुलाई 1929।

प्रश्न 402. खेजड़ी का वानस्पतिक नाम क्या है?

उत्तर – *प्रोसोपिस सिनेरेरिया* (*Prosopis cineraria*)।

प्रश्न 403. मक्का में जिंक की कमी से कौनसा रोग होता है?

उत्तर – वाइट बड।

प्रश्न 404. QPM किस फसल से सम्बंधित हैं?

उत्तर – मक्का। Quality Protein Maize, जिसमें लाईसीन व ट्रीपटोफेन अमीनो अम्ल की अधिकता होती हैं।

प्रश्न 405. मक्का में नर पुष्पक्रम को क्या कहते हैं?

उत्तर – टेसल।

प्रश्न 406. भारतीय तिलहन अनुसंधान संस्थान कहाँ स्थित हैं?

उत्तर – हैदराबाद, तेलंगाना।

प्रश्न 407. तम्बाकू में कौनसा रसायन पाया जाता है?

उत्तर – निकोटिन।

प्रश्न 408. अलसी में कौनसा ऐसा रसायन है जो ह्रदय रोगियों के लिए उत्तम है?

उत्तर – ओमेगा–3 फेटि एसिड।

प्रश्न 409. आलू किसका रूपान्तरण है?

उत्तर – तने का।

प्रश्न 410. भारत का सबसे बड़ा राज्य कौनसा है?

उत्तर – राजस्थान।

प्रश्न 411. केन्द्रीय ऊँट प्रजनन केंद्र कहाँ स्थित है?

उत्तर – जोहड़बीड़, बीकानेर।

प्रश्न 412. राजस्थान का राज्य पक्षी कौनसा है?

उत्तर – गोड़ावन।

प्रश्न 413. ग्रेगर जॉन मेंडल ने किस पौधें पर काम किया था?

उत्तर – ग्रेगर जॉन मेंडल को आनुवंशिकी का जनक कहा जाता है। उन्होंने मटर (*पाइसम सटाइवम*) पर प्रयोग कर आनुवंशिकी के नियम निर्धारित किए थे।

प्रश्न 414. ग्लोबल राजस्थान एग्रिटेक मीट (ग्राम) का आयोजन सर्वप्रथम क्यों, कब व कहाँ हुआ?

उत्तर – किसानों को खेती के नए तरीकों एवं तकनीकों की जानकारी देने हेतु ग्राम का आयोजन 9–11 नवम्बर 2016 को जयपुर में हुआ।

प्रश्न 415. धान का कटोरा किस राज्य को कहते हैं?

उत्तर – छत्तीसगढ़।

प्रश्न 416. धान में खैरा रोग किसकी कमी के कारण होता है?

उत्तर – जस्ता (Zn)।

प्रश्न 417. गेहूँ में बौनेपन के लिए कौनसा जीन उत्तरदायी है?

उत्तर – "नोरिन–10"।

प्रश्न 418. मूंगफली के दानों में कड़वाहट किसके कारण होती है?

उत्तर – अफलाटॉक्सिन (*एस्परजिलस फ्लेवस*)।

प्रश्न 419. 'विटीकल्चर' किसके उत्पादन को कहते हैं?

उत्तर – अंगूर की खेती को।

प्रश्न 420. आम की कौनसी किस्म दशहरी और नीलम के संकरण (क्रास) से विकसित की गई हैं?

उत्तर – आम्रपाली।

प्रश्न 421. पिली क्रांति का सम्बन्ध किसके उत्पादन से हैं?

उत्तर – तिलहन उत्पादन से।

प्रश्न 422. भारत के किस राज्य में जौ का उत्पादन सर्वाधिक होता है?

उत्तर – राजस्थान।

प्रश्न 423. विश्व मृदा दिवस कब मनाया जाता है?

उत्तर – प्रत्येक वर्ष के 5 दिसम्बर को।

प्रश्न 424. आई.सी.ए.आर. स्थापना दिवस कब मानते हैं?

उत्तर – 16 जुलाई।

प्रश्न 425. गन्ने के पुष्पक्रम को क्या कहते हैं?

उत्तर – एरो (Arrow)।

प्रश्न 426. विश्व वन्यजीव दिवस कब मनाया जाता है?

उत्तर – 3 मार्च।

प्रश्न 427. राष्ट्रीय बीजीय मसाला अनुसन्धान केंद्र कहाँ स्थित है?

उत्तर – तबीजी–अजमेर।

प्रश्न 428. राज्य में उत्पादित होने वाले जैतून तेल को क्या नाम दिया है।

उत्तर – "राज ओलिव ब्राण्ड"।

प्रश्न 429. KISMAT क्या है?

उत्तर – KISMAT का पूरा नाम Knowledge Integrated Skill Modules for Agriculture Horticulture & Animal Husbandry Training है। राजस्थान के प्रत्येक जिले में कृषि, बागवानी एवं पशु पालन में रोजगार के लिए यह योजना प्रारम्भ की गई है।

प्रश्न 430. गेहूँ एवं जौ का मोलिया रोग किस सूत्रकृमी से होता है?

उत्तर – *हेट्रडेरा ऐवनी* (*Heterodera avenae*)।

प्रश्न 431. सूरजमुखी का वानस्पतिक नाम क्या है?

उत्तर – *हेलियन्थस ऐनस (Helianthus annuus)*।

प्रश्न 432. विटामिन "सी" का रासायनिक नाम क्या है।

उत्तर – एस्कोर्बिक एसिड (Ascorbic Acid)।

प्रश्न 433. हरित सोना क्रांति किससे संबंधित है?

उत्तर – बाँस (Bamboo) उत्पादन से।

प्रश्न 434. आग बुझाने के लिए किस गैस का प्रयोग किया जाता है?

उत्तर – कार्बन डाइऑक्साइड (CO_2)।

प्रश्न 435. किस वैज्ञानिक को सस्य विज्ञान का जनक कहा जाता है?

उत्तर – "पीटर डी क्रेसेन्जी"।

प्रश्न 436. ग्लेडियोलस क्या है?

उत्तर – ग्लेडियोलस एक बहुत ही महत्त्वपूर्ण कंदीय पुष्प पौधा है जो घरेलू तथा अंतरराष्ट्रीय बाजार में कटे फूलों के लिए प्रसिद्ध है। ग्लेडियोलस एक लैटिन भाषा के शब्द 'ग्लोडियस' से लिया गया है जिसका अर्थ तलवार है क्योकि इसकी पत्तियाँ तलवार जैसी होती हैं।

प्रश्न 437. साइडर पेय (Cider beverage) किससे बनाया जाता है?

उत्तर – सेब के रस से।

प्रश्न 438. मुर्गियों में रानीखेत बीमारी किसके द्वारा फैलती है?

उत्तर – विषाणु (वायरस) द्वारा।

प्रश्न 439. वायु की गति मापने के लिए कौनसा यन्त्र उपयोग में लाया जाता है?

उत्तर – वायु वेग मापी (ऐनिमोमीटर)।

प्रश्न 440. विश्व पर्यावरण दिवस कब मनाया जाता है?

उत्तर – प्रत्येक वर्ष 5 जून को।

प्रश्न 441. ग्लोबल वार्मिंग क्या है?

उत्तर – ग्लोबल वार्मिंग धरती के वातावरण के तापमान में लगातार हो रही बढ़ोतरी हैं। पिछले दस वर्षों में धरती के औसत तापमान में 0.3 से 0.6 डिग्री सेल्सियस की वृद्धि हुई है।

प्रश्न **442.** "लैब टू लैंड" योजना कब प्रारंभ की गई?

उत्तर – 1 जून 1979। भारतीय कृषि अनुसंधान परिषद् (ICAR) ने अपनी स्वर्ण जयंती समारोह के अवसर पर इस योजना को शुरू किया था। इस योजना के अन्तर्गत कृषि क्षेत्र में प्रयोगशाला के अनुसंधान को खेतों तक पहुँचाना है।

प्रश्न 443. सेरीकल्चर से क्या तात्पर्य है?

उत्तर – रेशम कीट पालन को सेरीकल्चर कहते हैं, यह बोम्बेक्स नामक कीट से बनता है।

प्रश्न 444. मिर्च में चरपराहट किस रसायन के कारण होती है?

उत्तर – केप्सेसिन।

प्रश्न 445. लाई पीलिंग किसे कहते हैं?

उत्तर – कास्टिक सोडा के घोल द्वारा फलों को छिलने की क्रिया को लाई पीलिंग कहते हैं। इस विधि में फलों को मलमल के कपड़े में बांधकर 1 या 2 मिनट के लिए 20% कास्टिक सोडे के घोल में डुबोकर निकाल दिया जाता है और ठण्डे पानी के बर्तन में छोड़ दिया जाता है। उसके बाद हाथ से रगड़ कर छिलका निकाल दिया जाता है।

प्रश्न 446. अमूल डेयरी की स्थापना कब हुई और इसके संस्थापक कौन थे?

उत्तर – 14 दिसम्बर 1946 को स्थापना हुई एवं इसके संस्थापक डॉ॰ वर्गीस कुरियन थे।

प्रश्न 447. किस उर्वरक का भारत पूरी तरह आयात करता है?

उत्तर – पोटेशियम।

प्रश्न 448. भारत में केसर का मुख्य उत्पादक राज्य कौनसा है?

उत्तर – जम्मू–कश्मीर।

प्रश्न 449. गन्ने का लाल सड़न रोग किसके कारण होता है?

उत्तर – कोलेटोट्राइकम फालकेटम (*Colletotrichum falcatum*)।

प्रश्न 450. क्यूरिंग (Curing) किस फसल से सम्बंधित है?

उत्तर – तम्बाकू व चाय।

प्रश्न 451. अन्तरराष्ट्रीय धान अनुसंधान केंद्र (इंटरनेशनल राईस रिसर्च इंस्टिट्यूट – IRRI) कहाँ स्थित है?

उत्तर – लास बानोस (फिलिपीन्स)।

प्रश्न 452. गोपशु की 'आयरशायर' नस्ल का मूल स्थान कहाँ है?

उत्तर – स्कॉटलैंड।

प्रश्न 453. अलसी का वानस्पतिक नाम क्या है?

उत्तर – *लाईनम युसिटेटीसिमम* (*Linum usitatissimum*)।

प्रश्न 454. बायो गैस का मुख्य घटक कौनसा है?

उत्तर – मीथेन।

प्रश्न 455. राज 3077, राज 3767, राज 4037, लोक–1, मालव शक्ति, पी.बी.डब्यू 343 क्या है?

उत्तर – ये सभी गेहूँ की प्रचलित उन्नत किस्में है।

प्रश्न 456. बारानी फसलों से क्या तात्पर्य है?

उत्तर – कम पानी वाले क्षेत्र में जिन फसलों की खेती कर आर्थिक लाभ प्राप्त किया जा सके।

प्रश्न 457. सरसों के बीज में कितने प्रतिशत तेल की मात्रा पाई जाती हैं?

उत्तर – 37–41%।

प्रश्न 458. मोयला क्या है?

उत्तर – सरसों, जौ, मूली, आदि अनेक फसलों में एफिड (Aphid) रस चुसक कीट को मोयला कहते हैं।

प्रश्न 459. सिंगल सुपर फास्फेट में गंधक का प्रतिशत कितना होता है?

उत्तर – 12%।

प्रश्न 460. किस यंत्र के द्वारा जल स्तर की गहराई मापी जाती है?

उत्तर – पीजोमीटर।

प्रश्न 461. बाजरे का "हरित बाली" रोग किसके द्वारा होता है?

उत्तर – कवक द्वारा (*स्क्लेरोस्पोरा ग्रेमिनीकोला*)।

प्रश्न 462. मूंगफली का वानस्पतिक नाम एवं कुल क्या है?

उत्तर – *अरेकिस हाईपोजिया,* लेग्युमिनोसी (फेबेसी)।

प्रश्न 463. विश्व का सर्वाधिक ईसबगोल उत्पादक देश कौनसा है?

उत्तर – भारत।

प्रश्न 464. हरे पत्ते वाली सब्जियाँ किसका अच्छा स्रोत है?

उत्तर – लोह तत्त्व एवं फॉलिक अम्ल।

प्रश्न 465. मृदा स्वास्थ्य कार्ड योजना कब प्रारम्भ हुई?

उत्तर – 20 फरवरी 2014, सूरतगढ़ (राजस्थान)।

प्रश्न 466. विश्व शहद दिवस कब मनाया जाता है?

उत्तर – 20 अगस्त।

प्रश्न 467. नींबू की "किन्नो" किस्म किसका संकरण है?

उत्तर – किंग एवं विलोलीफ।

प्रश्न 468. पशमीना ऊन किस पशु से प्राप्त होती है?

उत्तर – बकरी।

प्रश्न 469. स्थानान्तरित या दैहिक खरपतवारनाशी को परिभाषित करो?

उत्तर – खरपतरवारनाशी जो खरपतवारों द्वारा अवशोषित किये जाते हैं वे इनके कार्यिकी तंत्र को प्रभावित कर नष्ट कर देते हैं। जैसे – 2,4-D, ग्लाइफोसेट।

प्रश्न 470. राष्ट्रीय कृषि विकास योजना किससे सम्बन्धित है?

उत्तर – कृषि एवं सम्बद्ध क्षेत्रों में 4% विकास दर अर्जित करने के उद्देश्य से भारत सरकार द्वारा राजस्थान सहित सभी राज्यों में (2007–08) यह योजना प्रारम्भ की गई। योजना में 2007–08 से 2014–15 तक शत–प्रतिशत राशि केन्द्रीय सहायता के रूप में उपलब्ध कराई थी। भारत सरकार ने वर्ष 2015–16 में वित्त पोषण पैटर्न में परिवर्तन कर केन्द्र एवं राज्य का अंश 60–40 कर दिया है।

प्रश्न 471. भारत में कृषि को वित्त देने वाली शीर्ष संस्था कौनसी है?

उत्तर – नाबार्ड (National Bank for Agriculture and Rural Development)।

प्रश्न 472. रोगिंग क्या है?

उत्तर – बीज फसल से सम्बन्धित किस्म के अतिरिक्त उगे अन्य किस्मों, फसलों, खरपतवारों व सम्बन्धित किस्म के रोगग्रस्त पौधों का निकलना।

प्रश्न 473. पर–परागण क्या है?

उत्तर – एक पुष्प के पराग के किसी दुसरे पादप पुष्प के वृतिकाग्र पर गिरने की क्रिया।

प्रश्न 474. द्विलिंगाश्रेयी (monoecious) का अर्थ क्या है?

उत्तर – नर व मादा पुष्प एक ही पोधें पर अलग–अलग स्थान पर स्थित होते हैं। जैसे – मक्का।

प्रश्न 475. ग्रे रेवेलुशन (क्रांति) किससे सम्बंधित है?

उत्तर – उर्वरक उत्पादन से।

प्रश्न 476. सेटेलाईट खरपतवार का उदाहरण बताइए?

उत्तर – जौ में जंगली जई। वे खरपतवार जो मुख्य फसल के साथ पकते हैं व कटाई के दौरान फसल के बीजों में मिल जाते हैं।

प्रश्न 477. "मृदा" शब्द की उत्पत्ति किससे हुई है?

उत्तर – मृदा शब्द की उत्पत्ति लेटिन भाषा के शब्द "सोलम" से हुई है।

प्रश्न 478. "पूसा रसराज" किसकी उन्नत किस्म है?

उत्तर – "पूसा रसराज" खरबूजे की किस्म है जो भारतीय कृषि अनुसंधान संस्थान (IARI) द्वारा 1994 में विकसित की गई।

प्रश्न 479. सर्वाधिक दूध देने वाली भेड़ की नस्ल कौनसी है?

उत्तर – सोनाड़ी।

प्रश्न 480. टिड्डा अपने अंडे कहाँ देता है?

उत्तर – मिट्टी। इस कीट में काटने और चबाने वाले मुखाँग पाए जाते हैं।

प्रश्न 481. पपीता का प्रवर्धन किस विधि द्वारा किया जाता है?

उत्तर – बीज द्वारा। जबकि स्ट्रॉबेरी का प्रवर्धन भूस्तारी (रनर) द्वारा किया जाता है।

प्रश्न 482. भारतीय कृषि अनुसंधान परिषद् (ICAR) के अध्यक्ष कौन है?

उत्तर – केन्द्रीय कृषि मंत्री श्री नरेन्द्रसिंह तोमर।

प्रश्न 483. उड़द का वानस्पतिक नाम क्या है?

उत्तर – *विग्ना मूंगो* (*Vigna mungo* L.)।

प्रश्न 484. भारत में जड़गाँठ सूत्रकृमी की खोज किसने की?

उत्तर – बारबर (1901)।

प्रश्न 485. ऐसी भूमि उपयोग प्रणाली एवं प्रौद्योगिकी जिसमें लाभदायक वृक्षों के साथ–साथ विभिन्न ऋतुओं की फसलें (धान्य, तिलहन, दलहन, रेशे, चारे आदि) भी उगाई जाए को क्या कहते हैं?

उत्तर – कृषि–वानिकी।

प्रश्न 486. आम की किस्म नीलेशान किसका संकरण है?

उत्तर – नीलम व वानेशन। जबकि नीलफोन्सो, नीलम व अल्फान्सो का संकरण है।

प्रश्न 487. स्वीट कॉर्न का वानस्पतिक नाम क्या है?

उत्तर – *जिया मेज सेकेराटा*।

प्रश्न 488. प्रजनक बीज (Breeder Seed) किसे कहते हैं और उस पर किस रंग का टैग लगता है?

उत्तर – किसी प्रजनक की देखरेख में बनाया हुआ बीज जो आधार बीज उत्पादन के लिए उपयोग में लाया जाता है। इस प्रकार के बीजों की थैली पर सुनहरे पीले रंग का टैग लगा रहता है।

प्रश्न 489. पुष्पन किसे कहते हैं?

उत्तर – किसी पुष्प कलिका का पहली बार खुलना या खिलना।

प्रश्न 490. शाकनाशी (Herbicide) क्या है?

उत्तर – शाकनाशी वे रसायन है जिनको खरपतवार नष्ट करने के लिए काम में लेते हैं।

प्रश्न 491. अनार के फल को क्या कहते हैं?

उत्तर – रूपांतरित बेरी (ब्लाउस्ता)।

प्रश्न 492. फूलगोभी में ब्राउनिंग/ब्राउन रोट किस कारण से होता है?

उत्तर – बोरॉन की कमी के कारण।

प्रश्न 493. भैंस की मेहसाना नस्ल किसका संकरण है?

उत्तर – सुरती एवं मुर्रा।

प्रश्न 494. चावल के पुष्पक्रम को क्या कहते हैं?

उत्तर – पेनिकल।

प्रश्न 495. पपीते के सूखे पेपेन में कौनसा एन्जाइम पाया जाता है?

उत्तर – पेप्सिन।

प्रश्न 496. किस यंत्र के द्वारा पानी का आपेक्षिक घनत्व नापते हैं?

उत्तर – हाईड्रोमीटर।

प्रश्न 497. कृषक दिवस कब मनाया जाता है?

उत्तर – 23 दिसम्बर।

प्रश्न 498. पृथक्करण (Isolation) एवं पृथक्करण दूरी (Isolation Distance) किसे कहते हैं?

उत्तर – भौतिक और अनुवांशिक संदूषण के स्रोतों से बीज फसल को पृथक रखने के कार्य को पृथक्करण कहते हैं एवं संदूषण और बीज फसल के बीच निर्दिष्ट न्यूनतम दूरी को पृथक्करण दूरी कहते हैं।

प्रश्न 499. मूली में तीखापन किस रसायन के कारण होती है?

उत्तर – आइसो थायो साईनेट (Isocynate)

प्रश्न 500. आधार बीज (Foundation seed) किसे कहते हैं?

उत्तर – प्रजनक बीज से बनाया हुआ वह बीज जिसका उत्पादन प्रमाणीकरण संस्था की देखरेख में इस प्रकार किया जाता है कि बीज किस्म की आनुवंशिक विशिष्टता व शुद्धता बनी रहे। यह पंजीकृत बीज (Registered Seed) एवं प्रमाणित बीज (Certified Seed) का स्रोत है। इस प्रकार के बीजो की थेली पर सफेद टैग लगा रहता है।

प्रश्न 501. हाइब्रिड बीज किसे कहते हैं?

उत्तर – एक या अधिक जीनों में अन्तर वाले दो पौधों के संकरण की पहली पीढ़ी की संतति।

प्रश्न 502. विज्ञान दिवस कब मनाया जाता है?

उत्तर – प्रत्येक वर्ष 28 फरवरी को।

प्रश्न 503. "हॉर्स होइंग हसबेंड्री" (Horse Hoeing Husbandry) पुस्तक किसने लिखी है?

उत्तर – जेथ्रोटल।

प्रश्न 504. राजस्थान का प्रथम कृषि विज्ञान केन्द्र कहाँ प्रारंभ हुआ?

उत्तर – फतेहपुर, शेखावटी, 1976।

प्रश्न 505. साबूदाना किससे तैयार किया जाता है?

उत्तर – कसावा (*Manihot esculenta*)।

प्रश्न 506. राजस्थान में मेवाती गाय का पशु प्रजनन केन्द्र कहाँ स्थित हैं?

उत्तर – अलवर। जर्सी गाय का बस्सी, थारपारकर का सुरतगढ़ और राठी का नोहर (हनुमानगढ़) में स्थित है।

प्रश्न 507. पेगिंग कृषि क्रिया कौनसी फसल से सम्बन्धित है?

उत्तर – पेगिंग, मूंगफली *(ऐरेकिस हाईपोजिया)* की फसल में होने वाली एक लाभकारी प्रक्रिया है, इसमें परागण के बाद फूल के अवशेष भाग

के आधार से पेग निकलकर जड़ की तरह नीचे की ओर मुड़कर जमीन के भीतर वृद्धि कर फल का निर्माण करते हैं।

प्रश्न 508. "जालोर सीडलेस", "गणेश", "भगवा" एवं "सुपर भगवा" किसकी किस्में है?

उत्तर – अनार की।

प्रश्न 509. आम के एक पूर्ण विकसित पेड़ से कितने फल प्राप्त होते हैं?

उत्तर – यह आम की उन्नत किस्म पर निर्भर करता है फिर भी पूर्ण विकसित पेड़ से 40–50 किलोग्राम फल प्राप्त हो जाते हैं जबकि अनार के विकसित पौधे से 20–22 किलोग्राम फल मिलते हैं।

प्रश्न 510. बरसीम का वानस्पतिक नाम क्या है?

उत्तर – *ट्राइफोलियम एलेक्जैन्ड्रिनम* (*Trifolium alexandrinum*)।

प्रश्न 511. केले में नर कलिका को हटाने की तकनीक को क्या कहते हैं?

उत्तर – डिनेवेलिंग।

प्रश्न 512. गेहूँ का सेहूँ (Ear cockel) रोग किस सूत्रकृमी द्वारा होता है?

उत्तर – *एन्विना ट्रीटीसाई* (*Anguina tritici*)।

प्रश्न 513. पशुओं में एन्थ्रेक्स बीमारी किसके कारण होती है?

उत्तर – बेक्टीरिया (*Bacillus anthracis*)।

प्रश्न 514. डोकिंग किसे कहते हैं?

उत्तर – भेड़ की पूंछ काटने की क्रिया को डोकिंग कहते हैं उसी प्रकार गाय – भैसों में सींगो के काटने की क्रिया को सींग रोधन कहते हैं।

प्रश्न 515. प्रमाणित बीजों की थैली पर किस रंग का टैग लगता है?

उत्तर – इस प्रकार के बीजों की थैली पर नीले रंग का टैग लगता है।

प्रश्न 516. ग्रो आउट परीक्षण क्या होता है?

उत्तर – किसी प्रजाति या किस्म की यथार्थता के निर्धारण अथवा बीज जन्य रोगों की जाँच हेतू किया जाने वाला परीक्षण, जिसमें बीजों को उगाकर देखा जाता है।

प्रश्न 517. गाय के नवजात बछड़े के माँस को क्या कहते हैं?

उत्तर – वील। जबकि गाय के माँस को बीफ कहते हैं।

प्रश्न 518. राजस्थान में खजूर और जैतुन की फसलों को बढ़ावा दिया जा रहा है। इनका वानस्पतिक नाम क्या है?

उत्तर – खजूर का *फोनिक्स डेक्टिलिफेरा* (*Phoenix dactylifera*) और जैतुन का *ओलिया यूरोपाइया* (*Olea europaea*)।

प्रश्न 519. "पूसा मखमली", "पूसा सावनी", "लखनऊ ड्वार्फ", "परभनी क्रांति", "अर्का अनामिका" किसकी किस्में है?

उत्तर – भिन्डी, *एबेलमोसकस एस्कुलेंटस* (*Abelmoschus esculentus*) की।

प्रश्न 520. विश्व जल दिवस (World Water Day) किस दिन मनाया जाता है?

उत्तर – हर वर्ष 22 मार्च को।

प्रश्न 521. फल मक्खी का सम्बन्ध किस कुल से हैं?

उत्तर – टेफ्रीटीडी। यह कद्दुवर्गीय फसलों, अमरूद, आम, अंजीर आदि में नुकसान पहुँचाती है।

प्रश्न 522. राष्ट्रीय समेकित कीट प्रबन्ध अनुसंधान केंद्र (National Research Center for Integrated Pest Management) कहाँ स्थित है?

उत्तर – नई दिल्ली।

प्रश्न 523. ग्रामीण युवा रोजगार हेतु राष्ट्रीय प्रशिक्षण कार्यक्रम कब शुरू किया गया?

उत्तर – ट्राइसेम कार्यक्रम 15 अगस्त 1979 को प्रारम्भ किया गया था। इस कार्यक्रम का उद्देश्य 18 से 35 वर्ष के युवक–युवतियों को विभिन्न प्रकार के व्यावसायिक प्रशिक्षण प्रदान कर उन्हें स्वरोजगार के लिए प्रेरित करना है।

प्रश्न 524. भारत में हॉर्टिकल्चर के जनक किसे कहा जाता है?

उत्तर – डॉ॰ मेरिगोड़ा।

प्रश्न 525. जायद ऋतु (मार्च से जून) में कौनसी फसलें उगाई जाती है?

उत्तर – इस ऋतु में मूँग (*विग्ना रेडिएटा*), चवला (*विग्ना अंग्वीक्यूलेटा*), मूंगफली (*अराकिस हाइपोजिया*) आदि।

प्रश्न 526. बधियाकरण क्या है?

उत्तर – नर पशुओं की अंड ग्रंथि को नष्ट कर जनन शक्ति समाप्त कर देना बधियाकरण कहलाता है।

प्रश्न 527. मुर्गियों में क्रेजी चिक (Crazy chick) रोग किसके कारण होता है?

उत्तर – विटामिन ई की कमी के कारण।

प्रश्न 528. कौनसा जीवाणु मिट्टी में फॉस्फोरस की घूलनशीलता बढ़ाता है?

उत्तर – स्यूडोमोनास (Pseudomonas)।

प्रश्न 529. रेटिंग क्रिया किसे कहते हैं?

उत्तर – रेटिंग क्रिया जुट की फसल से सम्बन्धित है, इससे पौधों के तने से रेशें (फाइबर) निकाले जाते हैं।

प्रश्न 530. फसल चक्र किसे कहते हैं?

उत्तर – किसी निश्चित समय में, निश्चित क्षेत्र पर, निश्चित क्रम में फसलों को उगाना फसल चक्र कहलाता है।

प्रश्न 531. ड्रोसोमीटर किससे सम्बंधित है?

उत्तर – ड्रोसोमीटर ओस मापने का यंत्र है।

प्रश्न 532. छोटे, जलेबी के घेरे जैसे घुंडीदार मुड़े हुए सींग कौनसी नस्ल में पाए जाते हैं?

उत्तर – मुर्रा भैंस।

प्रश्न 533. कपास से रेशे व बिनोले को अलग–अलग करने की क्रिया को क्या कहते हैं?

उत्तर – ओटाई (Ginning)।

प्रश्न 534. गोल्डन एकर, पूसा ड्रम हेड व प्राइड ऑफ इंडिया किसकी किस्में है?

उत्तर – पत्तागोभी (*Brassica oleracea* var. capitata)।

प्रश्न 535. जेनेटिक्स शब्द किसने दिया है?

उत्तर – विलियम बेट्सन (1905)।

प्रश्न 536. गेहूँ में अनावृत कंड रोग किसके द्वारा होता है?

उत्तर – कवक, (*अस्टिलैगो नुडा*) के द्वारा।

प्रश्न **537**. भारतीय चरागाह एवं चारा अनुसंधान संस्थान (Indian Grassland and Fodder Research Institute : IGFRI) कहाँ स्थित है?

उत्तर – झाँसी, उत्तरप्रदेश।

प्रश्न 538. रात्रि में निकलने वाले कीटों को आकर्षित करने के लिए किस प्रकार की लैम्पो का प्रयोग किया जाता है?

उत्तर – पराबैंगनी लैम्पो का।

प्रश्न 539. फलों का रस चूसने वाले कीटों में किस तरह के मुखाँग पाए जाते हैं?

उत्तर – चुभाने व चूसने वाले।

प्रश्न 540. सफेद मूसली का वानस्पतिक नाम क्या है?

उत्तर – *क्लोरोफाईटम बोरीविलिएनम* (*Chlorophytum borivilianum*), इसकी जड़ों का औषधि (यौवन, शक्ति, वीर्यवर्धक) में प्रयोग किया जाता है।

प्रश्न 541. आम की कौनसी किस्म दशहरी और नीलम के क्रॉस से विकसित की गई है?

उत्तर – अल्फांसो। जबकि आम्रपाली, मल्लिका, नीलम और दशहरी का संकरण है।

प्रश्न 542. रबी फसल की बुवाई किस माह में की जाती है?

उत्तर – अक्टूबर–नवम्बर माह में, जबकि जून–जुलाई में खरीफ की तथा जायद फसल की बुवाई फरवरी–मार्च में की जाती है।

प्रश्न 543. 'कृषि मूल्य आयोग' की स्थापना कब हुई?

उत्तर – 1965 में, जिसका वर्ष 1985 में नाम बदलकर 'कृषि लागत एवं मूल्य आयोग' कर दिया गया है।

प्रश्न 544. सामान्य फसल उगाने के लिए उर्वर भूमि का pH मान क्या होता है?

उत्तर – 6 से 7, इससे कम होने पर अम्लीयता बढती है तथा अधिक होने पर मृदा में क्षारीयता बढती है।

प्रश्न 545. कन्द व मूल फसलें क्या है?

उत्तर – इन फसलो में भोजन भूमिगत भागो में संग्रहीत रहता है। जैसे आलू, रतालू, हल्दी आदि

प्रश्न 546. बीज की आनुवंशिक शुद्धता किसे कहते हैं?

उत्तर – बीज का खरपतवारों, अन्य फसलों तथा उसी फसल की अन्य किस्मों के बीजों से मुक्त होना।

प्रश्न 547. अरहर का वानस्पतिक नाम क्या है?

उत्तर – *कैजेनस कजान* (*Cajanus cajan*)। यह फैबेसी (लेग्युमिनेसी) कुल से हैं, जिसका उद्‌भव स्थान अफ्रीका है।

प्रश्न 548. अम्लीय और क्षारीय मृदाओ को कैसे सुधारा जा सकता है?

उत्तर – अम्लीय मृदा में चुना व क्षारीय मृदा में जिप्सम डालकर सुधारा जा सकता है।

प्रश्न 549. अखिल भारतीय खजूर अनुसंधान केंद्र कहाँ स्थित है?

उत्तर – बीचवाल, बीकानेर (राजस्थान)।

प्रश्न 550. राष्ट्रीय खाद्य सुरक्षा मिशन कब प्रारम्भ किया गया?

उत्तर – यह मिशन 2007 में 14 राज्यों में शुरू किया गया और वर्तमान में 23 राज्यों में क्रियान्वित किया जा रहा है। इसका उद्देश्य गेहूँ, चावल व दलहन फसलों का उत्पादन बढ़ाना है।

प्रश्न 551. माहिको बीज कम्पनी के संस्थापक कौन है?

उत्तर – डॉ॰ बी॰ आर॰ बरवाले। इन्हें सन् 1988 में विश्व खाद्य पुरस्कार से सम्मानित किया। डॉ॰ बरवाले के आलावा भारत के डॉ॰ एम॰ एस॰

स्वामीनाथन (1987), डॉ॰ वर्गीस कुरियन (1989), डॉ॰ गुरुदेव खुश (1996), डॉ॰ सुरिंदर के॰ वासल (2000), डॉ॰ विजय गुप्ता (2005), डॉ॰ संजय राजाराम (2014), डॉ॰ रतन लाल (2020) को भी विश्व खाद्य पुरस्कार से सम्मानित किया गया है।

प्रश्न 552. डिप्टेरा की सुंडियो क्या कहलाती है?

उत्तर – मैगट। जबकि कोलिओप्टेरा की सुंडियों को ग्रब कहते हैं

प्रश्न 553. लाख की खेती को क्या कहते हैं?

उत्तर – लाख कीट का वैज्ञानिक नाम *लैसिफर लाक्का* (फैमिली–कॉक्सिडी) है। यह कीट कुसुम, बेर, अरहर, पलाश आदि पेड़ों पर पनपता है और इसकी खेती को लेककल्चर कहते हैं।

प्रश्न 554. मृदा के जन्म, निर्माण तथा वितरण से सम्बन्धित विज्ञान को क्या कहते हैं?

उत्तर – पैडोलॉजी (Pedology)।

प्रश्न 555. अदरक की बीज दर बताए?

उत्तर– 1500–1800 किलो प्रकन्द प्रति हेक्टेयर।

प्रश्न 556. आँवले (*Emblica officinalis* : Euphorbiaceae) व आम (*Mangifera indica* : Anacardiaceae) में आंतरिक निक्रोसिस किसकी कमी से होता है?

उत्तर– बोरॉन की कमी से।

प्रश्न 557. "गोला", "थार सेविका", "उमरान", "इलायची", किसकी किस्में हैं?

उत्तर– बेर (*Ziziphus mauritiana* : Rhamnaceae) की।

प्रश्न 558. रोगिंग क्रिया क्यों की जाती है?

उत्तर– फसल में से अवांछित एवं अन्य किस्मों के पौधों को निकालने के लिए।

प्रश्न 559. भारतीय कृषि अनुसंधान परिषद्, नई दिल्ली के महानिदेशक कौन है?

उत्तर– डॉ॰ त्रिलोचन महापात्रा।

प्रश्न 560. दीमक के प्रभावी नियंत्रण के लिए कौनसे रसायन का प्रयोग किया जाता है?

उत्तर – क्लोरपाइरीफॉस खड़ी फसल में सिंचाई जल के साथ 4 लीटर/हेक्टेयर का प्रयोग करना चाहिए।

प्रश्न 561. अडूसा का वानस्पतिक नाम क्या है?

उत्तर – *जस्टिसिया अधाटोडा (Justicia adhatoda)*। यह खाँसी, श्वास, रक्तपित्त और कफ के लिए गुणकारी है।

प्रश्न 562. किसान को अपने खेत को अधिक आय के लिए किन तीन मुख्य भागों में बाँटना चाहिए?

उत्तर – खेत के एक भाग को परंपरागत फसल उत्पादन, दूसरे को बागवानी–मशरूम तथा तीसरे को पशुपालन, मधुमक्खी, मुर्गी व बटेर पालन में बाँटना चाहिए।

प्रश्न 563. राजस्थान में कितने कृषि जलवायु क्षेत्र है?

उत्तर – राजस्थान में 10 कृषि जलवायु क्षेत्र है, जो राज्य के 33 जिलों में फैले हैं राज्य में लगभग 220 लाख हेक्टेयर भूमि में खेती होती है।

प्रश्न 564. विदेशी नस्लों में गाय की सबसे भारी नस्ल का नाम बताइए?

उत्तर – होलिस्टन फ्रिजियन।

प्रश्न 565. गाय की फ्रीजवाल नस्ल किसका संकरण है?

उत्तर – फ्रिजियन व साहीवाल।

प्रश्न 566. मैंगनीज की कमी से फसलों में कौनसे रोग होते हैं?

उत्तर – जई में भूरी पत्ती रोग, गन्ने में अंगमारी, चुकंदर में चित्तीदार पीला रोग, मटर में पैक चित्ती रोग।

प्रश्न 567. अनन्नास की वानस्पतिक प्रवर्धन विधि बताए?

उत्तर – स्लिप्स और सकर्स।

प्रश्न 568. राष्ट्रीय बागवानी मिशन कब प्रारंभ हुआ?

उत्तर – यह योजना वर्ष 2005–2006 में उद्यानिकी फसलों को प्रोत्साहन देने के उद्देश्य से प्रारंभ की गई।

प्रश्न 569. भेड़ की कौनसी नस्ल भारतीय मेरिनों कहलाती है?

उत्तर – चौकला।

प्रश्न 570. भारतीय खाद्य निगम की स्थापना कब हुई?

उत्तर – इसकी स्थापना 1964 में हुई। ससंद के अधिनियम के तहत किसानों को उपज का उचित न्यूनतम मूल्य दिलाने, उपभोक्ता को उचित मूल्य पर खाद्यान्न उपलब्ध करने एवं देश में खाद्यान का सुरक्षित भंडार करने के उद्देश्य से इसे स्थापित किया गया।

प्रश्न 571. आलू में पछेता झुलसा (Late Blight) रोग किससे होता है?

उत्तर – *फाईटोप्थोरा इन्फेसटेंस* (*Phytophthora infestans*)।

प्रश्न 572. राज्य की कौनसी नदियाँ सतत बहती (Perennial) है?

उत्तर – चम्बल व माही। राज्य में विभिन्न नहरों से लगभग 27–28% क्षेत्र में सिंचाई होती है।

प्रश्न 573. इम्यूनिटी बढ़ाने के लिए किन सब्जियों का उपयोग करना चाहिए?

उत्तर – हल्दी, अदरक, टमाटर, आँवला, लहसुन, ब्रोकली आदि।

प्रश्न 574. पौधों में साईटोकाईनिन का प्रमुख कार्य क्या है?

उत्तर – कोशिका विभाजन।

प्रश्न 575. राजस्थान में पिस्ता एवं ड्रेगन फल की खेती को बढ़ावा दिया जा रहा है, इन फसलों के वानस्पतिक नाम बताइए?

उत्तर – पिस्ता का वानस्पतिक नाम *पिस्टेसिया वेरा* (*Pistacia vera* : Family : Anacardiaceae) व ड्रेगन फल का वानस्पतिक नाम *हीलोसेरस अनडेटस* (*Hylocereus undatus*, Family: Cactaceae)।

प्रश्न 576. लघु दिवस या अल्पप्रकाशपेक्षी पौधें (Short day) किसे कहते हैं?

उत्तर – वह पौधें जिनकी प्रकाश अवधि की अधिकतम सीमा 8 घंटे हैं, उन्हें लघु दिवस या अल्पप्रकाशपेक्षी पौधें कहते हैं जैसे तम्बाकू, सोयाबीन, धान, मूँग आदि एवं जिन पौधों के लिए अपेक्षाकृत अधिक लम्बे दिन 12–14 घंटे प्रकाश की जरुरत रहती है, उन्हें दीर्घ दिवस या दीर्घ प्रकाशपेक्षी (Long day) पौधें कहते हैं, जैसे गेहूँ, आलू, चुकन्दर आदि।

प्रश्न 577. देश के दूध उत्पादन में कितने प्रतिशत दूध राजस्थान में उत्पादित होता है?

उत्तर – विश्व में दूध उत्पादन में भारत का प्रथम स्थान है (198.4 MT)। देश में सबसे अधिक दूध उत्पादन 41% उत्तरप्रदेश में व दूसरा स्थान राजस्थान का है जहाँ 28% उत्पादन होता है।

प्रश्न 578. पादप कार्यिकी विज्ञान के जनक कौन है?

उत्तर – स्टीफन हेल्स।

प्रश्न 579. हवा की आपेक्षिक आर्द्रता किस यंत्र से नापी जाती है?

उत्तर – हाइग्रोमीटर।

प्रश्न 580. गोल क्रांति (Round revolution) किससे सम्बंधित है?

उत्तर – आलू उत्पादन से।

प्रश्न 581. वृक्ष संवर्धन (Arboriculture) किसे कहते हैं?

उत्तर – पेड़ों, झाड़ियों, लताओं और अन्य काष्ठीय पौधों की खेती प्रबंधन एवं अध्ययन को वृक्ष संवर्धन कहते हैं।

प्रश्न 582. नेशनल रिसर्च सेंटर फॉर मेडिसिनल एंड एरोमैटिक प्लांट्स कहाँ है?

उत्तर – बोरिआवि, आनंद, गुजरात।

प्रश्न 583. बाजरे का 'अर्गट रोग' किसके द्वारा होता है?

उत्तर – कवक, *क्लेविसेप्स पेरप्युरिया* (*Claviceps purpurea*) द्वारा।

प्रश्न 584. भारतीय गाय की भार वाहक नस्लों का नाम बताइए?

उत्तर – अमृत महल, नागौरी, कांगायम, हल्लीकर, खिल्लारी आदि।

प्रश्न 585. लौकी का उद्‌भव स्थान कहाँ है?

उत्तर – लौकी (*लेजिनेरिया सिसेरेरिया*) कुकुरबिटेसी कुल का पौधा है। इसका उद्‌भव स्थान अफ्रीका है, जिसमें गुणसूत्र संख्या (2n = 22) होती है।

प्रश्न 586. 'बनारसी', 'चकैया', 'फ्रांसिस', 'भवानी सागर' और 'कंचन' किसकी किस्में है?

उत्तर – आँवला (*Emblica officinalis*) की।

प्रश्न 587. विश्व में सबसे अधिक अंडा उत्पन्न करने वाली मुर्गी की नस्ल कौनसी है?

उत्तर – व्हाइट लैग हॉर्न।

प्रश्न 588. कौनसी फसलों को हरी खाद के रूप में उपयोग में लाते हैं?

उत्तर – अविच्छेदित अर्थात् बिना सड़े–गले हरे पौधों अथवा उनके भागों को जब भूमि में मृदा की उर्वरा शक्ति बढ़ाने के लिए दबाया जाता है, उसे हरी खाद कहते हैं। इसके लिए सनई, ढ़ेंचा, उड़द, मूंग, मसूर, चँवला, बरसीम आदि फसले उपयोग में लेते हैं।

प्रश्न 589. बोझा ढोने व तेज चलने के लिए ऊँट की सर्वश्रेष्ठ नस्ल कौनसी है?

उत्तर – बीकानेरी नस्ल।

प्रश्न 590. गेहूँ की फसल में कतार से कतार की दूरी व बीज दर कितनी होती है?

उत्तर – कतार से कतार की दूरी 20–22 से.मी. तथा बीज दर 100 कि. ग्रा./हेक्टेयर होती है।

प्रश्न 591. कपास में लगने वाला मुख्य कीड़ा कौनसा है, जिससे इसका उत्पादन 25–40% तक कम हो जाता है?

उत्तर – गुलाबी सुंडी (Pink Bollworm : *Pectinophora gossypiella*)।

प्रश्न 592. नीम (*Azadirachta indica*) के बीज (निम्बोली) में कौनसा कीटनाशी पदार्थ पाया जाता है?

उत्तर – एजाडिरिक्टीन।

प्रश्न 593. राजस्थान राज्य के कृषि विभाग को किन–किन विभागों में बाँटा गया है?

उत्तर – (i) कृषि विभाग, (ii) उद्यान विभाग, (iii) राजस्थान राज्य बीज निगम, (iv) कृषि विपणन विभाग एवं राजस्थान राज्य कृषि विपणन बोर्ड, (v) पशुपालन विभाग और (vi) सहकारिता विभाग।

प्रश्न 594. अजोला क्या है?

उत्तर – अजोला समशीतोष्ण जलवायु में पाया जाने वाला जलीय फर्न है, जो धान की खेती के लिए उपयोगी होता है। इसके निचले भाग में सिम्बोइंट के रूप में ब्लू ग्रीन एल्गी साइनोबैक्टीरिया पाया जाता है, जो वायुमंडलीय नाइट्रोजन को परिवर्तित करता है। यह पशु एवं मुर्गीयों को आहार के रुप में भी दिया जाता है।

प्रश्न 595. मृदा रंग का सबसे अच्छा निर्धारण किससे किया जा सकता है?

उत्तर – मुनसेल कलर चार्ट द्वारा। इसकी खोज प्रोफेसर अल्बर्ट एच॰ मुनसेल ने की थी।

प्रश्न 596. चाय (*Camellia sinensis*) की फसल में पीलापन रोग किसकी कमी का लक्षण है?

उत्तर – सल्फर।

प्रश्न 597. उद्यान विज्ञान (Horticulture) को कौन–कौनसी शाखाओं में विभाजित किया गया है?

उत्तर – सब्जी विज्ञान (Olericulture), फल विज्ञान (Pomology), पुष्प विज्ञान और अलंकृत बागवानी (Floriculture and Ornamental Horticulture), तथा फल एवं सब्जी परिरक्षण विज्ञान (Fruit and Vegetable Preservation)।

प्रश्न 598. मुर्गी का वैज्ञानिक नाम क्या है?

उत्तर – *गैलस डोमेस्टिकस* (*Gallus domesticus*)।

प्रश्न 599. संकरण किसे कहते हैं?

उत्तर – एक विभेद (strain) के नर युग्मकों तथा किसी अन्य विभेद के मादा युग्मकों (Gametes) के संयोग (Union) से संतति (progeny) प्राप्त करना।

प्रश्न 600. गेहूँ का खपरा कीट (*Trogoderma granarium*) किस अवस्था में हानि पहुँचाता है?

उत्तर – ग्रब अवस्था में।

प्रश्न 601. सना या सोनामुखी का वानस्पतिक नाम क्या है?

उत्तर – *केसिया ऑगस्टीफोलिया* (*Cassia augustifolia*)। यह लेग्युमिनेसी (फेबेसी) कुल का पौधा है। इसकी पत्तियों का उपयोग पेट की बिमारियों से सम्बन्धित दवाईयाँ बनाने में किया जाता है।

प्रश्न 602. सेंट्रल इंस्टिट्यूट फॉर टेम्परेट हॉर्टिकल्चर (CITH) कहाँ स्थित है?

उत्तर – श्रीनगर (जम्मू–कश्मीर)। मुख्यतः इस इंस्टिट्यूट में सेब (*Malus pumila*), अखरोट (*Juglans regia*) और एप्रीकॉट (*Prunus armeniaca*) पर अनुसंधान होता है।

प्रश्न 603. दूध में वसा की मात्रा किस यंत्र से मापी जाती है?

उत्तर – ब्युटायरोमीटर। इसमे 0–10 तक की स्केल होती है। बकरी के दूध से गाय के दूध में अधिक वसा की मात्रा होती है और गाय के दूध से भैंस के दूध में और अधिक वसा की मात्रा होती है।

प्रश्न 604. करेले की बीज दर बताए?

उत्तर – 4–6 किलोग्राम। इसका वानस्पतिक नाम *मोमोर्डिका चरनशिया* है। इसका उत्पत्ति स्थान अफ्रीका है। करेले में कड़वाहट मेमोर्डिकोसाइट के कारण होती है।

प्रश्न 605. सौर ऊर्जा के विभिन्न ऊर्जा सरंक्षित उपकरण जो दैनिक जीवन हेतु उपयोगी हो, बताइए?

उत्तर – सौलर कुकर, सौलर पम्प, सौलर लाईट, सौलर वाटर हीटर, सौलर ड्रायर, सौलर आस्त्रव आदि।

प्रश्न 606. लो टनल में मुख्यतः कौनसी सब्जियाँ लगाते हैं?

उत्तर – प्रायः इसमें कद्दूवर्गीय सब्जियाँ जैसे लौकी, गिलकी, ककड़ी, टिंडा, करेला आदि। इस तकनीक द्वारा बेमौसमी सब्जी का उत्पादन कर सकते हैं।

प्रश्न 607. पौधों में कार्बोहाइड्रेट के संवहन में सहायक तत्त्व कौनसा है?

उत्तर – केल्शियम।

प्रश्न 608. किस तत्त्व की कमी से तम्बाकू की पत्तियों में कागज की तरह जलने का गुण विकसित होता है?

उत्तर – पोटाश।

प्रश्न 609. मसूर का वानस्पतिक नाम क्या है?

उत्तर – *लेन्स एक्कूलेन्टा*। यह लेग्यूमिनेसी (फेबेसी) कुल का पौधा है। विश्व में क्षेत्रफल तथा उत्पादन की दृष्टि से भारत का प्रथम स्थान है। इसमें 22–24% प्रोटीन पाया जाता है।

प्रश्न 610. अलैंगिक अथवा वानस्पतिक प्रवर्धन (Vegetative propagation) किसे कहते हैं?

उत्तर – यह पौधों के प्रवर्धन की एक विधि है, जिसमे पौधों का प्रसारण किसी वानस्पतिक भाग जैसे जड़ों, तनों, पत्तियों के द्वारा करते हैं, जैसे अतःभूस्तारी (केला, अनन्नास), रनर (स्ट्रॉबेरी), कलम (गुलाब, गुलदाउदी) आदि।

प्रश्न 611. कपास, दलहनी व तिलहनी फसलों में खरपतवार नियंत्रण हेतु फसल उगने से पूर्व (Pre-emergence) पेंडीमिथेलिन की कितनी मात्रा प्रति हेक्टेयर प्रयुक्त की जाती है?

उत्तर – 750 ग्राम।

प्रश्न 612. "मैडजूल", "खदराबी", "जाहिदी" व "शामरन" किसकी किस्में है?

उत्तर – खजूर (*फोनिक्स डेक्टिलिफेरा*)। "मैडजूल" व "खदराबी" छुआरा बनाने हेतु और "जाहिदी" व "शामरन" पिण्ड खजूर बनाने के लिए काम में लेते हैं।

प्रश्न 613. अदरक (*Zingiber officinale*) में तीखापन का कारण क्या है?

उत्तर – जिन्जेरोल।

प्रश्न 614. फसल चक्र अध्ययन को क्या कहते हैं?

उत्तर – सिरियोलोजी।

प्रश्न 615. मेथी (*टाइगोनेला फोइनम* – ग्रेइकम ली.) की उन्नत किस्में कौनसी है?

उत्तर – RMT 2, RMT 143, RMT 305, हिसार सोनाली, NM 1, NM 2, प्रताप राज मेथी आदि।

प्रश्न 616. आत्मा (ATMA : Agriculture Technology Management Agency) "कृषि प्रौद्योगिकी प्रबंधन अभिकरण" क्या है?

उत्तर – कृषि अनुसंधान एवं प्रसार क्षेत्र में चलाए जा रहे विभिन्न कार्यक्रमों की सफलताओं, कमियों तथा अनछुएँ पहलुओं को लक्षित करते हुए भविष्य के लिए प्रभावशाली रणनीति बनाने के लिए भारत सरकार द्वारा जिला स्तर पर बनाई एक पंजीकृत संस्था है। इसका दूसरा उद्देश्य किसानों की भागीदारी से "सामरिक अनुसंधान एवं प्रसार योजना" बनाना तथा साधनों के आवंटन में खंड़ स्तर पर सभी भागीदारों में कार्यक्रम समन्वय एवं एकीकरण को बढ़ाना है।

प्रश्न 617. थ्रिप्स कौनसी सब्जी का प्रमुख किट है?

उत्तर – प्याज (*Allium cepa*)।

प्रश्न 618. राजस्थान में ऊँट की प्रमुख नस्लें कौनसी है?

उत्तर – बीकानेरी, कच्छी, जैसलमेरी एवं मेवाड़ी। वार्षिक बाल उत्पादन 500 से 800 ग्राम प्रति ऊँट और औसत दूध उत्पादन 3.0 से 6.5 कि.ग्रा. प्रतिदिन होता है।

प्रश्न 619. रक्षक फसलों (Guard crops) से क्या तात्पर्य है?

उत्तर – उन फसलों से हैं जिसमे मुख्य फसलों को बीच में बोया जाता है एवं इसके चारों तरफ अन्य फसल को रक्षक फसल के रूप में उगाया जाता है। उदाहरण : कपास (*Gossipum hirsutum*) के चारों ओर भिन्डी (*Abelmoscus esculantus*) बोयी जाती हैं।

प्रश्न 620. पराजीनी पौधें (Transgenic plants) किसे कहते हैं?

उत्तर – जिन पौधों में आनुवंशिक इंजीनियरिंग (Genetic Engineering) द्वारा कोई जीन स्थानांतरित किया गया हो, यह जीन इन पौधों के क्रोमोसोमों में समाकलित (Integrated) होता है। बी॰टी॰ कपास इसका प्रमुख उदाहरण है।

प्रश्न 621. सहजन का वानस्पतिक नाम क्या है?

उत्तर – *मोरिंगा ओलीफेरा (Moringa oleifera)*। इस पेड़ के विभिन्न भाग अनेक पोषक तत्त्वों से भरपूर हैं। यह कैल्शियम का मुख्य स्त्रोत है। इसकी पत्तियों, फूल और फली की सब्जी बनती है। इसका उपयोग जल को साफ करने के लिए भी किया जा सकता है। इसकी छाल, रस, पत्तियों, बीजों, तेल और फूलों से पारम्परिक दवाएँ भी बनाई जाती है।

प्रश्न 622. "कलकत्ता डबल", "फुले रजनी", "हैदराबादी डबल", "कल्याण डबल", "वैभव" किसकी किस्में है?

उत्तर – रजनीगंधा (*Polianthes tuberosa* : Amaryllidaceae) इसका उद्भव स्थल मेक्सिको हैं। यह कंद (बल्ब) से उगाया जाने वाला पुष्पीय पौधा है।

प्रश्न 623. केन्द्रीय कपास अनुसंधान संस्थान (Central Institute of Cotton Research) कहाँ है?

उत्तर – नागपुर, महाराष्ट्र।

प्रश्न 624. जैविक खाद से क्या तात्पर्य है?

उत्तर – जैविक खाद जीवित एवं सक्रिय सूक्ष्म जीवाणुओं से मिलकर बना होता है, जो वायु में पाई जाने वाली नत्रजन तथा अन्य उपयोगी तत्त्व फसल को उपलब्ध करता है एवं अघुलनशील रूप में उपस्थित फास्फोरस एवं पोटाश को घुलनशील रूप में बदलता है।

प्रश्न 625. सहजीवी बैक्टीरिया क्या है?

उत्तर – इस प्रकार के बैक्टीरिया स्वतंत्र रूप से जीवित नहीं रह सकते हैं ये केवल सह जीवन में ही वायुमंडलीय नाइट्रोजन का उपयोग व स्थरीकरण करते हैं। जैसे राइजोबियम, यह दलहनी पौधों की जड़ ग्रंथियों में पाया जाता है।

प्रश्न 626. मुख्यमंत्री पशुधन निःशुल्क दवा योजना का उद्देश्य क्या है?

उत्तर – यह योजना 2 अक्टूबर 2011 में शुरू की गई। इस योजना का उद्देश्य राजस्थान राज्य के विशाल पशुधन हेतु 110 आवश्यक औषधियों व 13 सर्जिकल मेटेरियल की निःशुल्क उपलब्धता सुनिश्चित करना है।

प्रश्न 627. विश्व में अंडा उत्पादन में भारत का कौनसा स्थान है?

उत्तर – विश्व में अंडा उत्पादन में भारत का स्थान तीसरा है (चाइना प्रथम व अमेरिका दूसरे स्थान पर है)।

प्रश्न 628. "सुरती", "मुर्रा" व "मेहसाना" क्या है?

उत्तर – ये राजस्थान राज्य की भैंस की प्रमुख नस्लें है। प्रदेश में दूध उत्पादन में भैंस वंश का योगदान लगभग 55%, गो वंश का 42% और 3% योगदान बकरी वंश का है।

प्रश्न 629. वाष्पोत्सर्जन दर मापने के लिए कौनसा यंत्र काम में लिया जाता है?

उत्तर – पोटोमीटर (Potometer)।

प्रश्न 630. ट्रक फार्मिंग कृषि किसे कहते हैं?

उत्तर – बड़े बाजारों के लिए फलों एवं सब्जियों का उत्पादन करना तथा इन उत्पादों के परिवहन में मुख्यतः ट्रकों का प्रयोग होने के कारण इसे ट्रक फार्मिंग कृषि कहते हैं।

प्रश्न 631. गाय, भैंस, भेड़ व बकरी में नाड़ी की गति कैसे ज्ञात करते हैं?

उत्तर – पूंछ में स्थित कॉक्सीजियल धमनी को हाथ से महसूस करके।

प्रश्न 632. केसर (*Crocus sativus*) के लिए पौधें का कौनसा भाग उपयोग में लाया जाता है?

उत्तर – वृतिकाग्र। इसका उद्भव स्थान दक्षिण–पश्चिम एशिया है। भारत में यह मुख्यतः जम्मू कश्मीर व हिमाचल प्रदेश में उगाई जाती है।

प्रश्न 633. भारत का पहला ऑर्गेनिक राज्य कौनसा है?

उत्तर – सिक्किम।

प्रश्न 634. पपीते में पर्ण कुंचन रोग (Leaf curl disease) किसके द्वारा होता है?

उत्तर – विषाणु द्वारा। यह विषाणु रोग सफेद कीट (White fly – *Bemasia tabaci*) एवं माहू (Aphid – *Aphis* spp.) से फैलता है इसकी रोकथाम हेतु डाइमिथोएट (2 मिली प्रति लीटर) या मैलाथियान (1 मिली प्रति लीटर) पानी में घोलकर छिड़काव करें।

प्रश्न 635. "मस्काबी", "वरदान", "जे॰बी॰ 2", "बी॰एल॰ 22" तथा "आनंद 2 "शिरसा" किन फसलों की किस्में है?

उत्तर – बरसीम (*Trifolium alexandrinum*) एवं रिजका (*Medicago sativa*, Family : Leguminosae), यह हरे चारे की फसले हैं।

प्रश्न 636. राजस्थान की किस प्रमुख दाल वाली फसल से पापड़, भुजिया, बड़े, मंगोडी आदि सामग्री बनाई जाती है?

उत्तर – मोठ (*Vigna aconitifolia*)। यह फसल सूखा, अनियमित वर्षा व तेज गर्मी सहन करने की क्षमता रखती है और देश के कुल क्षेत्रफल का लगभग 80% क्षेत्र इसका राजस्थान में स्थित है। RMO 40, RMO 225, RMO 257, RMO 435 आदि इसकी उन्नत किस्में है।

प्रश्न 637. पौधों के लिए कौन–कौनसे अनिवार्य पोषक तत्त्व है?

उत्तर – सामान्य वृद्धि एवं विकास के लिए पौधों को 17 पोषक तत्त्वों की आवश्यकता होती है। मेक्रो तत्त्व – Carbon (C), Hydrogen (H), Oxygen (O) को पौधें हवा व जल से प्राप्त करते हैं, Nitrogen (N), Phosphorus (P), Potassium (K), Sulfur (S), Calcium (Ca) Magnesium (Mg) मिट्टी से प्राप्त करते हैं। माइक्रो तत्त्व : Boron (B), Chlorine (Cl), Manganese (Mn), Iron (Fe), Zinc (Zn), Copper (Cu), Molybdenum (Mo), Nickel (Ni) ये सभी भी मिट्टी से प्राप्त करते हैं।

प्रश्न 638. किस सब्जी को 'सब्जियों का राजा' कहा जाता है?

उत्तर – बैंगन (*सोलेनम मेलोंजीना* : सोलेनासी)।

प्रश्न 639. बेल/बिल्व (*Aegle marmelos*) कौनसी कुल (फेमिली) का फल है?

उत्तर – रूटेसी। इसमें विटामिन सी और बी की अधिकता होती है जो रोग निरोधक क्षमता बढ़ाती है। बेल के फल में टैनिन, कैल्शियम, फॉस्फोरस, फाइबर, प्रोटीन, लोहा आदि उपयोगी खनिज पाए जाते हैं।

प्रश्न 640. बाजरा (*Pennisetum glaucum* : Poaceae) राजस्थान की कम वर्षा वाले क्षेत्रो की एक प्रमुख खरीफ की फसल है। इसमें कंडुवा रोग किससे होता है?

उत्तर – *टोलीपोस्पोरियम पेनिसिलेरी* (*Tolyposporium penicillariae*) कवक द्वारा। यह मृदा व बीज जनित रोग है।

प्रश्न 641. *साइप्रस रोटनडस* (*Cyprus rotandus*) किसका वानस्पतिक नाम है?

उत्तर – मोथा (नटग्रास) का। यह साइप्रेसी कुल का खरीफ खरपतवार है। इसकी रोकथाम के लिए सिमाजिन 2 किग्रा का छिड़काव करना चाहिए।

प्रश्न 642. गेहूँ (*Triticum aestivum*) के फल को क्या कहते हैं?

उत्तर – केरियोपसिस (Caryopsis) एवं इसके दाने को करनेल (Kernal) कहते हैं।

प्रश्न 643. ग्रीष्मकालीन गहरी जुताई किन यंत्रों से की जाती हैं?

उत्तर – गहरी जुताई एमबी प्लाऊ, डिस्क प्लाऊ एवं सब सॉयलर कल्टीवेटर से की जाती है।

प्रश्न 644. पपीते (*Carica papaya*) का पीला रंग किसके कारण होता है?

उत्तर – *केरीकाजेंथिन* (Caricaxanthin) के कारण। प्याज का रंग क्वरसिटिन, हल्दी का रंग कुरकुमिन, गाजर का कैरोटिन व टमाटर का रंग लाइकोपीन के कारण होता है।

प्रश्न 645. समेकित कीट प्रबंधन क्या है?

उत्तर – यह कीट प्रबंधन की वह तकनीक है, जिसमें व्यवहारिक, यांत्रिक, भौतिक, जैविक और रासायनिक नियंत्रण का एक क्रमबद्ध तरीके से प्रयोग किया जाता है, जिससे कीटों की संख्या आर्थिक क्षति के स्तर से नीचे रहे।

प्रश्न 646. भारत में प्रथम शुष्क खेती अनुसंधान संस्थान कहाँ स्थापित किया गया?

उत्तर – मंझरी (महाराष्ट्र), 1983 । राजस्थान में शुष्क खेती पर अनुसंधान केन्द्र काजरी : Central Arid Zone Research Institute जोधपुर, भीलवाड़ा में Dryland Farming Research Station (MPUAT) एवं बीकानेर में Central Institute for Arid Horticulture स्थित है।

प्रश्न 647. केले के अधिक पके हुए फल में गंध किस वजह से आती है?

उत्तर – आइसोपेन्टेनॉल।

प्रश्न 648. चूहें के नियंत्रण के लिए कौनसे रसायन काम में आता है?

उत्तर – जिंक फोस्फोइड, एल्युमिनियम फोस्फोइड एवं वारफेरीन। जिंक फोस्फोइड विषैला चुग्गा (1 किलो) : 900 ग्राम आटा + जहर (जिंक फास्फाइड) 20 ग्राम + तेल 40 ग्राम + 40 ग्राम गुड़), एल्युमिनियम फोस्फोइड : 1 गोली प्रति बिल एवं वारफेरीन (0.05% सक्रिय) विषैला चुग्गा (1 किलो) (920 ग्राम आटा + जहर (वारफेरीन) 50 ग्राम + तेल 30 ग्राम + 20 ग्राम गुड़)।

प्रश्न 649. मेहन्दी का लाल रंग किस रसायन के कारण आता है?

उत्तर – मेहन्दी (*लॉसोनिया इनर्मिस* : लाइथ्रेसी) एक औषधीय पौधा है। जिसका दाह, शोधहर, कुष्ठरोग, ज्वरनाशक एवं बालों सम्बन्धी विकारो में प्रयोग करते हैं इसका लाल रंग लवसॉन रसायन की वजह से आता है। जितनी अधिक मात्रा लवसॉन की मात्रा मेहंदी की पत्तियों में होगी, उतना अधिक मेहंदी का रंग आएगा।

प्रश्न 650. भारतीय सोयाबीन अनुसंधान संस्थान कहाँ है?

उत्तर – इन्दौर (मध्यप्रदेश)। इसकी स्थापना 1987 में हुई।

प्रश्न 651. अधिक मात्रा में ज्वार (*Sorghum bicolor*) खाने से मनुष्य में कौनसी बीमारी होती है?

उत्तर – पेलाग्रा। ज्वार में ल्यूसीन प्रोटीन अधिक (7.4–17%) मात्रा में पाया जाता है। जब इस प्रोटीन की मात्रा मनुष्य के शरीर में अधिक हो जाती है या नियासिन (Vitamin B3) की कमी होती है तो मनुष्य में यह रोग हो जाता है।

प्रश्न 652. मूंग (*Vigna radiata* : Fabaceae) में किस प्रकार का अंकुरण होता है?

उत्तर – ऊपरी भूमि (Epigeal) अंकुरण। इसमें बीज पत्राधारी (Hypocotyl) के लम्बे हो जाने के कारण बीज पत्र भूमि के ऊपर आ जाते हैं, जबकि अध्योभूमि (Hypogeal) में बीज पत्र, बीज–पत्रोपरिक (Epi-cotyl) के नीचे भूमि में ही रह जाते हैं, जैसे चना, मटर, मक्का, नारियल आदि।

प्रश्न 653. कलम बंधन (Grafting) क्या है?

उत्तर – जब एक पौधें के मूलवृंत पर दूसरे पौधें की सांकुर शाख को इस आशय से जोड़ा या मिलाया जाए की वे मिलकर एक पौधें के रूप में विकसित हो सके जैसे आम, चीकू, अमरुद आदि। जबकि एक पौधें के मूलवृंत पर दूसरे पौधें की एक कक्षस्थ को साथ में इस उद्देश्य से मिलाया जाता है की मिलकर एक पौधें के रूप में विकसित हो सके जैसे आँवला, अखरोट, जामुन, कटहल आदि तो उसे कलिकायन या चश्मा चढ़ाना (Budding) कहते हैं।

प्रश्न 654. "ड्वार्फ केवेडिश", "रोबस्टा", "पूवन", "रसथाली", "वीरूपक्षी" एवं "चक्रकेली" क्या है?

उत्तर – ये सब केले (*Musa paradisica* : Musaceae) की उन्नत प्रजातियाँ है। विश्व में भारत सबसे बड़ा केला उत्पादक राष्ट्र है। तिरुचिरापल्ली, तमिलनाडू में इसका राष्ट्रीय अनुसंधान केंद्र (National Research Centre for Banana) है।

प्रश्न 655. धान की कटाई कर खेत की जुताई किए बिना जीरो टिलेज मशीन द्वारा गेहूँ की बुवाई करने की प्रणाली को क्या कहते हैं?

उत्तर – जीरो टिलेज (Zero tillage)। इससे जल, बीज व उर्वरक की मात्रा कम लगती है और समय व श्रम की बचत होती है।

प्रश्न 656. भैसों के कीचड़ में/पानी में नहाने/बैठने की क्रिया को क्या कहा जाता है?

उत्तर – वैलोविंग।

प्रश्न 657. रंगीन फलों के ज्यूस में कौनसा परिरक्षक (Preservative) काम में लेते हैं?

उत्तर – सोडियम बेंजोएट। इसका उपयोग 1000 से 2000 ppm मात्रा में किया जाता है। जिससे ज्यूस/शरबत लम्बे समय तक प्रयोग में लाया जा सके।

प्रश्न 658. तरबूज (*Citrullus lanatus* : Cucurbitaceae) में ब्लोसोम एंड रोट किसके कारण होता है?

उत्तर – उच्च तापमान, अनियमित सिंचाई एवं केल्शियम की कमी के कारण।

प्रश्न 659. अमोनिया को नाइट्रेट में ऑक्सीकृत किस बेक्टीरिया द्वारा किया जाता है?

उत्तर – नाइट्रोसोमोनास (Nitrosomonas) एवं नाइट्राइट को नाइट्रेट में ऑक्सीकृत नाइट्रोबेक्टर (Nitrobacter) बेक्टीरिया द्वारा किया जाता है।

प्रश्न 660. टेट्राजोलियम टेस्ट (TZ -Test) किस लिए किया जाता है?

उत्तर – बीज की जीवन क्षमता (Viability) का पता लगाने के लिए।

प्रश्न 661. अनावृत्तबीजी (Gymnosperm) पौधें क्या है?

उत्तर – इनमें पुष्प व फल नहीं पाए जाते और इन्हें नग्नबीजी पादप भी कहा जाता है। (बीज छोटी टहनियों या शंकुओं में खुली अवस्था में होते हैं) ये पादप बहुवर्षीय एवं काष्ठीय होते हैं, जैसे चिड़ (पाइनस), साइकस, देवदारु, गिनक्नो, इफ्रिड्रा आदि।

प्रश्न 662. अम्बलिफरी (Umbelliferae) या एपिएसी (Apiaceae) कुल के कुछ मुख्य पौधों के नाम बताइए?

उत्तर –जीरा (*Cuminum cyminum*), सौंफ (*Foeniculum vulgare*), धनिया (*Coriandrum sativum*), अजवायन (*Trachyspermum ammi*), गाजर (*Daucus carota*), हींग (*Ferula assa-foetida*), दाना मैथी (*Trigonella foenum-graecum*)।

प्रश्न 663. सींग विहीन बकरी (*Capra aegagrus hircus*) की नस्ल कौनसी है?

उत्तर – टोगन बर्ग। इसका उत्पत्ति स्थान स्विट्जरलैंड है। यह दुधारू बकरी है।

प्रश्न 664. कसूरी मेथी का वानस्पतिक नाम क्या है?

उत्तर – *ट्राईगोनिला कोरनिकुलेटा* (*Trigonella corniculata*) : फेबेसी (Fabaceae)। यह मसाले एवं औषधि के रूप में उपयोगी है।

प्रश्न 665. किसी वस्तु की अतिरिक्त इकाई के उपभोग से प्राप्त उपयोगिता क्या कहलाती हैं?

उत्तर – सीमान्त उपयोगिता (*मार्जिनल यूटिलीटी*)।

प्रश्न 666. राष्ट्रीय आय से क्या तात्पर्य है?

उत्तर – किसी देश में एक वर्ष में उत्पादित समस्त अन्तिम उत्पादों और सेवाओं के बाजार मूल्य का कुल योग तथा उत्पादन–साधनों से उनकी आर्थिक क्रियाओं के बदले एक वर्ष की अवधि में प्राप्त आय का कुल योग।

प्रश्न 667. माँग किसे कहते हैं?

उत्तर – उपभोक्ताओं की वे आवश्यकताएँ जिनकी पूर्ति के लिए वे अपनी आय का एक भाग खर्च करने के लिए तैयार रहते हैं।

प्रश्न 668. भू–धारण क्या है?

उत्तर – वह प्रणाली जिसके अन्तर्गत भूस्वामी एवं काश्तकारों के सम्बन्धों, अधिकारों और दायित्वों का निर्धारण किया जाता है।

प्रश्न 669. मजदूरी से क्या तात्पर्य है?

उत्तर – मजदूरों को उत्पादन कार्यों में भाग लेने के बदले दिया जाने वाला प्रतिफल मजदूरी कहलाता है।

प्रश्न 670. बजट क्या है?

उत्तर – किसी निर्धारित आगामी अवधि के लिए अनुमानित आय और व्यय का विवरण होता है।

प्रश्न 671. परिसम्पत्ति किसे कहते हैं?

उत्तर – वह भौतिक अथवा अभौतिक सम्पदा जिसका कोई मूल्य हो तथा जिस पर किसी व्यक्ति, व्यवसाय या संस्था का स्वामित्व हो।

प्रश्न 672. सीमान्त लागत से क्या तात्पर्य है?

उत्तर – यह निर्गत की मात्रा में एक इकाई है।

प्रश्न 673. राजस्थान का नागपुर किस स्थान को कहा जाता है?

उत्तर – झालावाड़, क्योंकि यहाँ संतरे का उत्पादन बहुतायत से होता है। बीकानेर के लूणकरणसर कस्बे को मूंगफली उत्पादन के लिए राजस्थान का राजकोट कहा जाता है।

प्रश्न 674. मिट्टी में नाइट्राइड से नाइट्रेट में ऑक्सीकरण किस बैक्टीरिया द्वारा होता है?

उत्तर – नाइट्रोबेक्टर। जबकि नाइट्रोसोमोनस अमोनिया को नाइट्राइड में बदलता है।

प्रश्न 675. धान की टुंगरु रोग का वाहक कौन है?

उत्तर – हरा फुदका (*Nephotettix virescens*)।

प्रश्न 676. शंखपुष्पी का वानस्पतिक नाम क्या है?

उत्तर – *कोंवोल्वुलुस प्लूरीकॉलिस* (*Convolvulus pluricaulis*) एक औषधीय पौधा है। इसमें शंख के समान दिखने वाले सफेद पुष्प होते हैं इसलिए इसे शंखपुष्पी कहते हैं। दिमागी कमजोरी, याद्दाश्त बढ़ाने में शंखपुष्पी बहुत कारगर है।

प्रश्न 677. लेग हीमोग्लोबिन क्या है?

उत्तर – यह एक लाल रंग का पादप वर्णक है। यह दलहनी पौधों की जड़ो की गाँठों में पाया जाता है।

प्रश्न 678. "पूसा सीडलेस" किसकी बीज रहित किस्म है?

उत्तर – तरबूज (*Citrullus lanatus*)। यह कुकरबीटेसी कुल का पौधा है। इस किस्म का विकास भारतीय कृषि अनुसंधान संस्थान, नई दिल्ली द्वारा किया गया है। तरबूज में विटामिन ए, बी, सी तथा लौहा भी प्रचुर मात्रा में मिलता है, जिससे रक्त सुर्ख व शुद्ध होता है।

प्रश्न 679. भोजन के मुख्य अवयव कौन–कौन से हैं?

उत्तर – प्रोटीन, वसा, कार्बोहाइड्रेट, विटामिन, खनिज, लवण, आदि।

प्रश्न 680. तिलहनी फसलों के लिए कौनसा तत्त्व उर्वरकों के साथ देना आवश्यक है?

उत्तर – सल्फर। यह तिलहनों में तेल का प्रतिशत बढ़ाता है।

प्रश्न 681. मखाना एक जलीय प्रजाति है। यह युरालेसी कुल का सदस्य है, इसका वानस्पतिक नाम बताइए?

उत्तर – यूरेल फेराक्स (*Euryale ferox*)। दरभंगा, बिहार में इसकी खेती की जाती है।

प्रश्न 682. भिन्डी (*Abelmoschus esculentus*) में क्रोमोसोम की संख्या कितनी होती है?

उत्तर – $2n = 130$। यह माल्वेसी कुल का पौधा है। इसके फलों में आयोडीन की प्रचुर मात्रा पाई जाती, जो घेंघा (Goiter) रोग को नियंत्रित करता है।

प्रश्न 683. राजस्थान का कौनसा जिला ईसबगोल (*Plantago ovata*) के उत्पादन के लिए प्रसिद्ध है?

उत्तर – जालौर। यह प्लेन्टेगोनेसी कुल का पौधा है। जालौर जीरा उत्पादन में भी अग्रणी है।

प्रश्न 684. पोटाश युक्त उर्वरकों के नाम बताइए?

उत्तर – पोटैशियम सल्फेट K_2SO_4 (58-62% K_2O), म्युरेट ऑफ पोटाश KCl (48-52% K_2O), पोटैशियम नाइट्रेट KNO_3 (44% K_2O), पोटैशियम काइनाइट $KCl\text{-}MgSO_4.3H_2O$ (12-16% K_2O) पोटैशियम मैग्नीशियम सल्फेट $KCl\text{-}MgSO_4.3H_2O$ (21-30% K_2O)।

प्रश्न 685. आम में 'ब्लैक टिप' रोग किससे होता है?

उत्तर – बोरॉन की कमी के कारण व ईटों के भट्टों से निकलने वाले धुएं (SO_2) के कारण।

प्रश्न 686. अरंडी का उद्‌भव स्थान क्या है?

उत्तर – अरंडी का वानस्पतिक नाम *रिनसिस कॉम्म्युनिस* (*Ricinus communis*) है। यह यूफोरबिएसी कुल का पौधा है। जिसका उद्‌भव स्थान अफ्रीका है। इसका सबसे ज्यादा उत्पादन गुजरात में होता है। इसके बीज में 45–55% तेल एवं 12–16% प्रोटीन पाया जाता है।

प्रश्न 687. धान कि सुगन्धित किस्मों के नाम बताए?

उत्तर – धान (*Oryza sativa* : Poaceae)। इसका उद्‌भव स्थान भारत है। 'टी–3', 'टी–9', 'पूसा–33', 'पूसा–615', 'पूसा बसंती–1', 'केसर', 'कस्तूरी' आदि इसकी सुगन्धित किस्में है।

प्रश्न 688. *एरिसटेट एन्टिनी* किस कीट में पाई जाती है?

उत्तर – घरेलूमक्खी में।

प्रश्न 689. बीज सुचकांक किसे कहते हैं?

उत्तर – सौ (100) बीजों के वजन को बीज सूचकांक कहते हैं।

प्रश्न 690. भारतीय कृषक उर्वरक सरकारी संघ (Indian Farmers Fertilizer Cooperative, IFFCO) की स्थापना कब हुई?

उत्तर – भारत में किसानों को उच्च गुणवत्ता वाले उर्वरकों को उपलब्ध कराने के लिए 3 नवम्बर 1967 को इसकी स्थापना हुई थी। इसका मुख्यालय दिल्ली में स्थित है।

प्रश्न 691. बर्ड फ्लू बीमारी किससे सम्बन्धित है?

उत्तर – मुर्गी से। यह बीमारी H5N1 वाइरस के द्वारा होती है।

प्रश्न 692. साइलेज क्या है?

उत्तर – हरा चारा पूरे वर्ष आसानी से उपलब्ध नहीं होता है, अतः इसे साइलेज बनाकर सुरक्षित रखा जाता है। हरे चारे को ऑक्सीजन रहित बुखरी (साईलो) में भण्डारण व किण्वन करने को साइलेज कहा जाता है। मक्का, ज्वार, चरी, जई आदि साइलेज बनाने के लिए महत्त्वपूर्ण है।

प्रश्न 693. घड़ा सिंचाई पद्धति क्या है?

उत्तर – जिन क्षेत्रो में पानी की कमी, भूमिगत जल लवणीय या क्षारीय होता है या जहाँ सतह सिंचाई संभव ना हो वहाँ मिट्टी के घड़ों को मृदा सतह तक दबा देते हैं और आवश्यक अंतराल पर पानी देते रहते हैं, इसे घड़ा सिंचाई कहते हैं इससे 50–80% पानी की बचत होती है।

प्रश्न 694. जी.सी.एच.4, जी.सी.एच.5, आर.एच.सी.1, ज्योति, जी.सी.एच.7, क्या है?

उत्तर – ये सभी अरंडी (*Ricinus communis* : Euphorbiaceae) की किस्में है जो राजस्थान के जालौर, सिरोही, पाली, जोधपुर एवं बाडमेर जिलों में लगायी जाती है।

प्रश्न 695. गेहूँ के लेसर ग्रेन बोरर की हानिकारक अवस्था क्या है?

उत्तर – लेसर ग्रेन बोरर (*Rhyzopertha dominica*) की ग्रब व वयस्क दोनों अवस्थाएँ नुकसान पहुँचाती है।

प्रश्न 696. सोयाबीन से कौन–कौन से व्यंजन बन सकते हैं?

उत्तर – सोयाबीन से दूध, दही, पनीर, श्रीखंड, गुलाब जामुन, पुडी, सब्जी, हलवा, अंकुरित चाट, पकोड़ी आदि बन सकते हैं।

प्रश्न 697. आदमी के कीटनाशी या जहर खा लेने पर तत्काल क्या करना चाहिए?

उत्तर – इसके लिए उस व्यक्ति को हल्के गरम पानी में तेज नमक डालकर पिलाना चाहिए और उल्टी करवानी चाहिए तथा तुरंत अस्पताल ले जाना चाहिए।

प्रश्न 698. आयरलैंड दुर्भिक्ष (Ireland Famine, 1845) का कारण क्या था?

उत्तर – आलू की पछेती अंगमारी (*फाईटोपथोरा इन्फेस्टेंस*)।

प्रश्न 699. राष्ट्रीय मशरूम अनुसंधान केंद्र (National research center for mushroom) कहाँ स्थित है?

उत्तर – सोलन (हिमाचल प्रदेश)।

प्रश्न 700. स्प्रे मशीन क्या है?

उत्तर – स्प्रे मशीन से कीटनाशक व फफूंदनाशक का घोल बनाकर छिड़काव किया जाता है। उदाहरणः नेपसेक स्प्रे पम्प, बेटरी स्प्रे पम्प।

प्रश्न 701. मक्का व सोयाबीन में प्रति हेक्टेयर बीज दर क्या है?

उत्तर – दोनों फसलें वर्षा ऋतु में लगाई जाती है। मक्का में 20 कि.ग्रा. व सोयाबीन में 80 कि.ग्रा.।

प्रश्न 702. बेर की बीज रहित किस्म का नाम बताए?

उत्तर – इलाइची। कत्था, पठानी, गोमा कीर्ति इसकी उन्नत किस्में हैं।

प्रश्न 703. कपास में रेशे के कौन–कौनसे गुणों का अध्ययन किया जाता है?

उत्तर – रेशे की लम्बाई, रेशे की बारीकी, मजबूती, परिपक्वता, रेशे के पेचों की संख्या, रेशे की समानता, गाँठों की अवस्था, रुई का प्रतिशत, चिकनापन, रंग आदि।

प्रश्न 704. मक्का में सफेद कलिका (White Bud) का रोग किसकी कमी से होता है?

उत्तर – जस्ते की कमी से।

प्रश्न 705. बूंद–बूंद सिंचाई से पानी की कितनी बचत होती है?

उत्तर – बूंद–बूंद सिंचाई से लगभग 50–60% तक जबकि फव्वारा सिंचाई से 40–50% तक पानी की बचत होती है।

प्रश्न 706. धान में ड्वार्फ ट्रान्जीटरी येलोइंग का वाहक है?

उत्तर – हरा फुदका।

प्रश्न 707. बाजरे (Pearl millet) का कंड रोग किससे होता है?

उत्तर – बाजरे का कंड रोग टोलीपोस्पेरियम पेनिसिलेरी कवक से होता है।

प्रश्न 708. *Elusine coracana* क्या है?

उत्तर – रागी लघु खाद्यान की भारत में उगने वाली Poaceae कुल की सबसे महत्त्वपूर्ण फसल है जो उत्तम आहार ही नहीं, फास्फोरस केल्शियम, विटामिन ए, बी तथा खनिज से परिपूर्ण है।

प्रश्न 709. कारनेशन (*Dianthus caryophyllus* : Caryophyllaceae) अंतरराष्ट्रीय स्तर पर गुलाब (*Rosa indica* : Rosaceae) के बाद एक महत्त्वपूर्ण फूल है। इसका प्रवर्धन किस विधि द्वारा करते हैं?

उत्तर – इसका प्रवर्धन 8–10 से.मी. शीर्षस्थ शाखा से ली गई कलम (Herbaceous cutting) द्वारा करते हैं। कलमों में जड़ प्रतिशत बढ़ाने के लिए इन्डोल ब्युटारिक एसिड (IBA), नेफ्थलीन एसिटिक एसिड (NAA) में एक मिनट तक निचला भाग डुबोकर लगाना चाहिए।

प्रश्न 710. ट्राईकोडर्मा क्या है?

उत्तर – यह एक मित्र फफूंदी (कवक) है जो विभिन्न प्रकार की तिलहनी फसलों, कपास, सब्जियों, फूलों के कॉर्म (Corm) आदि में पाए जाने वाले भूमि उत्पादित रोग जैसे उकढ़ा, जड़गलन, कालर राट, आद्रपतन को नियंत्रित करने में महत्त्वपूर्ण योगदान करती है।

प्रश्न 711. उवेरा खेती से क्या तात्पर्य है?

उत्तर – यह फसल उगाने की वह पद्धति है, जिसमें दूसरी फसल की बुवाई, पहली फसल के काटने के पूर्व ही कर दी जाती है। जैसे धान की फसल काटने से पहले चना, मसूर, मटर, अलसी आदि की बुवाई कर देवे।

प्रश्न 712. 'KS–1', 'KS–2', 'सुगंधा' किसकी किस्में है?

उत्तर – खस (*Chrysopogon zizanioides* : Poaceae) की। इसका उपयोग मूलतः तेल की प्राप्ति के लिए किया जाता है। खस की जड़ो से तेल निकालने के बाद जो घास बचती है उससे खिड़की एवं कूलर के परदे बनाए जाते हैं जिससे खुशबु और ठंडक रहती है।

प्रश्न 713. इण्डियन लेक रिसर्च इंस्टीट्यूट (Indian Lac Research Institute) कहाँ स्थित है?

उत्तर – नामकुम, रांची, झारखण्ड।

प्रश्न 714. आम में मालफोरमेशन (गुच्छा विकार) रोकने के लिए किस पादप नियंत्रक का उपयोग किया जाता है?

उत्तर – नेफ्थलीन एसिटिक एसिड (NAA) का। इसका 200 मी.ली. ग्राम प्रति लीटर पानी में घोलकर छिड़काव किया जाता है।

प्रश्न 715. बीज अधिनियम के अनुसार खाद्यान फसलों के बीजों में कितने प्रतिशत से अधिक खरपतवारो के बीज नही होने चाहिए?

उत्तर – 0.1 प्रतिशत।

प्रश्न 716. स्ट्रिगा (*Striga hermonthica*) का एक पौधा कितने बीज प्रतिवर्ष उत्पन्न करता है?

उत्तर – आधा करोड़। यह एक परजीवी खरपतवार है जो ज्वार, बाजरा, गन्ना, चँवला आदि की फसलों में उग आता है।

प्रश्न 717. एरी रेशम कीट (*फिलोसोमिया रिसिनी*) किसकी पत्तियाँ खाती है?

उत्तर – अरण्डी।

प्रश्न 718. गन्ने में शुगर ट्रांस लोकेशन के लिए कौनसा तत्त्व उर्वरको के साथ देना आवश्यक है?

उत्तर – गन्ने में शुगर ट्रांसलोकेशन के लिए (K) पोटेशियम तत्त्व आवश्यक है।

प्रश्न 719. राजस्थान में भेड़ की कौन–कौनसी नस्लें पाई जाती है?

उत्तर – चौकला, मगरा, जैसलमेरी, नाली, पूगल, मालपुरा, सोनाड़ी (चनोथर), बागड़ी।

प्रश्न 720. राजस्थान में टसर (कृत्रिम रेशम) विकास कार्यक्रम कब शुरू किया गया?

उत्तर – 1986 में। इस कार्यक्रम को उदयपुर, कोटा व बांसवाडा जिलों में शुरू किया गया था।

प्रश्न 721. ऊँटों में होने वाला प्रमुख रोग कौनसा है?

उत्तर – सर्रा (तिवरसा)। यह रोग *ट्राईपैनसोमा इवेनसाई* (*Trypanosoma evansi*) नामक परजीवी के कारण होता है।

प्रश्न 722. परजीवी कीटों को किस कुल में वर्गीकृत किया गया है?

उत्तर – हेमिप्टेरा (Hemiptera)।

प्रश्न 723. अरहर की अनुकूलतम (Optimum) बीज दर कितनी है?

उत्तर – 12–15 किग्रा प्रति हेक्टेयर।

प्रश्न 724. ग्लोबल वार्मिंग का प्रमुख कारण क्या है?

उत्तर – ग्रीन हाउस गैस। ग्रीन हाउस गैसें ग्रह के वातावरण या जलवायु में परिवर्तन और अंततः भूमंडलीय ऊष्मीकरण के लिए उत्तरदायी होती हैं। इनमें सबसे ज्यादा उत्सर्जन कार्बन डाई ऑक्साइड, नाइट्रस ऑक्साइड, मीथेन, क्लोरो–फ्लोरो कार्बन, वाष्प, ओजोन आदि करती हैं।

प्रश्न 725. कौनसा वृक्ष "हरा सोना" के नाम से जाना जाता है? परन्तु पर्यावरण को नुकसान पहुँचाता है।

उत्तर – सफेदा (*Eucalyptus obliqua* : Myrtaceae)।

प्रश्न 726. घरेलु पशु जो जुगाली करते हैं वे कौन–कौनसी प्रदूषक गैस छोड़ते हैं?

उत्तर – मिथेन, जो बायोगैस का मुख्य अवयव है।

प्रश्न 727. विश्व जल दिवस कब मनाया जाता है?

उत्तर – 22 मार्च को। जबकि विश्व जैव विविधता दिवस 22 मई को, विश्व प्राकृतिक दिवस 3 अक्टूम्बर को और विश्व पर्यावरण दिवस 5 जून को मनाया जाता है।

प्रश्न 728. घर के आँगन में रखे जाने वाले सुलभता से उपलब्ध पांच पौधों के नाम बताइए जो घर की वायु को शुद्ध तथा पर्यावरण को स्वच्छ बनाने में योगदान दे सकें तथा जिनकी औषधीय उपयोगिता भी हो?

उत्तर – तुलसी (*Ocimum tenuiflorum* : Lamiaceae), मीठा नीम (*Murraya koenigii* : Rutaceae), मरवा (*Origanum majorana* : Lamiaceae), ग्वार पाठा (*Aloe vera* : Asphodelaceae), गिलोय (*Tinospora cordifolia* : Menispermaceae)।

प्रश्न 729. सघन बाघवानी से क्या तात्पर्य है?

उत्तर – सघन बाघवानी वह फसल तंत्र है, जिसमे प्रति इकाई क्षेत्रफल में अधिकाधिक फलवृक्षों का समावेश करके एवं मिट्टी की उत्पादक क्षमता का हास किए बिना उससे निरंतर अधिक एवं अच्छी गुणवत्ता वाली फसल लेना।

प्रश्न 730. लहसुवा का वानस्पतिक नाम क्या है?

उत्तर – *कोर्डिआ डाईकोटामा* (*Cordia dichotama*)। यह एरेटिएसी कुल की फसल है।

प्रश्न 731. पेपेन किससे प्राप्त किया जाता है?

उत्तर – हरे एवं कच्चे पपीते (*Carica papaya*) से सफेद रस या दूध निकालकर सुखाये गए पदार्थ को पेपेन कहते हैं। इसका प्रयोग प्रोटीन को पचाने, एल्कोहल, दवा एवं च्युइंगम निर्माण में किया जाता है।

प्रश्न 732. गुलाब (*Rosa indica*) में डाईबेक के रोकथाम के लिए क्या करना चाहिए?

उत्तर – काँट–छाँट की गई शाखाओं का ऊपर से नीचे की ओर सुखकर काला पड़ जाना डाईबेक कहलाता है। इसकी रोकथाम के लिए मेन्कोजेब या बेविस्टिन का छिड़काव करना चाहिए।

प्रश्न 733. किस पेड़ को 'वनों का राजा' कहा जाता है?

उत्तर – सागवान (*टेक्टोना ग्रेनडीस*)।

प्रश्न 734. गाय व भैंस के दूध के मिश्रण का पता करने के लिए कौनसा परिक्षण किया जाता है?

उत्तर – हंसा परिक्षण। हंसा परीक्षण का उपयोग करके दूध में उपस्थित अशुद्धियों या अपमिश्रण की उपस्थिति का पता लगाया जा सकता है।

प्रश्न 735. माइक्रोबायोलॉजी के जनक कौन है?

उत्तर – लुईस पास्चर।

प्रश्न 736. इरी रेशम कीट (*Samia cynthia ricini*) किसके पौधों पर पाला जाता है?

उत्तर – यह कीट अरण्डी (*Ricinus communis*) के पौधों पर पाला जाता है और इससे इरी रेशम प्राप्त होता है। यह सैर्टनाइडी (Saturniidae) कुल का कीट है।

प्रश्न 737. नेशनल रिसर्च सेंटर फॉर वीड साइंस (National Research Center for Weed Science) कहाँ स्थित है?

उत्तर – जबलपुर, मध्यप्रदेश।

प्रश्न 738. विभिन्न फसलों में उर्वरक N:P:K का आदर्श अनुपात क्या होना चाहिए?

उत्तर – खाद्यान फसलों में 4:2:1, दलहनी में 1:2:1 तथा तिलहनी फसलों में 1:3:1 होना चाहिए।

प्रश्न 739. सेंट्रल आईलैंड एग्रीकल्चर रिसर्च इंस्टिट्यूट कहाँ स्थित है?

उत्तर – पोर्टब्लेयर, अंडमान और निकोबार।

प्रश्न 740. तीन विभिन्न प्रकार के फूल वाले पौधों के नाम बताइए जिन्हें घर में गमलों अथवा आँगन में वर्ष पर्यन्त सुन्दरता, औषधीय उपयोग एवं स्वच्छ पर्यावरण के लिए लगाया जा सके?

उत्तर – गुलाब (*Rosa sinensis* : Rosaceae), सदाबहार (*Catharanthus roseus* : Apocynaceae), गुड़हल (*Hibiscus rosa-sinensis* : Malvaceae)।

प्रश्न 741. संश्लिष्ट बीज (synthetic seed) क्या है?

उत्तर – उत्तक संवर्धन (tissue culture) द्वारा उत्पन्न कायिक भ्रूणों (somatic embroys) पर सोडियम अल्जिनेट की कृत्रिम परत चढ़ा कर कृत्रिम बीज तैयार किए जाते हैं, जिन्हें संश्लिष्ट बीज कहते हैं।

प्रश्न 742. उन्नत बीजों के गुण बताइए?

उत्तर – उन्नत बीज अनुवांशिक एवं भौतिक दृष्टि से शुद्ध एवं समान जातीय गुण के होते हैं। जिनमें अन्य फसलों, किस्मों तथा खरपतवार के बीजों की मिलावट नहीं होती है। इनकी अंकुरण क्षमता अधिक होती है तथा ये ओजयुक्त होते हैं ये रोगों व कीटों से मुक्त होते हैं।

प्रश्न 743. रेड लेडी 786 क्या है?

उत्तर – यह पपीते (*Carica papaya* : Caricaceae) की एक उन्नत किस्म है। 'हनीड्यू', 'कुर्ग हनीड्यू', 'पूसा मेजेस्टी', 'पूसा नन्हा' आदि पपीते की अन्य किस्में है।

प्रश्न 744. निम्बू का सिट्रस केंकर (Citrus canker) रोग किसके कारण होता है?

उत्तर – जीवाणु (*Xanthomonas campestris* pv. *citri*) से। इसके रोकथाम के लिए बॉर्डोक्स मिक्चर व लाइम सल्फर का छिड़काव करना चाहिए।

प्रश्न 745. पौधों में बिंदु स्त्राव (Guttation) किससे होता है?

उत्तर – हाईडेथोड्स। रात में पौधों की पत्तियों के हाईडेथोड्स के द्वारा जल का बूंदों के रूप में निष्कासन होने की इस प्रक्रिया को बिन्दुस्त्राव कहते हैं।

प्रश्न 746. पादप पोषण में तत्त्वों की अनिवार्यता की कसौटी (Criteria of essentiality) का सिद्धांत किसने प्रतिपादित किया?

उत्तर – आरनोन एवं स्टाउट ने 1939 में।

प्रश्न 747. कपास की गुलाबी सुंडी का वैज्ञानिक नाम बताइऐ?

उत्तर – *पेक्टिनोफोरा गोसीपीएला*। इसकी सुंडी कपास के फाइबर व बीज को खाती है।

प्रश्न 748. बाजरे की पहली संकर किस्म कौनसी है?

उत्तर – HB-1। यह 1965 में PAU लुधियाना ने इजाद की। यह Tift 23A और Bil 3 B का संकरण है। इसके अतिरिक्त MPMH-17 एवं MPMH-21 बाजरे की नई संकरण उन्नत किस्में है जो कृषि विश्वविद्यालय जोधपुर ने विकसित की है जो राजस्थान में लोकप्रिय है।

प्रश्न 749. नीम लेपित यूरिया के क्या लाभ है?

उत्तर – यह पौधें की आवश्यकता अनुसार धीरे–धीरे तथा लम्बे समय तक नत्रजन उपलब्ध करवाता है तथा कीटनाशक गुण के कारण यह फसलों को कीटों से भी बचाता है।

प्रश्न 750. भेड़ और बकरियों में होने वाली मुख्य बीमारी कौनसी है?

उत्तर– फडकिया (Enterotoxemia) रोग। यह रोग जीवाणु *क्लॉस्ट्रि–डियम पर्फरिनाजन्स* (*Clostridium perfringens*) से होती है।

प्रश्न 751. अश्वगंधा में प्रमुख एल्केलाइड कौनसा पाया जाता है?

उत्तर – विथेनिन। इसकी पत्तियों एवं जड़ों का उपयोग वात एवं रोग प्रतिरोधक क्षमता (प्रतिरक्षण) बढ़ाने में किया जाता है। इसे भारतीय जिनसेंग के रूप में भी जाना जाता है।

प्रश्न 752. वातावरण में आर्द्रता किससे मापी जाती है?

उत्तर – शुष्क व तर घुण्डी वाले तापमापी (Dry and Wet Thermometer) से।

प्रश्न 753. भारत में पाई जाने वाली सबसे बड़ी मछली कौनसी है?

उत्तर – व्हेल शार्क।

प्रश्न 754. *पेपेवर सोमनिफेरम* क्या है?

उत्तर – इसे अफीम कहते हैं जो एक महत्त्वपूर्ण औषधीय फसल है। जिसके डोडो के दूध में 40 तरह के एल्क्लाइड्स पाए जाते हैं इन एल्क्लाइड्स का प्रयोग दर्द निवारक व अन्य दवाइयों के निर्माण में

होता है। इसकी खेती हेतु नारकोटिक्स विभाग से लाइसेंस प्राप्त करना अनिवार्य है। अफीम की उन्नत किस्में – चेतक अफीम, जवाहर अफीम 16, त्रिस्णा आदि है। राजस्थान के चित्तौडगढ़ व प्रतापगढ़ जिलों में केन्द्रीय नारकोटिक्स विभाग की देखरेख में इसकी खेती होती है। इसके दानों को "खस" कहते हैं, जिसे विभिन्न व्यंजनों में तथा कुशाग्रता बढ़ाने में उपयोग में लेते हैं।

प्रश्न 755. जैविक खेती क्या है?

उत्तर – जैविक खेती वस्तुतः देशी खेती का उन्नत तरीका है, जिसमें रासायनिक खाद, कीटनाशकों, वृद्धि नियामकों का उपयोग नहीं कर खेत में गोबर कम्पोस्ट, वर्मीकम्पोस्ट, जीवाणु खाद, फसल अवशेष, फसल चक्र एवं प्रकृति से उपलब्ध खनिज जैसे रॉक फास्फेट, जिप्सम आदि द्वारा पौधों को पोषक तत्त्व दिए जाते हैं, फसल को प्रकृति में उपलब्ध भिन्न कीटों, जीवाणुओं एवं जैविक कीटनाशकों द्वारा हानिकारक कीड़ों व बीमारियों से बचाया जाता है। इससे जैविक गुणवत्ता बनी रहती है तथा वातावरण प्रदुषण व मानव स्वास्थ्य की रक्षा भी हो जाती है।

प्रश्न 756. बीजोपचार में उपयोग होने वाले प्रमुख रसायन कौन–कौनसे हैं?

उत्तर – बीमारियों की रोकथाम के लिए मेन्कोजेब, इकोपिट, विटावैक्स, थाइरम, कैप्टान, एग्रोसान, आदि का प्रयोग किया जाता है।

प्रश्न 757. संघाई या ट्रेनिंग किसे कहते हैं?

उत्तर – पौधों को स्वरूप देने के लिए जो क्रिया (कटाई–छँटाई) की जाती है, उसे संघाई या ट्रेनिंग कहते हैं यह पौधों का उपयुक्त ढाँचा तैयार करने एवं पेड़ों की वृद्धि और फलन के बीच संतुलन बनाए रखने के लिए करते हैं।

प्रश्न 758. राष्ट्रीय किसान आयोग का गठन कब किया गया था?

उत्तर – फरवरी 2004 में।

प्रश्न 759. "टू ए हंगर फ्री वर्ल्ड" किसकी रचना है?

उत्तर – डॉ॰ एम॰एस॰ स्वामीनाथन।

प्रश्न 760. शकरकंद का वानस्पतिक नाम क्या है?

उत्तर – *आइपोमिया बटाटा*। यह कोनवलवुलेसी कुल का पौधा है। कुफरी सुवर्णा, कुफरी शित्मान, फुलवा, कुफरी सिंदूरी इसकी उन्नत किस्में है।

प्रश्न 761. गोल्डन फाइबर क्रांति किससे सम्बंधित है?

उत्तर – जूट उत्पादन से।

प्रश्न 762. भारतीय सब्जी अनुसन्धान संस्थान कहाँ स्थित है?

उत्तर – वाराणसी, उत्तरप्रदेश।

प्रश्न 763. मृदा के मूल पदार्थ को क्या कहते हैं?

उत्तर – रिगोलीथ।

प्रश्न 764. सफेद लट् पौधें के किस भाग को नुकसान पहुँचाती है?

उत्तर – सफेद लट् (White crub) पौधों की जड़ों को नुकसान पहुँचाती है, जिससे पूरा पौधा सूख जाता है। यह कीट अपना जीवन चक्र एक वर्ष में पूर्ण करता है।

प्रश्न 765. ऊँट के पेट में कौनसा भाग अनुपस्थित होता है?

उत्तर – तृतीय आमाशय (Omasum), जुगाली करने वाले अन्य पशुओं में पेट के चार भाग पाए जाते हैं, रूमेन, रेटीक्युलम, ओमेसम, एबॉमेंसम।

प्रश्न 766. ऐले क्रोपिंग से क्या तात्पर्य है?

उत्तर – तीव्र वृद्धि करने वाले पेड़ों की दूर–दूर उगाई हुई दो पंक्तियों के बीच फसल उगाना ऐले क्रॉपिंग कहलाता है। उदाहरण : गेहूँ, सोयाबीन, आदि को फलों के पेड़ों के बीच उगाना।

प्रश्न 767. जे.एस. 335, एन.आर.सी. 37, पी.के. 472, जे.एस. 93–05, एम.ए.सी.एस. 450, एम.ए.यु.एस. 45, जे.एस. 95–60 आदि किस फसल की किस्में है?

उत्तर – सोयाबीन (*ग्लाइसिन मेक्स* : फेबेसी) जिसके दानों में 40% प्रोटीन व 18-20% तेल होता है। इसका उद्भव स्थल दक्षिण–पूर्व एशिया है।

प्रश्न 768. "जीन सेंचुरी" क्या है?

उत्तर – पादप उद्‌गम केन्द्रों में ऐसा सीमित भौगोलिक स्थान जहाँ पर किसी जाति की अत्यधिक आनुवंशिक विविधता होती है तथा प्राकृतिक वातावरण में जिसका तीव्र विकास होता है। इन्हें बाह्य हस्तक्षेपों (पशुओं एवं मनुष्यों) से सुरक्षित रखा जाता है जीन सेंचुरी क्षेत्र कहते हैं।

प्रश्न 769. साइब्रिड क्या है?

उत्तर – जब कायिक संकर कोशिकाओं में कोशिका का केन्द्रक किसी एक स्पेसीज से लेकिन कोशिका द्रव्य दो कोशिकाओं से प्राप्त होता है तो संकरों को साइब्रिड या कोशिका द्रव्यी संकर कहते हैं।

प्रश्न 770. उत्परिवर्तन किसे कहते हैं?

उत्तर – आनुवंशिकता में आकस्मिक परिवर्तन जो दृश्य रूप को प्रभावित करते हो तथा जिनका विसंयोजन एवं पुनर्योजन द्वारा वर्णन न किया जा सके, उत्परिवर्तन कहलाते हैं।

प्रश्न 771. गन्ना, आलू, हल्दी, लहसुन, गुलाब एवं शक्करकंद में क्या विशेष समानता है?

उत्तर – सभी फसलें वानस्पतिक प्रवर्धन द्वारा उगाई जाती है।

प्रश्न 772. सिस्टम ऑफ राइस इन्टेंसिफिकेशन (SRI) क्या है?

उत्तर – यह धान उगाने की नई पद्धति है जो फादर हेनरी ड लाउलेनी द्वारा 1980 में मेडागास्कर में विकसित की गई। इस विधि में खेत में पानी न भरकर खेत को कभी सुखा व कभी नम रखते हैं तथा 8–12 दिन के पौधों को कम गहराई व अधिक दूरी पर लगाते हैं (25–50 से.मी.)। इस विधि द्वारा कम पानी व कम बीज से अधिक उत्पादन प्राप्त किया जा सकता है।

प्रश्न 773. "फ्लेम ऑफ फोरेस्ट" के नाम से किस पेड़ को जाना जाता है?

उत्तर – पलाश को। इसका वानस्पतिक नाम *ब्युटिया मोनोस्पर्मा* है। इसके फूलों से होली के रंग बनाए जाते हैं इसकी फलियाँ कृमिनाशक का काम करती है तथा पत्तियों से पत्तल बनाई जाती है।

प्रश्न 774. रेशम कीट को पेब्राइन बीमारी किसके द्वारा होती है?

उत्तर – प्रोटोजोआ, *नोसिमा बोम्बाईसिस* द्वारा।

प्रश्न 775. 'करनाल बंट' प्रकोपित खेत में दुर्गन्ध किस कारण होती है?

उत्तर – ट्राईमिथाइल एमीन की वजह से। यह गेहूँ का रोग है जो कवक, *टिलोसिया इंडिका* के द्वारा फैलता है।

प्रश्न 776. प्रमुख खरीफ दलहनी फसलों के नाम बताइए?

उत्तर – मुंग (आरएमजी–268, 492, 344, एसएमएल–668, एमयुएम–2, आईपीएम–2–03, जीएम–4, जीएम–5) मोठ (आरएमओ–435, 225, 40, 257, सीजेडम–2) उड़द (पंतयू– 31, आरबीयू–38, प्रताप उड़द–1) चंवला (आरसी–101, 19)।

प्रश्न 777. मेंगों मिली बग का वैज्ञानिक नाम क्या है?

उत्तर – *ड्रासिका मेन्जिफेरी*। इसकी निम्फ अवस्था सबसे ज्यादा हानि पहुँचाती है। अतः निम्फ को पेड़ पर चढ़ने से रोकने के लिए नवम्बर माह में एल्काथिन पट्टी 30–40 सेमी चौड़ी जमीन से 60 सेमी की ऊँचाई पर तने के चारों और लपेटकर बाँध देते हैं।

प्रश्न 778. निर्वंश बीज से क्या तात्पर्य है?

उत्तर – वे बीज जिनमे डाले गए जीन के कारण अगली पीढ़ी में उगने की क्षमता समाप्त हो जाती है।

प्रश्न 779. 'शगुन', 'श्रृंगारिका', 'अर्का केशर', 'सुवर्णा' एवं 'डिस्को' किसकी उन्नत किस्में है?

उत्तर – ग्लेडियोलस। यह एक पुष्पीय पौधा है। ग्लोडियोलस शब्द लैटिन भाषा के शब्द 'ग्लेडियस' से बना है, जिसका अर्थ 'तलवार' है क्योंकि ग्लेडियोलस की पत्तियों का आकार तलवार जैसा होता है। इसके आकर्षक फूल जिन्हें लोरेट भी कहते हैं, पुष्प दंडिका 'स्पाइक' पर विकसित होते हैं और ये 10 से 14 दिनों तक खिले रहते हैं। इसका उपयोग कट–फ्लॉवर के रूप में गमलों में एवं गुलदस्तों में किया जाता है।

प्रश्न 780. भिन्नकाल पक्वता किसे कहते हैं?

उत्तर – कुछ फल पौधों में नर तथा मादा अंग विभिन्न समय पर पकते हैं इस दशा को भिन्नकाल पक्वता कहते हैं। नर के पहले पकने को

पूपूर्वता कहते हैं। उदाहरण : अखरोट, सीताफल, खजूर, चीकू आदि तथा मादा के पहले पकने को स्त्रीपूर्वता कहा जाता है। उदाहरण : अनार, आलुबुखारा, केला, पिस्ता आदि।

प्रश्न 781. अन्धी गुड़ाई, एरोइंग, डिट्रेसिंग, रेपिंग, प्रोपिंग आदि कृषि क्रियाएँ किस फसल से सम्बंधित है?

उत्तर – गन्ना।

प्रश्न 782. अन्तरराष्ट्रीय उद्यान संस्थान कहाँ स्थित है?

उत्तर – ब्राजील।

प्रश्न 783. हरी खाद क्या है और इसके क्या लाभ है?

उत्तर – हरी खाद हेतु सनई, ढेंचा, लोबिया व ग्वार आदि फसलों को बोना चाहिए, फिर फसल को लगभग 40 दिन बाद पाटा चला कर गिरा देना चाहिए तथा मिट्टी पलटने वाले हल या हैरो से जोत कर खेत में दबा देना चाहिए। हरी खाद भूमि की सरंचना सुधारने, पोषक तत्त्वों को बढ़ावा देना, नत्रजन का स्थिरीकरण, जीवाणुओं की संख्या में बढ़ोतरी कर भूमि के कार्बनिक पदार्थ की मात्रा में वृद्धी करने में लाभदायक है।

प्रश्न 784. आलू को खेत और भण्डारण दोनों में कौनसा कीट नुकसान पहुँचाता है?

उत्तर – पोटेटो ट्यूबर मोथ (*थोरिमिया ओपरक्युलेला*)।

प्रश्न 785. अंजीर में परागण किस प्रमुख कीट द्वारा होता है?

उत्तर – ततैया के द्वारा।

प्रश्न 786. डेयरी पशुओं में सबसे सुंदर व अधिक आकर्षक नस्ल कौनसी है?

उत्तर – आयर शायर। इस नस्ल के पशु फुर्तीले होते हैं।

प्रश्न 787. सौंफ के तेल में मधुर खुशबू किसके कारण होती है?

उत्तर – सौंफ (*फीनिकुलम वल्गेर* : फेबेसी) के तेल में खुशबू एनिथोल व फेक्रोन एल्क्लोइड के कारण होती है।

प्रश्न 788. सरकार द्वारा वर्ष 2001 में मलिन बस्तियों के निवासियों के उत्थान के लिए कौनसी योजना शुरू की गई?

उत्तर – वाल्मिकी अम्बेडकर आवास योजना।

प्रश्न 789. बेर में सबसे प्रमुख क्रिया प्रूनिंग' कब की जाती है?

उत्तर – बेर *(जीजिफस मोरिसियाना)* में प्रूनिंग अप्रेल–मई के महीने में की जाती है। यह क्रिया पौधों को उचित ढाँचे में ढालने एवं उसकी उपज बढ़ाने के लिए की जाती है।

प्रश्न 790. एलुओ या मुसब्बर किसे कहते हैं?

उत्तर – गवारपाठे की पत्तियों के गुदे को विशेष विधियों से सुखाया जाता है, जिसे एलुआ या मुसब्बर कहते हैं।

प्रश्न 791. अचार को किससे परिरक्षित किया जाता है?

उत्तर – ज्यादातर अचार तेल द्वारा परिरक्षित किए जाते हैं। सामान्यतः तेल जीवाणुओं को नष्ट करने वाला पदार्थ नहीं है परन्तु तेल में डुबाने पर ऑक्सीजन (O_2) का संचार रुक जाने से सूक्ष्म जीव निष्क्रिय हो जाते हैं। अचार के टुकड़ों पर तेल की सतह होने से सूक्ष्म जीव अचार में प्रविष्ट नहीं कर पाते हैं।

प्रश्न 792. "अर्का श्वेत" किसका संकरण है?

उत्तर – अर्का श्वेत अंगूर की किस्म है। यह अनाब–ए–शाही और थामसन सीडलेस का संकरण है। 'अर्का हंस', 'अर्का श्याम', 'अर्का कंचन', 'पूसा उर्वशी', 'अर्का मेजेस्टिक' इसकी अन्य किस्में है।

प्रश्न 793. बड़ी दूधी कौनसी ऋतु का खरपतवार है?

उत्तर – वर्षा ऋतु का। इसकी रोकथाम के लिए 2–4–डी/2 किग्रा. प्रति हैक्टर 1000 ली. पानी में घोलकर छिड़काव करना चाहिए।

प्रश्न 794. मुर्गी के 8 सप्ताह से एक वर्ष के चूजो को क्या कहते हैं?

उत्तर – मुर्गी के 8 सप्ताह से एक वर्ष के नर चूजे को कोकरिल्स व मादा चूजे को पुलेट/पठोर कहा जाता है।

प्रश्न 795. चुकन्दर (*बीटा वाल्गारिस*) में कितने प्रतिशत शर्करा पाई जाती है?

उत्तर – 15–16 प्रतिशत। विश्व में चीनी पूर्ति का लगभग 40% भाग चुकन्दर से प्राप्त चीनी के द्वारा होता है।

प्रश्न 796. क्षारीय मिट्टी में उगने वाले पौधों को क्या कहते हैं?

उत्तर – हेलोफाईट। जबकि जलीय पौधों को हाइड्रोफाईट व मरुस्थलीय पौधों को जिरोफाईट कहते हैं।

प्रश्न 797. नींबूवर्गीय फलों में कौनसा अम्ल पाया जाता है?

उत्तर – निम्बू प्रजाति में मुख्यतः संतरा, माल्टा, नींबू, चकोतरा, ग्रेप–फ्रूट व लेमन आदि फलों में साइट्रिक अम्ल (स्कोर्बिक अम्ल) पाया जाता है। जबकि ईमली में टार्टेरिक अम्ल, सेब में मेलिक अम्ल पाया जाता है।

प्रश्न 798. बोर्डो मिक्चर क्या है?

उत्तर – बोर्डो मिक्चर कॉपर सल्फेट (नीला थोथा) तथा बिना बुझे चुने की बराबर–बराबर मात्रा को जल में घोल कर तैयार किया जाता है। (1% बोर्डो मिक्चर घोल के लिए 1 किलो नीला थोथा + 1 किलो बुझा चुना + 100 लीटर पानी)। फल वृक्षों पर खरीफ मौसम में कवक/फफूंद तथा अनेक प्रकार के कीट पौधों के तने, शाखाओं, पत्तियों, फूल व फलों पर आक्रमण करते हैं। बोर्डो मिक्चर द्वारा फलदार पौधों को जमीन से आवश्यकतानुसार ऊँचाई तक (3–4 फिट) द्वारा पुताई से पौधों को इन बिमारियों तथा कीटों के आक्रमण से बचाया जा सकता है।

प्रश्न 799. बाजरा में प्रथम संकर जिसका व्यावसायिक रूप से उपयोग शुरू हुआ, किसने विकसित किया?

उत्तर – डॉ॰ डी॰एस॰ अथवाल द्वारा पंजाब कृषि विश्वविद्यालय, लुधियाना।

प्रश्न 800. धान में बौनेपन के लिए उपयोग किए जाने वाले जीन स्रोत कौनसे हैं?

उत्तर – "DEE-GEO-OWO-GEN"। गेहूँ में यह "Norin 10" है।

प्रश्न 801. टसर रेशम कीट का वैज्ञानिक नाम बताए?

उत्तर – *अन्थेरिया पफिआ*। यह अर्द्ध पालित कीट है। इसकी सुंडी पिला कोय बनती है।

प्रश्न 802. उत्तरप्रदेश में गन्ना प्रजनन कार्य कहाँ होता है?

उत्तर – मुख्य गन्ना प्रजनन केंद्र, शाहजहापुर एवं भारतीय गन्ना अनुसंधान केंद्र, लखनऊ।

प्रश्न 803. 'कुफरी चंद्रमुखी', 'कुफरी चमत्कार', 'कुफरी सिन्दूरी', 'कुफरी चिपसोना' क्या है?

उत्तर – यह सब आलू की उन्नत किस्में है।

प्रश्न 804. मक्का में पाए जाने वाले खरपतवार कौनसे हैं?

उत्तर – मक्का खरीफ में उगाई जाने वाली फसल है एवं इसमें मुख्यतः पत्थर चट्टा (कारपेट वीड), सामा घास, बोक्निया, कंटीली चौलाई, मोथा खरपतवार के रूप में पाए जाते हैं। इसके नियंत्रण के लिए एट्राजीन 0.5 कि.ग्रा. प्रति हेक्टर का छिड़काव करना चाहिए।

प्रश्न 805. 'हीरक पृष्ठ शलभ' किसका कीट है?

उत्तर – यह गोभीवर्गीय सब्जियों में लगने वाला कीट है। इसे "डायमंड बैक मोथ" के नाम से भी जाना जाता है। स्पईनोसेड 15 ग्राम सक्रीय तत्त्व प्रति हेक्टर छिड़कने से इस कीट से गोभी वर्गीय सब्जियों को बचाया जा सकता है।

प्रश्न 806. लवण सहनशील बागवानी फसलें कौनसी है?

उत्तर – चुकन्दर *(बिटा वल्गेरिस)*, खजूर *(फोनीक्स डेक्टाइलिफेरा)*, बेर *(जिजिपस मोरेशियाना)* व फालसा *(ग्रेवेलिया रोबस्टा)*।

प्रश्न 807. विटामिन 'सी' का सबसे बड़ा स्रोत कौनसा है?

उत्तर – वेस्टइंडीज चेरी *(मालपीजिआ ग्लेब्रा)*।

प्रश्न 808. काला जीरे के औषधीय उपयोग बताए?

उत्तर – काला जीरा भारत में मुख्यतः कश्मीर, उत्तरांचल व हिमाचल प्रदेश में उगाया जाता है। यह अपच, बुखार, पैचिश, सिरदर्द, पेट के कीड़े, हाथ–पैर की सुजन इत्यादि अनेक रोगों के उपचार में काम आता है।

प्रश्न 809. 'साईं–सुगंध' किसकी किस्म है?

उत्तर – यह आम (*मेन्जीफेरा इंडिका*) की किस्म है जो तोतापुरी एवं केसर का संकरण है।

प्रश्न 810. "शिखर रोपण" (टॉप वर्किंग) से क्या तात्पर्य है?

उत्तर – इस विधि से पुराने तथा आर्थिक रूप से बेकार वृक्षों को उच्च श्रेणी में परिवर्तित करते हैं। जब किसी पौधे के उपरी भाग को पूर्ण रूप से उच्च श्रेणी की जाति में कलिकायन (बडिंग) या रोपण क्रिया द्वारा बदल दिया जाता है, उसे शिखर रोपण कहते हैं। इस क्रिया के लिए सबसे पहले वृक्षों को शिरोहीन (हेडबेक) करते हैं फिर पुरानी लकड़ी या नई शाखाओं में कलिकायन या रोपण करते हैं।

प्रश्न 811. मृदा संरक्षण के जनक कौन है?

उत्तर – एच॰एच॰ बेनेट।

प्रश्न 812. पपीता लगाने का उचित समय क्या है?

उत्तर – अधिकांशत अप्रेल, मई व जून में बीज बोकर (नर्सरी बनाकर) मानसून आने पर पपीता खेत में लगाया जा सकता है। पपीता लगाने का सबसे अच्छा समय अक्टूबर व नवम्बर माह है। पपीता विटामिन ए का भण्डार कहा जाता है। कच्चे पपीते से दूध जैसा पदार्थ प्राप्त होता है जिससे "पपेन" बनाया जाता है जो औषधीय प्रयोग में आता है।

प्रश्न 813. भारतीय खाद्य सुरक्षा और मानक प्राधिकरण द्वारा ऊँटनी के दूध को किस विशेष मानदंड के साथ विक्रय की मान्यता दी गई?

उत्तर – मानदंडो के अनुसार ऊँटनी के दूध में 3% वसा तथा 6.57% ठोस वसा मौजूद होना चाहिए। यह दूध मधुमेह के नियंत्रण, यकृत एवं वृक्क के रोगों एवं आटिजम में उपयोगी हैं।

प्रश्न 814. जायफल का वानस्पतिक नाम क्या है?

उत्तर – *जमाईरिस्टिका फ्रेंगरस*। इससे जायफल और जावित्री नामक दो प्रकार के मसाले बनाए जाते हैं। यह मोलूकस दीप (इंडोनेशिया) का मूल पौधा है।

प्रश्न 815. केंचुएँ की खाद बनाने के लिए केंचुएँ की कौनसी किस्में काम में लेते हैं?

उत्तर – केंचुएँ की खाद बनाने के लिए मुख्यतः *आइसिनिया फीटिडा* (लाल केंचुएँ) और *युड्रिलस यूजैनी* प्रजातियाँ काम में लेते हैं। यह केंचुएँ केवल सड़े–गले कार्बनिक पदार्थों को खाना पसन्द करते हैं। कुछ केंचुएँ सिर्फ मिट्टी खाना पसन्द करते हैं, उन्हें प्राकृतिक हलवाहे कहते हैं। इस तरह के केंचुएँ सिर्फ खेत की जुताई करने में महत्त्वपूर्ण भूमिका निभाते हैं। यह खाद बनाने के लिए उपयुक्त नहीं होते हैं।

प्रश्न 816. सतावर में कौनसा रसायन पाया जाता है?

उत्तर – सतावर *(ऐस्पेरेगस रेसीमोसस* : लिलिएसी) में सतवरिन नामक रसायन पाया जाता है। इसका उपयोग स्त्रियों के टॉनिक, रक्त अल्पता, पाचन तथा मानसिक तनाव मुक्ति हेतु दवा बनाने में किया जाता है। इससे सब्जी, सूप तथा विभिन्न प्रकार के स्वादिष्ट व्यंजन बनाए जाते हैं।

प्रश्न 817. घर के अंदर वायु को शुद्ध करने एवं पर्यावरण को स्वच्छ बनाए रखने वाले पौधों के नाम बताइए?

उत्तर – गुलदाऊदी (*Chrysanthemum indicum*), जरबेरा (*Gerbera jamesonii*), मनी प्लांट (*Epipremnum aureum*), ड्रेसीना (*Dracaena marginata*), स्पाइडर प्लांट (*Chlorophytum comosum*)।

प्रश्न 818. पलाश का उपयोग बताइए?

उत्तर – पलाश *(ब्यूटिया मोनोस्पर्मा)* यानि टेसू भारत का 10–15 फुट ऊँचा, मझोला पतझड़ वृक्ष है, जो दोना–पत्तल, थाली, ग्लास आदि बनाने के काम आता है। इसकी लकड़ी को इमारती सामान बनाने के काम में लिया जाता है और फूलों से होली के समय पारम्परिक रूप से रंग भी बनाया जाता है।

प्रश्न 819. खेजड़ी क्या है?

उत्तर – खेजड़ी (*प्रोसोपिस सिनेरेरिया*), लेग्युमिनेसी कुल का पौधा है, जो थार के मरुस्थल के लिए वरदान है।

प्रश्न 820. परिशुद्ध खेती के लिए किन–किन उपकरणों व तकनीक का प्रयोग होता है?

उत्तर – परिशुद्ध खेती का अर्थ है सूचना व प्रौद्योगिकी आधारित प्रणाली का फसल प्रबंधन में उपयोग अर्थात् सही समय व सही स्थान पर खेत में कृषि निविष्टियों का इस्तेमाल। इस तकनीक से फसल उत्पादन की आर्थिक और पर्यावरणीय स्थिति में सुधार करना। सुदूर संवेदन, भौगोलिक सुचना प्रणाली (जी.आइ.एस), वैश्विक स्थिति निर्धारण तंत्र तथा भूमंडलीय स्थानान तंत्र (जी.पी.एस), उपज निरीक्षक और परिवर्तनीय दर प्रौद्योगिकी परिशुद्ध खेती के लिए प्रयोग किए जाते हैं।

प्रश्न 821. किस गाय का ललाट उभंरा हुआ रहता है?

उत्तर – मालवी।

प्रश्न 822. भारतीय बागवानी अनुसंधान संस्थान (IIHR) के प्रथम निदेशक कौन थे?

उत्तर – डॉ॰ जी॰एस॰ रन्धावा। यह संस्थान 5 सितम्बर 1967 को नई दिल्ली में स्थापित किया गया था। जिसे 1 फरवरी 1968 में हिसार घाटा, बैंगलोर, कर्नाटक, स्थानान्तरित कर दिया गया था।

प्रश्न 823. वूली एफिड किसका कीट है?

उत्तर – सेब का। इसका वैज्ञानिक नाम *एरिओसोमा लेनीजेरम* है।

प्रश्न 824. मुख्यमंत्री जल स्वावलंबन अभियान किससे सम्बंधित है?

उत्तर – राज्य में ग्रामीण क्षेत्रो को जल की दृष्टि से आत्मनिर्भर बनाने के लिए मुख्यमंत्री जल स्वावलंबन अभियान का 27 जनवरी 2016 से शुभारंभ किया गया।

प्रश्न 825. लोबिया/चवला *(विग्ना साईनेनसिस)* का कुल एवं उत्पत्ति स्थान कौनसा है?

उत्तर – यह लेग्युमिनेसी कुल का पौधा है। इसका उत्पति स्थान अफ्रीका है।

प्रश्न 826. मुर्गी के शरीर का सबसे बड़ा आंतरिक अंग कौनसा होता है?

उत्तर – गिजार्ड।

प्रश्न 827. तिलहन फसलों की रानी किसे कहा जाता है?

उत्तर – तिल *(सिसेमम इंडिकम)*। यह पडिलीएसी कुल का पौधा है। इसके दानों में 58% तेल पाया जाता है।

प्रश्न 828. मिर्च का उद्‌भव स्थान कहाँ है?

उत्तर – मिर्च का उद्धव स्थान ब्राजील, दक्षिणी अमेरिका है। इसमें विटामिन 'ए' और 'सी', फॉस्फोरस, कैल्शियम आदि खनिज प्रचुर मात्रा में पाए जाते हैं। मिर्च में तीखापन "केप्सेसीन" नामक रसायन से होता है।

प्रश्न 829. गाय की मालवी नस्ल का उत्पत्ति स्थान बताइए?

उत्तर – मालवा क्षेत्र, मध्यप्रदेश। यह नस्ल मुख्य रूप से राजस्थान के झालावाड़ जिले में पाई जाती है।

प्रश्न 830. मृदा संरक्षण क्या है?

उत्तर – मृदा संरक्षण (Soil conservation) का तात्पर्य उन विधियों से हैं, जो मृदा को अपने स्थान से हटने से रोकते हैं। मृदा संरक्षण के लिए विभिन्न विधियाँ अपनाई जाती है। जैसे – वनों की रक्षा, वृक्षारोपण, बाँध बनाना, भूमि उद्धार, बाढ़ नियंत्रण, अत्यधिक चराई पर रोक, पट्टीदार व सीढ़ीदार कृषि, समोच्च रेखीय जुताई तथा शस्यार्वतन। एच॰एच॰ बेनेट मृदा संरक्षण के जनक है।

प्रश्न 831. होलिस्टीन फ्रिजियन का उत्पत्ति स्थान बताइए?

उत्तर – हॉलैण्ड। यह गाय की विश्व की सबसे भारी व प्रसिद्ध गाय की नस्ल है।

प्रश्न 832. सिरका या विनेगर से क्या तात्पर्य है?

उत्तर – 4–5 प्रतिशत एसिटिक अम्ल के विलयन को विनेगर या सिरका कहते हैं। इसे टमाटर सॉस एवं बहुत सब्जियों के आचार को सुरक्षित रखने के काम में लिया जाता है।

प्रश्न 833. ईमली का फल किस प्रकार का है?

उत्तर – लोमेंटम। भिन्डी का केप्सूल, अनार में बलुस्टा, अंजीर, शहतूत, अनन्नास में सोरासीस, नींबू व संतरे का हैस्पेरीडियम होता है।

प्रश्न 834. तिलम संघ क्या है?

उत्तर – तिलम संघ की स्थापना 3 जुलाई 1990 को हुई। इसका मुख्य उद्देश्य राज्य में तिलहन फसलों की पैदावार बढ़ाने, सहकारी क्षेत्र में तिलहनों की खरीद करने तथा उत्पादन का उचित मूल्य दिलाना। इसके अन्तर्गत 8 परियोजनाएँ प्रारम्भ की गई।

प्रश्न 835. कालमेघ का वानस्पतिक नाम क्या है?

उत्तर – *एन्ड्रोग्राफिक पेनिकुलेटा*। इसे अग्निमाध, यकृतवृद्धि, रक्त विकार, मलेरिया, ज्वर, जीर्ण ज्वर तथा चर्म रोगों में उपयोग में लेते हैं।

प्रश्न 836. आम (*मेंजिफेरा इंडिका* : एनाकारडियेसी) की कौनसी किस्म "स्पोंजी ऊत्तक बीमारी" से अतिसंवेदनशील है?

उत्तर – अलफांसो। रत्ना (नीलम x अलफांसो) स्पोंजी ऊत्तक बीमारी के लिए, प्रतिरोधक किस्म है।

प्रश्न 837. भैंस का गर्भकाल कितने दिन का होता है?

उत्तर – 310 दिन। भैंस के दूध में 7–38 प्रतिशत वसा व 3–60 प्रतिशत प्रोटीन पाया जाता है।

प्रश्न 838. गेहूँ में लगने वाला कीट आर्मी वर्म फसल को किस समय नुकसान पहुँचाता है?

उत्तर – आर्मी वर्म (*सिसेमिया इन्फरेंस*) गेहूँ की फसल को रात्रि के समय हानि पहुँचाता है।

प्रश्न 839. सफेद तना छेदक किसका मुख्य कीट हैं?

उत्तर – सफेद तना छेदक (*जाइलोट्रेकस क्वाड्रिप्स*) कॉफी का मुख्य कीट है। इसका लार्वा पौधें के तने के अंदर घुस कर हानि पहुँचाता है।

प्रश्न 840. सबसे पहले किस फफूंदनाशी की खोज की गई?

उत्तर – बोर्डोक्स मिश्रण। इस फफूंदनाशी की खोज पी.ए. मिलारडेट, (फ्रांस) ने अंगूर की मृदुरोमिल आसिता रोग के उपचार के लिए की थी।

प्रश्न 841. गुलाब के बीज को क्या कहते हैं?

उत्तर – असीन्स। जबकि गुलाब के फल को हिप्स कहते हैं।

प्रश्न 842. नाइट्रोगेशन से क्या तात्पर्य है?

उत्तर – निर्जलीय अमोनिया को सिंचाई जल के साथ प्रयोग करने की विधि को नाइट्रोगेशन कहते हैं।

प्रश्न 843. प्रो–ट्रे में सब्जियों की नर्सरी तैयार करने के लिए कौनसा मिश्रण काम में लेते हैं?

उत्तर – नर्सरी तैयार करने के लिए कोकोपीट, वर्मीकुलाईट एवं परलाइट का 3:1:1 अनुपात काम में लेते हैं। तैयार मिश्रण को खाँचों में भर लेते हैं। एक खाँचें में एक ही बीज डालते हैं और हल्की सिंचाई करते हैं।

प्रश्न 844. उपरिभूस्तारी विधि से कौनसे फल का व्यावसायिक प्रवर्धन किया जाता है?

उत्तर – स्ट्रॉबेरी। उपरिभूस्तारी विशेष प्रकार का तना होता है। ये पत्तियों के कक्ष से उत्पन्न होकर क्षैतिज दिशा में भूमि पर बढ़ते हैं। जिस स्थान पर इसका सम्पर्क भूमि से हो जाता है वही पर सामान्यतः गाँठों से जड़े फूटती है। इन्हीं नवजनीत पौधों को निकालकर अलग रोपण किया जाता है।

प्रश्न 845. अमरुद के पेड़ पर वर्ष में फूल कितनी बार आते हैं?

उत्तर – तीन बार। इन्हें अम्बे, मृग व हस्तबहार कहते हैं। अम्बेबहार में फूल फरवरी–मार्च में आते हैं और फलों की तुड़ाई वर्षा ऋतु में होती है। मृगबहार में फूल जुलाई–अगस्त में आते हैं और फल सर्द ऋतु (नवम्बर–दिसम्बर) तथा हस्तबहार में फूल अक्टूबर–नवम्बर में आते हैं जिससे फल बसंत ऋतु (मार्च–अप्रेल) में प्राप्त होते हैं।

प्रश्न 846. ग्लाईरीसिडीया क्या है?

उत्तर – ग्लाईरीसिडीया (*ग्लाईरीसिडीया सेपियम*) एक वृक्ष है जिसकी लकड़ी व हरी पत्ती खाद बनाने के काम में लेते हैं इसे गिरी पुष्प भी कहते हैं इसे चूहे का दुश्मन भी कहा जाता है। यह मिट्टी में कार्बनिक पदार्थ और भौतिक गुणों को बढ़ाता है।

प्रश्न 847. धनिये में झुलसा रोग को कैसे नियंत्रित किया जा सकता है?

उत्तर – यह रोग '*आल्टरनेरिया पुनेंसिस* नामक कवक से होता है। इसके रोकथाम के लिए मेन्कोजेब 2 ग्राम प्रति लीटर पानी में मिलाकर छिड़काव करना चाहिए।

प्रश्न 848. भारत का ऐसा राज्य बताइए जिसका अधिकतम भाग वनीय क्षेत्र है?

उत्तर – असम। भारत में सबसे ज्यादा वन मध्यप्रदेश में पाए जाते हैं राजस्थान का वन क्षेत्र की दृष्टि से भारत में नौवा स्थान है। राजस्थान में सर्वाधिक वन उदयपुर जिले में (3118 वर्ग कि.मी.) है।

प्रश्न 849. शीत भण्डारण क्या है?

उत्तर – फलों व सब्जियों के भण्डारण करने की आधुनिक विधि को शीत भण्डारण कहते हैं जिसमें तापक्रम व सापेक्ष आर्द्रता को इच्छानुसार नियंत्रित किया जाता है जिससे बाहर के वातावरण एवं तापक्रम का फलों अथवा सब्जियों पर कोई दुष्प्रभाव प्रभाव नहीं पड़ता और इससे वो ताजे बने रहते हैं, जिससे जीवाणुओं द्वारा होने वाली क्षति भी रुक जाती है।

प्रश्न 850. संकुल बीज क्या है?

उत्तर – जब कुछ किस्मों का समान मात्रा में बीज, मिलाकर उगाया जाता है, जिससे उनके मध्य स्वतंत्र परपरागण हो सके। जबकि संकर बीज एक या अधिक जीनों में अन्तर वाले पौधों के संकरण की पहली पीढ़ी की संतति होते हैं।

प्रश्न 851. मूंगफली, अरण्डी एवं तिल के दानों में कितना प्रतिशत तेल होता है?

उत्तर – इनमें 47-49% तेल होता है, जबकि सरसों में 38-40% व सोयाबीन में 19-20% होता है।

प्रश्न 852. वी.एल.मदिरा–172, वी.एल.मदिरा–207 एवं प्रताप साँवा किसकी किस्मे हैं?

उत्तर – सामा या बर्नयार्ड मिलेट (*इक्नोक्लोवा फ्यूमेंटी*) की।

प्रश्न 853. टमाटर की प्रथम व्यावसायिक संकर किस्म है?

उत्तर – कर्नाटका संकर।

प्रश्न 854. *राउवोलफिया सर्पेन्टिना* किसका वानस्पतिक नाम है?

उत्तर – सर्पगंधा का। यह भारतीय मूल का एक औषधीय पौधा है। इसकी जड़ों में रिसप्रिन नामक एल्केलाइड पाया जाता है, जो उच्च

रक्तचाप की अचूक दवा है। इसे मिर्गी, कम्पन, आँत की बीमारी, अनिद्रा, उन्माद एवं हिस्टिरीया आदि दूसरी बिमारियों में भी उपयोग किया जाता है।

प्रश्न 855. पलवार (मल्च) से क्या तात्पर्य है?

उत्तर – भूमि के किसी क्षेत्र पर बिछाई जाने वाली सामग्री को पलवार या मल्च कहते हैं। इसके कई लाभ है जैसे – भूमि की नमी का संरक्षण, भूमि की उर्वरा व स्वास्थ्य की वृद्धि, खरपतवारों की वृद्धि को रोकना।

प्रश्न 856. टमाटर सॉस को अधिक स्वादिष्ट व लम्बे समय तक सुरक्षित रखने के लिए क्या करना चाहिए?

उत्तर – सॉस में ग्लेसियल एसिटिक एसिड व सिरका मिलाकर स्वादिष्ट बनाया जा सकता है और इसे फ्रीज में रखना चाहिए।

प्रश्न 857. किन–किन फलों व सब्जियों की कैंडी बनाई जा सकती है?

उत्तर – आँवला, बेर, करौंदा, अदरक व गाजर की कैंडी बनायी जा सकती है।

प्रश्न 858. मक्का की फसल में तना छेदक के लिए अधिक प्रभावी कौनसा कीटनाशी रसायन है?

उत्तर – फोरेट।

प्रश्न 859. भैंस की सबसे हल्की नस्ल का नाम बताइए?

उत्तर – नागपुरी। भैंस की सबसे उपद्रवी नस्ल टोडा है व सबसे छोटी नस्ल जेरांगी है।

प्रश्न 860. वर्षा ऋतु में नर्सरी धरातल से लगभग कितनी ऊँची उठी हुई तैयार करनी चाहिए?

उत्तर – 15 से.मी.।

प्रश्न 861. स्ट्राइगा किस फसल की मुख्य खरपतवार है?

उत्तर – बाजरा। इसे 2,4–डी 0.5 किलो प्रति हेक्टेयर सक्रिय तत्त्व द्वारा नियंत्रित किया जा सकता है।

प्रश्न 862. पादप कोशिका में भोजन का निर्माण एवं श्वसन क्रिया किससे सम्बंधित है?

उत्तर – भोजन प्लास्टीड व श्वसन क्रिया माइटोकॉन्ड्रिया से सम्बन्धित है।

प्रश्न 863. भारतीय खरपतवार अनुसंधान संस्थान कहाँ स्थित है?

उत्तर – जबलपुर (मध्यप्रदेश)। इस संस्थान के अनुसार भारत में खरपतवार द्वारा कृषि को लगभग 37% हानि होती है।

प्रश्न 864. चक्रपाणी मिश्रा कौन थे?

उत्तर – चक्रपाणी मिश्रा ने मेवाड़ – राजस्थान के महान शासक महाराणा प्रताप के सरंक्षण में "विश्व वल्लभ" नामक पुस्तक लिखी जो कृषि के सभी पहलुओं की जानकारी देती है एवं यह मेवाड़ से जुड़े मध्यप्रदेश व गुजरात के कई क्षेत्रों के लिए उपयोगी सिद्ध हुई है।

प्रश्न 865. कृषि को पूर्ण व्यावसायिक रूप देने के लिए किन–किन क्षेत्रों में कार्य करना अपेक्षित है?

उत्तर – इसके लिए उर्जा, सिंचाई, संसाधन, मृदा, स्वास्थ्य, पशुपालन, कृषि यंत्र, जैव प्रौद्योगिकियाँ, सरंक्षित व जैविक खेती, उच्च मूल्य वाली फसलें, बायोगैस, वृक्षारोपण आदि को कृषि का अनिवार्य अंश बनाना होगा।

प्रश्न 866. कौनसी तिलहन फसल को "वंडर क्रॉप" भी कहा जाता है?

उत्तर – सोयाबीन (*ग्लाईसीन मैक्स* : फेबेसी) को। इसका मूल स्थान चीन है।

प्रश्न 867. मिमिकरी खरपतवार के उदाहरण बताए?

उत्तर – चावल– *इकाइनोक्लोआ कोलोनम,* जई – *ऐवेना फटुआ,* गेहूँ – *फेलेरिंस माइनर*। वे खरपतवार जो मुख्य फसल से समानता दर्शाते हैं एवं खेतों में जीवित रहते हैं

प्रश्न 868. क्लोनिंग से क्या तात्पर्य है?

उत्तर – एक कोशिका के विभाजन से कोशिका समूह प्राप्त करने की विधि को क्लोनिंग कहते हैं। क्लोनिंग के फलस्वरूप कोशिकाओ का बना समूह क्लोन कहलाता है। एक क्लोन की सभी कोशिकाओ का जीन प्रारूप एक सामान होता है।

प्रश्न 869. निर्गुंडी का वानस्पतिक नाम क्या है?

उत्तर – *विटेक्स नेगुन्दो*। यह लेमीऐसी कुल का पौधा है। इसके बीज, पत्ते व जड़ को वातनाशक, जोड़ों के दर्द, विषहर, शोधहर मज्जा तंतुओं को शक्ति देने के लिए उपयोग में लाया जाता है।

प्रश्न 870. आलू का भूरा विगलन रोग किसके द्वारा होता है?

उत्तर – *स्यूडोमोनास सोलानेसियरम* द्वारा।

प्रश्न 871. डैफोडील (*नारसिस सिउड़ोनारसिस*) को व्यावसायिक स्तर पर कैसे उगाते हैं?

उत्तर – यह एक पुष्पीय पौधा है जिसे शल्क कन्दियों द्वारा उगाते हैं। यह क्यारियों, गमलों, प्राकृतिक भु–दृश्य व रॉक गार्डन में लगाया जाता है।

प्रश्न 872. बेल/बीला *(ऐगल मारमिलोस)* किस कुल का पौधा है?

उत्तर – यह रूटेसी कुल का पौधा है। ऐसा कहते हैं कि जो रोगों का नाश करे वह बेल कहलाता है। इसके पंचांग यानि जड़, छाल, पत्ते शाखाएँ एवं फल सभी का औषधीय महत्त्व है। इसके फलों को पेट दर्द, दस्त आदि की बीमारियों में प्रयोग लेते हैं।

प्रश्न 873. अमरूद में फल की मक्खी को किस तरह नियंत्रित किया जा सकता है?

उत्तर – (1) प्रभावित फलों को इकट्ठा कर नष्ट कर दें। (2) सेक्स फेरोमॉन ट्रेप का प्रयोग करे। (3) मैलाथियान 50 इ सी कीटनाशक दवा का 1 प्रतिशत गोल बनाकर छिड़काव करें।

प्रश्न 874. "*साइमोनडीया चायनेनसिस*" किसका वानस्पतिक नाम है?

उत्तर – होहोवा (जोजोबा)। यह सदा हरी रहने वाली झाड़ी है। यह प्रजाति मूल रूप से मैक्सिको की है। इसका तेल दवाइयों, लुब्रिकेंट, खाद्य, बिजली के इन्सुलेटर, ट्राँसफॉर्मर आदि में उपयोग होता है।

प्रश्न 875. रबी मौसम के तीन खरपतवार के नाम बताइए?

उत्तर – गुल्ली डंडा (*फेलेरिस माइनर*), बिल्ली/बादा (*ओराबंकि एजीप्टीका*), एवं कृष्णनील (*एनागेलिस आरवेन्सिस*)।

प्रश्न 876. एक हैक्टर भूमि में मक्का के कितने पौधें होने चाहिए?

उत्तर – 66000, जिसके लिए 20–25 किलो बीज की बुवाई करनी चाहिए।

प्रश्न 877. नींबूवर्गीय फल किस कुल से सम्बन्धित है?

उत्तर – रुटेसी। राजस्थान में किन्नो, संतरा, मोसमी, नींबू आदि फलों की खेती मुख्य रूप से उदयपुर, सिरोही, कोटा, बूंदी, झालावाड, जयपुर, बांसवाड़ा में होती है।

प्रश्न 878. विश्व में जैव विविधता के कितने "मेगा डाइवर्सिटी" क्षेत्र है?

उत्तर – विश्व में 12 मेगा डाइवर्सिटी" क्षेत्र है, भारत भी इनमें से एक है, जिसमें 45500 पादप एवं 9100 जंतु की विभिन्न प्रजातियाँ है।

प्रश्न 879. "*विग्ना युनिक्युलेटा*" के बीज में कितना प्रोटीन होता है?

उत्तर – चवला में 22-23% प्रोटीन होता है और इस फसल को खरीफ व जायद में लगाई जाती है। फली तोड़ने के बाद पौधों को उत्तम पशु आहार के रूप में काम लिया जाता है। इसको लगाने से भूमि की उर्वरा शक्ति भी बढ़ती है।

प्रश्न 880. सब्जियों की पौष्टिकता को कैसे बरकरार रखा जा सकता है?

उत्तर – सब्जियों को धोकर बड़े–बड़े टुकडों में काटना चाहिए। उसे पहले तेज आँच व बाद में धीमी आँच पर पकाना चाहिए।

प्रश्न 881. कृषक महिला अनुसंधान निदेशालय (DOR for woman) कहाँ स्थित है?

उत्तर – भुवनेश्वर।

प्रश्न 882. 'पूसा नारंगी गेंदा', 'पूसा बसंती गेंदा', 'तेंजेरिन येलो', 'डबल हारमोनी' किसकी किस्में है?

उत्तर – गेंदे की (*टेजिटिस* स्पीसीज)। यह एक पुष्पीय पौधा है। इसके फूल पूजाघर, गाडी, एवं मंडप सजाने के उपयोग में आते हैं। उत्तरी भारत के मैदानी भागों में इसकी तीन मुख्य फसलें – ग्रीष्मकालीन, वर्षाकालीन एवं शीतकालीन में ली जाती है।

प्रश्न 883. संरक्षित कृषि (कंजरवेशन खेती) के तीन मूलभूत सिद्धान्त कौनसे हैं?

उत्तर – (1) फसल चक्र में परिवर्तन करना। (2) स्थायी रूप से मिट्टी को ढ़के रखना। (3) कृषि सयंत्रों और औजारों का अति सीमित प्रयोग करना। इस तरह की खेती में शारीरिक श्रम और लागत मूल्य को निरंतर स्तर पर लाने की कोशिश की जाती है।

प्रश्न 884. मुंग (*विग्ना रेडीयेटा*) में कौनसा परागण होता है?

उत्तर – स्व–परागण (Self pollination)। यह वह परागण है, जिसमें किसी फूल में परागण उसी के पराग द्वारा होता है। जबकि परपरागण (Cross pollination) में एक फूल के पराग को परागकोष से उठा कर किसी समान या अन्य किस्म के फूलों के स्टिग्मा तक स्थानांतरित किया जाता है।

प्रश्न 885. चाय का वानस्पतिक नाम क्या है?

उत्तर – *केमेलिया साइनेनसिस*। देश के असम, उत्तराखंड, बिहार, मणिपुर, सिक्किम, अरुणाचल प्रदेश, हिमाचल प्रदेश, मिजोरम, नागालैंड जैसे कई राज्यों में चाय की खेती होती है।

प्रश्न 886. भारत में दीमक की पायी जाने वाली प्रमुख जातियों के वैज्ञानिक नाम बताओ?

उत्तर – *ओडोंटोटर्मिस ओबैसिस, केलोटर्मिस फलेटचेरी, माइक्रोटर्मिस ओबैसाई*, आदि।

प्रश्न 887. सामाजिक कार्य में प्रयोग होने वाले फूलों के नाम बताइए?

उत्तर – गेंदा, देशी गुलाब, बेला–चमेली, गुलदाउदी, ऐस्टर, क्रोसेंड्रा, गेलार्डिया आदि।

प्रश्न 888. गुलदाउदी की प्रचलित किस्में कौन–कौनसी है?

उत्तर – बसंतिका, मीरा, बीरबल साहनी (छोटे फूल) तथा फ्लर्ट, रेड गोल्ड, गुले शाहिर (बड़े फूल)।

प्रश्न 889. नाभिक बीज क्या है?

उत्तर – यह ब्रीडर द्वारा उत्पादित उन्नत किस्म का प्रारंभिक स्रोत बीज है, जिसे विशेष निगरानी में प्रति वर्ष निरंतरता बनाए रखने के लिए मुख्य स्रोत के रूप में तैयार किया जाता है।

प्रश्न 890. चने की प्रति हेक्टर बीज दर कितनी है?

उत्तर – देशी छोटे दानें 60–70 किग्रा, देशी मोटे दाने 70–80 किग्रा तथा काबुली चना 80–90 किग्रा प्रति हेक्टेयर है। चने की बुवाई सिंचित क्षेत्र में 5–7 सेमी, असिंचित क्षेत्र में 7–10 से.मी. गहराई पर करें। पंक्ति से पंक्ति की दूरी 30 से.मी. तथा पौधें से पौधें की दूरी 10–15 से.मी. रखें।

प्रश्न 891. फलो का कौनसा पेड़ केवल एक बार ही फल देता है?

उत्तर – केला (*मूसा पेराडीसिका* : म्यूसेसी)। इसके पुष्प क्रम को पेंडेंट कहते हैं

प्रश्न 892. अफीम (*पेपेवर सोमनीफेरम* : पेपेवरिसी) में कौनसे एल्क्लायड्स पाए जाते हैं?

उत्तर – मोर्फिन एवं कोडिन।

प्रश्न 893. संकर नस्ल की बछिया को कब गर्भित कराना चाहिए?

उत्तर – संकर नस्ल की बछडियों की वृद्धि दर देशी बछड़ियों की तुलना में काफी अधिक होती है अतः इन्हें 18–24 माह की आयु में गर्भित करवाना चाहिए।

प्रश्न 894. शक्कर का विकल्प कौनसा पौधा बन रहा है?

उत्तर – स्टीविया (*स्टीविया रिबाउडीयाना*)। इसे मधुपर्णी नाम से भी जाना जाता है और इसकी पत्तियाँ शक्कर से 30 गुना अधिक मिठास लिए होती है।

प्रश्न 895. शीतकालीन की मुख्य सब्जियों के नाम बताइए?

उत्तर – फूलगोभी (*ब्रासिका ओलिरेसिया* वार *बोट्रटिस*), बंदगोभी (*ब्रासिका ओलिरेसिया* वार *कपेटिटा*), मटर (*पाइसम सटाइवम*), शलजम (*ब्रासिका रापा*), गाजर (*डेकस केरोटा*), मूली (*रेफेनस सटाईवस*), प्याज (*एलीयम सीपा*), लंहसुन (*एलियम सटाईवम*), आलू (*सोलेनम ट्यूबरोसम*)।

प्रश्न 896. "आर एस–1" एवं "आर आई" किसकी किस्में है?

उत्तर – सर्पगंधा (*राउलफिया सर्पेन्टिना* : एपोसाइनेसी)। इसकी जड़ों में रिसप्रिन नामक एल्केलाइड पाया जाता है, जो उच्च रक्तचाप की अचूक दवा है।

प्रश्न 897. पुरानी पत्तियों के किनारों का सुखकर भूरा पड़ना, पुरानी पत्तियों का आकार छोटा होना, वृद्धि रुक जाना, तने कमजोर होकर गिर जाना, दाने व फलों का सिकुड़ना – ये सभी पौधों में किस तत्त्व की कमी के लक्षण है?

उत्तर – पोटेशियम।

प्रश्न 898. कौनसा हार्मोन पुष्पीकरण को नियंत्रित करता है?

उत्तर – फ्लोरिजन।

प्रश्न 899. लवणीय मृदा से क्या तात्पर्य है?

उत्तर – लवणीय मिट्टी को रेह मिट्टी, ऊसर मिट्टी एवं कल्लर मिट्टी के नाम से जाना जाता है। यह उन क्षेत्रों में पाई जाती है, जहाँ पर जल की निकास की सुविधा नहीं होती है। ऐसे क्षेत्र की मिट्टी में सोडियम, कैल्शियम एवं मैग्नीशियम की मात्रा बढ़ जाती है, जिससे वह मिट्टी क्षारीय हो जाती है। क्षारीय मिट्टी का निर्माण समुद्र तटीय मैदान में अधिक होता है। इसमें नाइट्रोजन की मात्रा कम होती है। इसकी विद्युत चालकता 4 से अधिक, pH मान 8.5 से कम और विनिमयशील सोडियम (ESP) 15 से कम।

प्रश्न 900. बरुथी (माइट) में किस तरह के मुखाँग पाए जाते हैं?

उत्तर – काटने एवं चूसने वाले।

प्रश्न 901. विश्व नारियल दिवस कब मनाया जाता है?

उत्तर – 2 सितम्बर। नारियल ऐसा फल है जिसका उपयोग प्यास बुझाने, गिरी पकवान और तेल बनाने एवं अनेक धार्मिक कार्यों में किया जाता है। इसके रेशे से गद्दे, थेले और अन्य उपयोगी सामग्री बनती है। भारत में इसकी सघन खेती केरल, कर्नाटक, तमिलनाडु एवं आंध्रप्रदेश में होती है।

प्रश्न 902. हरे बैंगन की किस्मों के नाम बताइए?

उत्तर – अरका कुस्माकर, अर्का शिरीष, CO–1, PKM–1 आदि। यह बैंगन मधुमेह के रोगियों के लिए लाभदायक है।

प्रश्न 903. ऐसी सब्जी का नाम बताइए जिसमें एक ही बीज पाया जाता है?

उत्तर – चाऊ चाऊ (*Sechium edule*)। इसका उद्‌भव स्थल मैक्सिको हैं यह कद्दुवर्गीय कुल का पौधा है।

प्रश्न 904. लाइसिमिटर यंत्र किस काम में लिया जाता है?

उतर – पादप द्वारा उपभोग किए गए पानी की मात्रा इस यंत्र से मापी जाती है।

प्रश्न 905. मृदा उर्वरकता किसे कहते हैं?

उतर – मृदा द्वारा पौधों को आवश्यक तत्त्वों को उपलब्ध करने की क्षमता को मृदा उर्वरकता कहते हैं।

प्रश्न 906. स्क्वाश फल मानक से क्या तात्पर्य हें?

उतर – यह एक फल पेय है जिसे फलों के शुद्ध रस से निर्मित किया जाता है। जिसमे रस के अतिरिक्त गुदा व रेशे कुछ मात्रा में मिले रहते हैं। इस पेय में फल रस 25–33 प्रतिशत होता है एवम् चीनी की मात्रा 45–55 प्रतिशत रखी जाती है। साथ ही खाने का रंग, नींबू का सत एवं परिरक्षक पदार्थ भी डाला जाता है। प्रमुख स्क्वाश फल है– संतरा, मौसंबी, नींबू, आदि।

प्रश्न 907. क्राइसोपर्ला किसका परभक्षी कीट है?

उतर – यह रस चूसक कीड़ो जैसे – हरा तेला, चेपा, थ्रिप्स, सफेद मक्खी, मिलीबग एवं लेपिडोप्टेरा गुण के कीटों के अंडे व सुंडियों को खाते हैं। फसलो में 50,000 सुंडियो प्रति हेक्टेयर की दर से प्रयोग लाते हैं।

प्रश्न 908. "*स्पाईलेंथिस अकमेला*" किसका वानस्पतिक नाम है?

उतर – अकरकरा। यह एक औषधीय पौधा है जिसके बीज एवं पुष्प को दाँत दर्द, तुतलाने, मुँह के लकवे, लार उत्पादन आदि में काम में लिया जाता है।

प्रश्न 909. जिस दूध से वसा निकाल ली जाती है। उसे क्या कहते हैं?

उतर – स्किम्ड मिल्क। दूध में विटामिन ए, डी, के और ई सहित फॉस्फोरस, मैग्निशियम, आयोडीन व कई दूसरे मिनरल और फैट पाया जाता है, जो शरीर के विकास के लिए बहुत जरूरी है।

प्रश्न 910. फलों को पकाने के लिए कौनसा हार्मोन काम में लेते हैं?

उतर – इथाइलिन। यह गैस पानी में अघुलनशील है। इसे कद्दुवर्गीय सब्जियों में मादा फूलों की संख्या बढ़ाने के लिए भी उपयोग में लाया जाता है।

प्रश्न 911. केचुएँ की खेती को क्या कहते हैं?

उतर – वैज्ञानिक तरीके से नियंत्रित दशाओं में केंचुओं का पालन वर्मीकल्चर कहलाता है। केंचुओं से विकसित पदार्थ को वर्मीकास्ट कहते हैं तथा अपघटनशील व्यर्थ कार्बनिक पदार्थों जैसे – भूसा, सूखी घास, पुआल, सब्जियों आदि को खिलाकर केंचुओं से प्राप्त विकसित पदार्थ वर्मीकंपोस्ट कहलाता है।

प्रश्न 912. एक किलो गेहूँ, धान एवं शक्कर का उत्पादन करने के लिए कितना पानी चाहिए?

उत्तर – गेहूँ के लिए 900 लीटर, चावल के लिए 1200 लीटर, शक्कर के लिए 2000 लीटर।

प्रश्न 913. खाद्य प्रसंस्करण से क्या तात्पर्य है?

उतर – उपलब्ध खाद्य के श्रैणीकृत वर्गीकरण रंग, रूप, स्वाद, बनावट, रखने की अवधि और पौष्टिकता में बढ़ोतरी को प्रसंस्करण कहते हैं।

प्रश्न 914. क्यूरिंग क्रिया किन फसलों में की जाती है?

उतर – आलू, प्याज, लहसुन, अदरक आदि। फसल की कटाई के पश्चात् उसको 4–5 दिन तक छाया में सुखा कर नमी कम करने की क्रिया को क्यूरिंग कहते हैं।

प्रश्न 915. भण्डारण क्षमता बढ़ाने के लिए फलों को 6–9 प्रतिशत वेक्स के घोल में उपचारित किया जाता है, इसे क्या कहते हैं?

उतर – वैक्सिंग। यह किन्नू, सन्तरा, नींबू, टमाटर, आदि में की जाती है। इससे इनमे पानी का ह्रास नही होता है, सिकुड़न नहीं होती है एवं भण्डार में रखने की अवधि बढ़ जाती है। साथ ही अच्छा रंग रहने से बाजार में मूल्य भी अधिक मिलता है।

प्रश्न 916. मित्र कीट क्या है?

उत्तर – वो कीड़े – मकोड़े जो फसल को नुकसान पहुँचाने वाले कीटों को खाकर किसान के मददगार बनते हैं जैसे – लेडी बर्ड बीटल, ततैया, क्रईसोपर्ला, बग मेन्टिस, रोबर मक्खी, ड्रेगन मक्खी, टीटहरा, मकड़ियाँ आदि।

प्रश्न 917. टपक सिंचाई पद्धति क्या है?

उत्तर – आधुनिक कृषि में जल के समुचित उपयोग एवं उपज वृद्धि के लिए बूंद–बूंद अथवा ड्रिप सिंचाई विधि प्रयोग में लाई जाती है जिस पर लघु एवं सीमांत श्रेणी के किसान को 70% तथा सामान्य श्रेणी के किसान को 50% अनुदान राजस्थान सरकार द्वारा दिया जा रहा है। इस सिंचाई पद्धति से 20 से 50% तक फसल उत्पादन में वृद्धि होती है और 30 से 50% सिंचाई पानी एवं श्रम शक्ति की बचत होती है, इससे खरपतवार की समस्या भी नियंत्रण में रहती हैं।

प्रश्न 918. कपास में मृदु विगलन रोग किससे होता है?

उतर – *बेसिलस पोलीमिक्सा* एवं *बेसिलस सब्टिलिस* द्वारा।

प्रश्न 919. हींग का वनस्पतिक नाम क्या है?

उतर – *फेरुला एसाफोइटिडा*। यह एपीएसी कुल का पौधा है जिसका उद्भव स्थान मेडिटरेरीयन रीजन है।

प्रश्न 920. 'प्रगति', 'प्रमाण', 'आर एल एल–16', 'जी आर एल–1', 'कावेरी' किसकी किस्में है?

उतर – लेमनग्रास (*सम्बोपोगान फ्लेक्सुओसस* : पोएसी)। इसकी व्यावसायिक खेती पत्तियों से तेल की प्राप्ति के लिए की जाती है। इसके तेल का मुख्य घटक सिट्रल (80-90%) होता है जिसे दवाइयों इत्र, साबुन, पाउडर आदि के उपयोग में लिया जाता है, इसकी पत्तियों को चाय में उबालकर पीन से ताजगी और सर्दी से राहत मिलती है।

प्रश्न 921. मृदा क्षरण कितनी शक्तियों द्वारा होता है?

उत्तर – दो, वायु एवं जल द्वारा। जल द्वारा मृदा के कण कटने व बहने की क्रिया को जल क्षरण कहते हैं। जबकि मृदा के कणों का वायु

द्वारा एक स्थान से दूसरे स्थान पर पहुंचने की क्रिया को वायु क्षरण कहते हैं।

प्रश्न 922. नाइट्रेट अवकरण तथा स्वांगीकरण की अनेकों प्रक्रमों द्वारां मृदा से नाइट्रेट के लुप्त होने को क्या कहते हैं?

उत्तर – विनाइट्रीकरण (Denitrification)।

प्रश्न 923. गाय की कौनसी नस्ल सवांई चाल के नाम से प्रसिद्ध है?

उत्तर – कांकरेज। इसका मूल स्थान कच्छ, गुजरात है।

प्रश्न 924. दलदली भैंस मुख्यतः किसके लिए प्रयोग की जाती है?

उत्तर – भारवाहन के लिए। यह मुख्यतः फिलीपाइन्स, मलेशिया, थाईलैंड, कंप्यूचिया, म्यांमार और चीन में पाई जाती है। भारत में जल भैंस पाई जाती है। इनमें गर्मी में सहनशीलता कम होती है एवं इन्हें पानी में तैरना पसंद है।

प्रश्न 925. आम में परागण किसके द्वारा होता है?

उत्तर – मक्खी द्वारा। जबकि अंजीर में वाष्प (ततैया), केले एवं अनन्नास में पक्षियों द्वारा होता है।

प्रश्न 926. पैरी नमक पेय किससे बनाया जाता है?

उत्तर – नाशपाती से।

प्रश्न 927. दृष्टीहीनता (Blindness) कौनसी फसलों का विकार है?

उत्तर – कोल फसलें, जैसे पत्तागोभी, फूल गोभी, आदि। इस विकार में फसलों पर कर्ड या हेड नहीं बनता है।

प्रश्न 928. हाइब्रिड टी गुलाब की सबसे पहली किस्म कौनसी विकसित की गई?

उत्तर – ला फ्रांस। हाइब्रिड टी. गुलाब, हाइब्रिड परपिचूअल एवं टी गुलाब का संकरण है। अपोलो, क्रिसमस, ग्लोरी, सुपर स्टार इसकी अन्य किस्में है।

प्रश्न 929. रतनजोत (*जट्रोफा कुरकस* : यूफोरबीएसी) का प्रवर्धन किस विधि से करते हैं?

उत्तर – बीज व कलम से। इसका उद्भव स्थान उत्तरी–पूर्वी व मध्य भारत है। इसमें जेट्रोपिन नामक प्रमुख तत्त्व पाया जाता है जिसमें कैंसर प्रतिरोधक क्षमता होती है। इसके बीजों में लगभग 37% तेल पाया जाता है जिसे बायोडीजल के रूप में काम लेते हैं।

प्रश्न 930. सूरजमुखी (*हेलिएंथस एनस* : कंपोजिटी) के बीज कौनसे उर्वरक पोषक तत्त्व की कमी के कारण खाली रह जाते हैं?

उत्तर – पोटेशियम।

प्रश्न 931. भारत अंतरराष्ट्रीय बीज परीक्षण संघ (International Seed Testing Association) का सदस्य कब बना?

उत्तर – 1961 में, जो ज्यूरिक, स्विट्जरलैंड में स्थित है।

प्रश्न 932. "आई.आई.एस.आर–अपनमाला–1", "आई.आई.एस.आर–विजेता", "आई.आई.एस.आर–अपनमाला–2" किसकी किस्में है?

उत्तर – इलायची (*इलेटेरिया कारडेमोमम* : जिन्जिबरेसी)। भारत में मुख्यतयाः यह केरल, कर्नाटक, तमिलनाडु में उगाई जाती है।

प्रश्न 933. नाशपाती (*Pyrus communis* : Rosaceae) में पाए जाने वाले पोषक तत्त्वों के बारे में बताए?

उत्तर – नाशपाती में बहुत से विटामिन्स और खनिज होते हैं इसलिए इसको खाने से हमारे शरीर को विटामिन्स और आहारीय खनिजों की पूर्ति हो जाती है। नाशपाती में आहारीय रेशे की अच्छी मात्रा होती है, जो कि पाचन तन्त्र को मजबूत बनाता है। नाशपाती खाने से कब्ज ठीक हो जाती है। नाशपाती में एंटीऑक्सीडेंट और विटामिन सी की अधिकतम मात्रा की वजह से हमारी प्रतिरक्षा तंत्र को मजबूती प्रदान करता है और नाशपाती में आयरन की प्रचुर मात्रा पाए जाने के कारण हीमोग्लोबिन का स्तर बढ़ता है जो एनीमिया से लड़ने में सहायक होता है।

प्रश्न 934. मृदा की गुड़ाई करने की क्रिया को क्या कहते हैं?

उत्तर – होइंग। यह मृदा में वायु संचार की बढ़ोतरी के लिए की जाती है, इससे जड़ों की श्वसन क्रिया बेहतर होती है जिससे पौधें का

विकास अच्छा होता है। जबकि खेत से खरपतवार हटाने की क्रिया को वीडिंग कहते हैं।

प्रश्न 935. अनार का व्यावसायिक प्रवर्धन किससे करते हैं?

उत्तर – सख्त काष्ट कटिंग (Hard wood cutting) से। अनार (*पुनिका ग्रेनेटम* : कुल–प्युनिकेसी) का उद्भव स्थान अफगानिस्तान (ईरान) है। कन्धारी, ढोलक, भगवा, सुपर भगवा, जालौर सीडलैस आदि इसकी उन्नत किस्में हैं।

प्रश्न 936. सर्वाधिक ऊँचाई पर बनने वाले बादलों को क्या कहते हैं?

उत्तर – सीरस। यह बिना पानी के बादल होते हैं। जबकी कुमुलस घने फूलगोभी की तरह होते हैं और निम्बस सबसे कम ऊँचाई पर तूफानी बादल होते हैं।

प्रश्न 937. भारतीय मौसम विभाग की स्थापना कब की गई?

उत्तर – भारतीय मौसम विभाग की स्थापना 1975 में पुणे में की गई थी।

प्रश्न 938. भूमि संशोधक क्या है?

उत्तर – भूमि में मिलाए जाने वाले पदार्थ जो मृदा के दोषों को दूर कर मृदा की दशा सुधार कर, फसल उगाने की क्षमता बढ़ाते हैं उन्हें भूमि संशोधक कहते हैं। जैसे जिप्सम, पाइराइट, चुना आदि।

प्रश्न 939. पिकन नट (*Carya illinoinensis*) में गुच्छा रोग किसकी कमी से होता है?

उत्तर – जस्ता (Zn) की। इसी तत्त्व की कमी से अमरूद में ब्रोंजिंग, बैंगन व आम में लिटिल लीफ, मक्का में श्वेत कली रोग व धान में खेरा रोग होता है।

प्रश्न 940. नेशनल रिसर्च सेंटर फॉर लीची (*लीची चिनेन्सिस* : सेपेनडेसी) कहाँ है?

उत्तर – मुजफ्फरपुर, बिहार में।

प्रश्न 941. नेपियर घास का वानस्पतिक नाम क्या है?

उत्तर – *पेनिसेटम परपुरियम*। यह पौएसी कुल का पौधा है। इसका उद्गम स्थान अफ्रीका है। नेपियर घास से वर्ष में मार्च से नवम्बर

माह तक लगातार 30–40 दिन के अन्तर पर कटाई करके पशुओ के लिए हरा चारा उपलब्ध रहता है।

प्रश्न 942. फलों के बगीचों में अधिकतम पौधों की संख्या किस विधि सें रखी जा सकती है?

उत्तर – भुजाकर विधि। इस विधि में "चौकोर विधि" से 15% अधिक पौधें लगाये जाते हैं।

प्रश्न 943. तिल (*सिसेमम इंडिकम* : पेडेलीएसी) का प्रमुख रोग कौनसा है?

उत्तर – फाईलोडी। यह माइकोप्लाज्मा जनित रोग है।

प्रश्न 944. इंटरनेशनल इंस्टिट्यूट ऑफ ट्रॉपिकल एग्रीकल्चर कहाँ स्थित है?

उत्तर – इबादान, नाइजीरिया, अफ्रीका।

प्रश्न 945. प्रकाश के अभाव के कारण पौधों का पीला पड़ जाना क्या कहलाता है?

उत्तर – पाण्डूरता।

प्रश्न 946. ब्राउन मेंयोरिंग" सामान्यतः किस फसल में अपनाई जाती है?

उत्तर – चावल।

प्रश्न 947. भूमि में पोषक तत्त्वों का ह्वास किन कारणों से होता है?

उत्तर – (1) फसलों द्वारा ग्रहण करने पर (2) मृदा क्षरण (3) सूक्ष्मजीवों द्वारा उपयोग (4) वाष्पीकरण (5) योगीकरण (6) निक्षालन (7) विनाइट्रीकरण।

प्रश्न 948. रेडी टू सर्व क्या है?

उत्तर – यह एक फल पानक है जिसमे T.S.S. और फल रस दोनों 10 प्रतिशत रहता है।

प्रश्न 949. सीड प्लांट तकनीक किस फसल में अपनाई जाती है?

उत्तर – आलू (*सोलेनम ट्यूबरोसम* : सोलेनेसी)।

प्रश्न 950. मेथी के दाने में कड़वापन किसके कारण होता है?

उत्तर – ओलियोरेसिन।

प्रश्न 951. धान (*ओराइजा सटाइवा* : पोएसी) की कौनसी बीमारी के कारण 1946 में बंगाल में अकाल पड़ा था?

उत्तर – ब्राउन स्पॉट। यह बीमारी सूत्रकृमी *हेल्मिन्थोस्पोरियम ओराईजी* द्वारा होती है।

प्रश्न 952. अंगूर में बीजरहितता का क्या कारण है?

उत्तर – अभिषेकफलन स्टैनोस्पर्मोकारपी जैविक तंत्र है, जो कुछ फलों में अभिषेकफलन (Parthenocarpy) पैदा करता है, इसमें पौधों में जिब्रिलिन हार्मोन का उत्पादन बढ़ जाता है, जिससे फल के आकर में वृद्धि हो जाती है।

प्रश्न 953. पशुओं में थन की सूजन क्या कहलाती है?

उत्तर – मेसटाइटिस।

प्रश्न 954. ऐसे पौधों के नाम बताइए जो पर्यावरण को प्रदूषण से बचाते हैं?

उत्तर – पीपल (*Ficus religiosa*), जामुन (*Syzygium cumini*), सप्तपर्णी (*Alstonia scholaris*), नीम (*Azadirachta indica*) पलाश (*Butea monosperma*)।

प्रश्न 955. पौधों की पत्तियों, टहनियों और तने पर झाग दिखाई देता है, वह किस कारण होता है?

उत्तर – पौधों की पत्तियों, टहनियों और तने पर झाग इसलिए दिखाई देता है क्योकि फिलीनस कीट के जीवन चक्र की निम्फ अवस्था पौधों पर झाग को उत्पन्न कर उसके अंदर रहते हुए अपना विकास करती है।

प्रश्न 956. कृषि में जिप्सम का क्या महत्व हैं?

उत्तर – जिप्सम में 16% तक गंधक व 23% तक कैल्शियम होता है। इसके डालने से तिलहनी फसलों में तेल की मात्रा व दलहन में प्रोटीन की मात्रा में वृद्धि होती है, दाने चमकीले व सुडौल बनते हैं तथा फसल की उत्पादकता एवं गुणवत्ता में भी बढ़ोतरी होती है साथ ही सर्दी में पाले का भी फसल पर प्रभाव कम पड़ता है।

प्रश्न 957. जिप्सम फसल में कब देना चाहिए?

उत्तर – इसे अंतिम जुताई के समय 250 कि.ग्रा./हेक्टेयर डालना चाहिए। राजस्थान सरकार द्वारा इसकी खरीद पर अनुदान भी उपलब्ध है।

प्रश्न 958. धनिया (*Coriandrum sativum*), सौंफ (*Foeniculum vulgare*), अजवाइन (*Trachyspermum ammi*) एवं जीरा (*Cuminum cyminum*) में कौनसा पुष्पक्रम होता है?

उत्तर – ये सभी फसलें अमबेलीफेरी कुल से हैं और इसके पुष्प "पुष्पछत्र (अमबल)" में सुसज्जित रहते हैं।

प्रश्न 959. ओलेरीकल्चर (Olericulture) क्या है?

उत्तर – शाकभाजी उत्पादन अथवा शाकभाजी संवर्धन को ओलेरीकल्चर कहते हैं।

प्रश्न 960. फिरोमोन क्या है?

उत्तर – कीटों द्वारा स्रावित रसायन जो उसी प्रजाति के विपरीत लिंगो के स्वभाव में परिवर्तन लाने में सक्षम हो।

प्रश्न 961. "कस्तूरी", "पितांबरा", "रोमा", "सुरमा" किसकी किस्में है?

उत्तर – हल्दी (*कुरकुमा लांगा*)। हल्दी का पीला रंग कुरकुमिन की वजह से होता है।

प्रश्न 962. तुलसी की विभिन्न जातियों के नाम बताइए?

उत्तर – *ओसिमम् बेसिलिकम, ओसिमम् सेंक्टम, ओसिमम् ग्रेटिसिमम, ओसिमम् मिनीमम, ओसिमम् अमेरिकेनम्।* यह सभी प्रजातियाँ लेमीएसी कुल की है।

प्रश्न 963. समन्वित कीट प्रबन्ध के उद्देश्य बताइए?

उत्तर – (1) कीड़ों को पूर्णतः नष्ट करने की बजाय आर्थिक नुकसान सीमा से कम रखना। (2) पर्यावरण को प्रदूषण से बचाना। (3) कम खर्चे में अधिक कीट नियंत्रण करना।

प्रश्न 964. मक्का में तना विगलन रोग को कैसे नियंत्रित किया जा सकता है?

उत्तर – यह रोग कवक के द्वारा होता है। इसको नियंत्रित करने के लिए डाइथेंन जेड– 18–25 कि.ग्रा./हेक्टेयर कि दर से 1000 लीटर पानी

में घोल बनाकर 10–15 दिन के अंतर पर 2–3 छिड़काव करने चाहिए।

प्रश्न 965. भिण्डी के तने एवं जड़ों को किसके लिए प्रयुक्त किया जाता है?

उत्तर – भिण्डी के तने एवं जड़ों को चीनी एवं गुड बनाने हेतु गन्ने के रस की सफाई के लिए काम में लिया जाता है।

प्रश्न 966. भारत में वन्यजीव सरंक्षण अधिनियम कब बना?

उत्तर – 1972।

प्रश्न 967. "लोक वनस्पति विज्ञान" (Father of Indian Ethnobotany) के जनक कौन है?

उत्तर – डॉ॰ सुधांशु जैन। इन्होंने 1980 में लोक वनस्पति सभा की स्थापना की थी।

प्रश्न 968. विश्व खाद्य दिवस कब मनाया जाता है?

उत्तर – 16 अक्टूबर को।

प्रश्न 969. लहसुन की बुवाई कब करते हैं?

उत्तर – लहसुन रबी मौसम की फसल है, इसकी बुवाई अक्टूबर–नवम्बर में करते हैं। इसकी बुवाई कली द्वारा करते हैं जिसमे बीज कली की मात्रा 2 से 2.25 क्विंटल प्रति एकड़ होती है।

प्रश्न 970. बकरी में ब्लू टंग रोग किसके द्वारा होता है?

उत्तर – यह एक विषाणु से होने वाली बीमारी है। जो मक्खियों व कीड़े–मकोड़े द्वारा फैलती है। इसकी रोकथाम एग अटेनूवेटेड पालीवैलैट टीका लगाकर की जा सकती है।

प्रश्न 971. अमरुद (*Psidium guajava* : Mrytaceae) की प्रमुख किस्में बताइए?

उत्तर – एल 49, इलाहाबाद सफेदा, अर्का मृदुला, रेड फलेशड, इलाहाबाद सुरखा, सफेद जेम आदि।

प्रश्न 972. जैम व जेली में फल रस की मात्रा कितनी रहती है?

उत्तर – 45 प्रतिशत।

प्रश्न 973. गाजर (*डेकस केरोटा* : अम्बेलीफेरी) एवं मुली (*रेफेनस सटाईवस* : क्रसीफेरी) की बुवाई कब करनी चाहिए?

उत्तर – अक्टूबर 20 तक। गाजर की किस्म पूसा केसर (5–6 कि.ग्रा./हे. बीज) तथा जापानीज वाइट और हिल क्वीन (10–12 कि.ग्रा./हे. बीज) लगानी चाहिए।

प्रश्न 974. अर्का गौरव, मोहिनी, केलिफोरनिया वंडर, अलंकार, भारत ग्रीन गोल्ड, पूसा दीप्ती, हीरा एवं इंदिरा आदि किसकी किस्में है?

उत्तर – यह सभी किस्में शिमला मिर्च की है, जिन्हें अक्टूबर से जनवरी तक 2–3 कि.ग्रा./हेक्टेयर बीज दर से नर्सरी में लगाया जाता है।

प्रश्न 975. केसीसी क्या है?

उत्तर – किसान क्रेडिट कार्ड। इसकी शुरुआत 1999 में की गई तथा इसका उद्देश्य जरूरतमंद किसानों को ऋण की सुविधा उपलब्ध कराना है।

प्रश्न 976. अलसी के तेल का उपयोग बताए?

उत्तर – अलसी (*Linum usitatissimum*) के बीज से तेल निकाला जाता है और तेल का प्रयोग वार्निश, रंग, साबुन, रोगन, पेन्ट तैयार करने में किया जाता है। अलसी या तीसी समशीतोष्ण प्रदेशों का पौधा है। रेशेदार फसलों में इसका महत्त्वपूर्ण स्थान है। इसके रेशे से मोटे कपड़े, डोरी, रस्सी और टाट बनाए जाते हैं।

प्रश्न 977. गेहूँ में सबसे हानिकारक रोग कौनसा है?

उत्तर – रोली–फफूंद के द्वारा। ये तीन प्रकार की होती है : भूरी रोली (*पक्सीनिया रिकोंन्डिटा ट्रिटिसाई*), पीली रोली (*पक्सीनिया ट्राईफोर्मिस*) तथा काली रोली (*पक्सीनिया ग्रेहमीनिस ट्रिटिसाई*) इसकी रोकथाम के लिए उपाय रोली प्रतिरोधी किस्मों का चयन करना, बुवाई से पूर्व बीज शोधन (वीटावेक्स या बाविस्टिन 2.5 ग्रा/किलो बीज) तथा रोग ग्रसित पौधों को उखाड़ कर जला देना है।

प्रश्न 978. स्टील्ट जड़े क्या है?

उत्तर – ज्वार, मक्का, गन्ना आदि फसलों में तने की भूमि के पास गांठो से जड़े निकल कर भूमि में प्रवेश कर पौधें को गिरने से बचाती है।

प्रश्न 979. मक्का (*जिया मेज* : कुल– पोयेसी) फसल क्यों उपयोगी है?

उत्तर – दाने, हरे भुट्टों तथा चारे के लिए। यह पशुओं, मुर्गियों के राशन के रूप में भी उपयोगी है। दानों से स्टार्च, ग्लूकोज व तेल भी तैयार होता है तथा इससे विभिन्न प्रकार के व्यंजन बनाए जाते हैं।

प्रश्न 980. छोटे अथवा लघु खाद्यान्न की कौनसी फसलें है?

उत्तर – मंडवा/रागी (*इल्यूसीइन कोरकाना*), चीना (*पेनिकम मिलिएसियम*), कोदों (*पैस्पेलम स्क्रोबिकुलेटम*), कांगणी (*सीटेरिया इटेलिका*), कुटकी (पेनिकम), सॉवा (इकनोक्लोवा) है। ये सभी पोयेसी कुल से संबंधित है।

प्रश्न 981. एक बहुवर्षीय चारे की फसल बताइए?

उत्तर – हाथी घास/नेपियर घास (*पेनिकम परप्युरियम*)। इसके पौधें ऊँचे, सघन तथा गन्ने की भाँति लम्बे होते हैं तथा पौष्टिकता से भरपूर होते हैं।

प्रश्न 982. *कोरकोरस कैप्सयूलेरिस* एवं *कोरकोरस ओलिटोरियस* किसका वानस्पतिक नाम है?

उत्तर – जूट (कुल– टीलिएसी)। जूट का कपास के बाद रेशे वाली फसल में भारत के आर्थिक विकास में बहुत योगदान है जो मुख्य रूप से पश्चिम बंगाल, असम, उड़ीसा एवं मेघालय में उगायी जाती है।

प्रश्न 983. शर्करा एवं शीरा (मोलासेस) का प्रमुख स्त्रोत कौनसी फसल है?

उत्तर – गन्ना। गन्ना शक्कर के अलावा खाण्डसारी, गुड़, रस, जानवरो के चारे, कार्ड बोर्ड, कम्पोस्ट तथा शीरा (मोलासेस) में काम आता है।

प्रश्न 984. लवणीय भूमि (पी.एच मान 9.5) में शर्करा स्त्रोत की कौनसी फसल सफलता पूर्वक उगायी जा सकती है?

उत्तर – चुकंदर (*बीटा वल्गैरिस* : कुल – चिनोपोडिएसी)। इसमें लगभग 17% शर्करा होती है तथा चीनी निकालने के बाद बचे हुए भाग को पशुओं को खिलाने के साथ–साथ एल्कोहल भी बनाया जाता है।

प्रश्न 985. कट फ्लावर पैकिंग में किस पदार्थ को एथिलीन स्क्रबर के स्वरूप उपयोग में लाया जाता है?

उत्तर – पोटेशियम परमैंगनेट।

प्रश्न 986. बादाम में कड़वाहट किसके कारण होती है?

उत्तर – आमाइलेडीन। जबकि खीरे में कड़वाहट कुकरबीटेसिन और करेले में कड़वाहट मेमोर्डिकोसिन की वजह से होती है।

प्रश्न 987. गतिशील पोषक तत्त्वों की कमी के लक्षण पौधों में कहाँ दिखाई देते हैं?

उत्तर – नाइट्रोजन, फास्फोरस, मैग्नीशियम, मोलिब्डेनम आदि गतिशील पोषक तत्त्व है। इनकी कमी के लक्षण पहले पौधें के नीचे की पत्तियों अथवा पुरानी पत्तियों पर दिखाई देते हैं। यह तत्त्व पौधें में अधिक संचालनता रखते हैं।

प्रश्न 988. चिपको आन्दोलन क्या है?

उत्तर – चिपको आन्दोलन पर्यावरण की रक्षा करने का एक ग्रामीण आन्दोलन था। इसकी शुरुआत उत्तराखंड के चमोली जिले में सन 1973 में हुई थी। इस आन्दोलन में प्रसिद्ध पर्यावरण प्रेमी सुन्दरलाल बहुगुणा, चंडीप्रसाद भट्ट, श्रीमती गौरा देवी और गाँव के ग्रामीणों ने मिलकर इस आन्दोलन को अंजाम दिया। इस आन्दोलन को सम्यक जीविका पुरस्कार से सम्मानित भी किया गया है।

प्रश्न 989. पागल गाय रोग किससे फैलता है?

उत्तर – पायरीऑन द्वारा।

प्रश्न 990. डिस्बडिंग से क्या तात्पर्य है?

उत्तर – पुष्पों का आकार बढ़ाने के लिए कलिकाओ के पृथक्कीकरण को डिस्बडिंग कहते हैं। यह मुख्यतः कारनेशन गुलदाउदी, हजारी आदि पुष्पीय पौधों में किया जाता है।

प्रश्न 991. ऑक्सिन क्या है?

उत्तर – यह एक पादप वृद्धि नियामक है। प्राकृतिक ऑक्सिन नई पत्तियों एवं उपरी कलियों में बनता है। पौधें में सर्वाधिक इसी नियंत्रक का उपयोग होता है। यह कई प्रकार के होते हैं : जैसे – नेफ्थेलिन एसिटिक एसिड, इण्डोल ब्यूटारीक एसिड आदि।

प्रश्न 992. चने की पत्तियाँ किस कारण नमकीन होती है?

उत्तर – चने की पत्तियों में मेंलिक ऑक्जैलिक अम्ल पाया जाता है, इस कारण नमकीन होती है।

प्रश्न 993. उड़द *(विग्ना मुंगो)* का उद्‌भव स्थान क्या है?

उत्तर – भारत। यह फेबेसी कुल का पौधा है जिसमें फॉस्फोरिक अम्ल की मात्रा अन्य दालो वाली फसलों की तुलना में 5–10 गुना अधिक पायी जाती है।

प्रश्न 994. तम्बाकू (*निकोटियाना टेबेकम*) की फसल में पुष्प विन्यास तोड़ने को क्या कहते हैं?

उत्तर – टापिंग। जबकी अन्तः भूस्तारी तोड़ने को डिसकरिंग तथा जमीन से लगी पत्तियाँ तोड़ने को प्राइमिंग कहते हैं।

प्रश्न 995. पशुओं की उम्र कैसे ज्ञात करते हैं?

उत्तर – पशुओं की उम्र उनके खुर, सींग, उनकी शारीरिक एवं भौतिक दशा देखकर।

प्रश्न 996. मृदा में नाइट्रोजन की उपलब्धता पता करने के लिए कौनसी विश्लेषण प्रक्रिया अपनायी जाती है?

उत्तर – जेलडाल प्रक्रिया।

प्रश्न 997. अविकल्पी परजीवी किसे कहते हैं?

उत्तर – ऐसा परजीवी जीव जो प्राकृतिक अवस्थाओ में केवल जीवित जीव पर ही बढ़ता है एवं बहुगुणन कर सकता है।

प्रश्न 998. मधुमक्खी में डंक किस भाग का परिवर्तित रूप है?

उत्तर – ओविपोसिटर।

प्रश्न 999. *बेसिलस थूरिनजियेंसिस* बैक्टीरिया की खोज किसने की?

उत्तर – इसकी खोज एस॰ एसिवाटा ने 1901 में की थी। यह बीटी जीन को कोशिका के डी एन ए में प्रक्षेपित करने में उपयोगी है।

प्रश्न 1000. मृदा के मुल पदार्थ को क्या कहते हैं?

उत्तर – मृदा के मुल पदार्थ को रिगोलिथ कहते हैं जबकि विभिन्न संस्तरो के योग को मृदा परिच्छेदिका कहते हैं।

प्रश्न 1001. कायिक संकरण किसे कहते हैं?

उत्तर – दो विभेदों या स्पेसीजों के प्रोटोप्लास्टों के संगलन से संकर कोशिकाओं के उत्पादन को कायिक संकरण कहते हैं

प्रश्न 1002. कस्कुटा क्या है?

उत्तर – यह एक पूर्ण स्तम्भ परजीवी है तथा पूर्ण जड़ परजीवी ओरोबेंकी है।

प्रश्न 1003. जलकुंभी के जैविक नियंत्रण में किस मित्र कीट का उपयोग किया जाता है?

उत्तर – *निओचेटिना ब्रूची* एवं पार्थेनियम के नियंत्रण के लिए मेक्सिकन बीटल (*जाइगोग्रामा बाइकोलोराटा*) का प्रयोग किया जाता है।

प्रश्न 1004. पानी पीने के बाद ऊँट में लाल रक्त कणिकाओं का आकार कितने गुना बढ़ जाता है?

उत्तर – 240 प्रतिशत तक बढ़ जाता है। इसी कारण से ऊँट अधिक मात्रा में पानी पी सकता है और यह प्रक्रिया इसको डिहाइड्रेशन से भी बचाती है।

प्रश्न 1005. ग्वार में ग्वार गम कितने प्रतिशत पाया जाता है?

उत्तर – ग्वार में 33–35 प्रतिशत ग्वार गम पाया जाता है। यह ग्वार के एण्डोस्पर्म से निकाला जाता है।

प्रश्न 1006. आलू में संश्लेषित होने वाला विषाक्त पदार्थ कौनसा है?

उत्तर – आलू में संश्लेषित होने वाला विषाक्त पदार्थ सोलेनिन है। इसके निर्माण का कारण सूर्य की किरणें है।

प्रश्न 1007. पशुओं में प्रसूति ज्वर किस पोषक तत्त्व की कमी के कारण होता है?

उत्तर – कैल्शियम।

प्रश्न 1008. मोथा (*Cyprus rotundus* : Cyperaceae) खरपतवार के मित्र कीट का नाम बताइए?

उत्तर – *बेक्टरा वेरुटेना*।

प्रश्न 1009. फसलों को सुत्रकृमि से बचाने के लिए किस पौधें का प्रयोग किया जा सकता है?

उत्तर – गेंदें का, इसकी जड़ों से स्रावित, एल्फा ट्रिथीनाइल नामक रसायन सुत्रकृमि को दूर रखने में सहायक है।

प्रश्न 1010. रोटावेटर से खेतो में कितने कार्य किए जा सकते हैं?

उत्तर – रोटावेटर से एक साथ गहरी जुताई, ढेले फोडने व समतल करने का कार्य किया जाता है।

प्रश्न 1011. अर्थशास्त्र के जनक कौन है?

उत्तर – अर्थशास्त्र के जनक एडम स्मिथ है। कृषि अर्थशास्त्र, अर्थशास्त्र की वह शाखा है जिसमें अधिकतम कृषि उत्पादन प्राप्त करने सम्बन्धी कृषि समस्याओं को हल करने के लिए अर्थशास्त्र के सिद्धांतों का प्रयोग किया जाता है।

प्रश्न 1012. प्राप्य जल क्या है?

उत्तर – मुरझान गुणांक तथा क्षेत्र क्षमता के बीच मृदा में जो जल की मात्रा होती है, वह जल पौधों को प्राप्त होता है यह प्राप्य जल कहलाता है।

प्रश्न 1013. सूरजमुखी (*Helianthus annuus*) के बीज में तेल एवं इसके अन्य प्रमुख घटकों का कितना प्रतिशत पाया जाता है?

उत्तर – सूरजमुखी के बीज में 22–36% तेल पाया जाता है। जिसमे ऑलिक अम्ल (ओमेगो–9) 30% व लिनोलीक अम्ल (ओमेगा–6) 59%, पालमेटीक अम्ल 5% एवं स्टीएरिक अम्ल 6% मिलता है।

प्रश्न 1014. "पूसा ज्वाला", "भाग्यलक्ष्मी", "जे–218", "पंजाब लाल", "पन्त–सी 1" यह किसकी किस्में हैं?

उत्तर – मिर्च (*कैप्सिकम एनम* : सोलेनेसी)।

प्रश्न 1015. म्यूरेट ऑफ पोटाश का रासायनिक सूत्र क्या है?

उत्तर – KCl। इसे पोटेशियम क्लोराइड के नाम से भी जाना जाता है। इसमें K_2O 60% होता है। यह पानी में पूर्णतया घुलनशील है।

प्रश्न 1016. प्रमाणित संकर बाजरा के बीज उत्पादन हेतु कितनी पृथक्कता दूरी (Isolation distance) रखी जाती हैं।

उत्तर – 200 मीटर।

प्रश्न 1017. रबी फसल में हरे चारे के लिए कौनसी फसलें उगाई जाती हैं?

उत्तर – बरसीम, जई, रिजका, सरसों, शलजम, क्लोवर, आदि। इनकी बुवाई सितंबर के अंतिम सप्ताह से दिसंबर तक की जाती है।

प्रश्न 1018. तिल में पर्ण कुंचन (लीफ कर्ल) रोग किसके द्वारा होता है।

उतर – यह एक विषाणु रोग है जो सफेद मक्खी द्वारा फैलाया जाता है। इसके नियंत्रण हेतु रोगी पौधों को नष्ट कर देना चाहिए तथा फसल पर मिथाइल डेमेंटोन 25 ई सी 1.0 मिली प्रति लीटर पानी या ऐसीटामैंप्रीड 20 एस. पी. 100 ग्राम प्रति हेक्टर की दर से छिड़काव करना चाहिए।

प्रश्न 1019. किस फसल को 'घोड़ा जीरा' के नाम से जाना जाता है

उत्तर – इसबगोल (*प्लांटेगो ओवेटा*) को। इसबगोल के बीजों में न्यूसीलेज, वसीय अम्ल, प्रोटीन, एलब्यूमीन, जाइलोज, अरेबिनॉज व गेलेक्टूरोनिक अम्ल पाए जाते हैं। इसको पेट की सफाई, कब्ज, अल्सर, बवासीर आदि बीमारियों को दूर करने में प्रयोग किया जाता है। यह रंगाई, छपाई, गोंद, सौंदर्य प्रसाधन उद्योगों में भी काम में लाया जाता है।

प्रश्न 1020. मक्का की उन्नत संकर किस्मों के नाम बताइए?

उत्तर – 'बायो –9637', 'बायो –9681', 'एच. क्यू.पी.एम–1', 5, 'माधुरी', 'पी.ई.एच.एम.–1', 'नवजोत प्रताप मक्का –3'।

प्रश्न 1021. भारत का राष्ट्रीय सूत्रकृमी संग्रह (National Nematode Collection of India) कहाँ स्थित है?

उत्तर – नई दिल्ली में।

प्रश्न 1022. केशिका जल से क्या तात्पर्य है?

उत्तर – आर्द्रताग्राही गुणांक तथा क्षेत्र धारिता के मध्य उपस्थित जल की मात्र को केशिका जल कहते हैं। यह 0.33 से 31 वायुमंडलीय दाब पर धारित होता है। यही जल फसलों के काम आता है।

प्रश्न 1023. ले फार्मिंग किसे कहते हैं?

उत्तर – कृषि–पद्धति, जिसमें कृषि योग्य भूमि पर घास उगाई जाती है, और फिर कुछ वर्षों (औसतन सात वर्ष) तक उसको चरागाह के रूप में रखा जाता है।

प्रश्न 1024. भण्डारण में कीटनाशी रसायनों को गैस रूप में प्रयोग करने की क्रिया को क्या कहते हैं?

उत्तर – धूमन (Fumigation)।

प्रश्न 1025. उर्वरको को ड्रिप सिंचाई प्रणाली में देना क्या कहलाता है?

उत्तर – फर्टिगेशन।

प्रश्न 1026. जल बहाव किससे मापा जाता है?

उत्तर – पार्शल फ्लुम द्वारा।

प्रश्न 1027. मृदा विज्ञान के पितामह किसे कहा जाता है?

उत्तर – वी॰वी॰ दोकुचैव को। पेडोलोजी शब्द सर्वप्रथम उन्होंने दिया था। मृदा के उद्‌भव, वर्गीकरण तथा वर्णन के अध्ययन को पेडोलोजी कहते हैं।

प्रश्न 1028. मिलीबग के जैविक नियंत्रण हेतु किस कीट का उपयोग किया जाता है?

उत्तर – सुडोफाइकस यूटिलीस।

प्रश्न 1029. उस फल का नाम बताइए जिसका छिल्का कृमिनाशक, वमन रोधी, त्वचा रोग नाशक, दस्तरोधी, कांतिवर्धक तथा तेल युक्त होता है।

उत्तर – संतरा (*Citrus reticulata* – कुल : रूटेसी)।

प्रश्न 1030. यूरिया मोलासिस मिनरल ब्लॉक क्या है?

उत्तर – यह एक उच्च प्रोटीन युक्त सान्द्र पशु आहार है जिसमें आवश्यक मात्रा में कार्बोहाइड्रेट, पोषक तत्त्व, खनिज, लवण तथा विटामिन पाए जाते हैं। इस ब्लॉक में मौजूद मोलासिस ऊर्जा का प्रमुख स्रोत होता है तथा जुगाली करने वाले पशुओं के पेट में हाइड्रोलाइज होकर अमोनिया में परिवर्तित हो जाता है जिससे सक्षम जीवों की संख्या में वृद्धि होती है जिससे पशु रेशेदार चारे को आसानी से पचा पाता है एवं इससे माइक्रोबियल प्रोटीन का निर्माण होता है।

प्रश्न 1031. अर्क सुजात, अर्क सुमिति, पूसा चिकनी, पूसा नसदार, CO–1, सतपुतिया किसकी किस्में है?

उत्तर – तोरई (*लूफा एक्टेगुला*) की। यह कुकुरबिटेसी कुल का पौधा है।

प्रश्न 1032. अरण्डी (*रिसिनस कॉम्युनिस*) की खली में कौनसे पोषक तत्त्व पाए जाते हैं?

उत्तर – इसकी खली एक बेहतर जैविक खाद का काम करती है। इसमें 2–4% नत्रजन, 2.5% फास्फोरस एवं 1.5% पोटाश तत्त्व पाए जाते हैं। इसकी खली को पशु आहार में उपयोग नहीं करना चाहिए क्योंकि इसमें जहरीले रसायन होते हैं।

प्रश्न 1033. एजोटोबैक्टर से क्या तात्पर्य है?

उत्तर – एजोटोबैक्टर क्रकोकम एक विशेष प्रकार का जीवाणु है जो वातावरणीय नत्रजन को संश्लेषित कर पौधों द्वारा ग्रहण करने योग्य योगिकों में बदल देता है।

प्रश्न 1034. गोखरू का औषधीय उपयोग क्या है?

उत्तर – इसके सभी अंग उपयोगी है। चूर्ण हेतु फल व क्वाथ के लिए मूल काम में लेते हैं। यह मूल क्रच्छ (डिसयूरिया) विसर्जन, पथरी, सुजाका रोग आदि में उपयोगी है। यह बन्ध्यत्व को मिटाता है। गुर्दे के विकारो में गोखरू का चमत्कारी प्रभाव दिखाता है।

प्रश्न 1035. आँवला रस्ट किससे होता है?

उत्तर – आँवला रस्ट एक कवक (*Ravenelia emblicae*) जनित व्याधि है। इसके रोकथाम के लिए 0.3% मेनकोजेब का छिड़काव करना चाहिए।

प्रश्न 1036. तिलहनी फसलो में गंधक तत्त्व क्यों आवश्यक होता है?

उत्तर – दलहन तथा तिलहन फसलों में तेल की मात्रा गुणवत्ता एवं प्रोटीन के निर्माण में गंधक महत्त्वपूर्ण भूमिका निभाता है। दलहन फसलों में वायुमण्डलीय नत्रजन के स्थिरीकरण के लिए जड़ो में मौजूद गठानों के विकास एवं जीवाणुओं की क्रियाशीलता में गंधक तत्त्व का विशेष योगदान है।

प्रश्न 1037. किस खरपतवार के बीज सरसों के बीज के आकार व आकृति में मिलते जुलते हैं?

उत्तर – सत्यानाशी (*Argemone mexicana*)।

प्रश्न 1038. स्थायी म्लानि बिंदु क्या है?

उत्तर – जब सिंचाई करने के बाद भी मुरझाहट समाप्त न हो वह स्थायी म्लानि बिंदू कहलाती है। जबकि मुरझाहट की वह अवस्था जो सिंचाई के तुरन्त बाद समाप्त हो जाती है, वह अस्थाई म्लानि बिंदू कहलाती है।

प्रश्न 1039. फूलगोभी में भूरापन रोग किसकी कमी से होता है?

उत्तर – बॉरोन।

प्रश्न 1040. नेशनल इंस्टीट्यूट ऑफ न्यूट्रीशन कहाँ है?

उत्तर – हैदराबाद (आंध्र प्रदेश)।

प्रश्न 1041. उर्वरक नियंत्रण अध्यादेश, 1957 के अनुसार यूरिया में बाईयुरेट की मात्रा किस मात्रा से अधिक नहीं होनी चाहिए?

उत्तर – 1.5।

प्रश्न 1042. किस यंत्र से मृदा का घनत्व ज्ञात किया जाता है?

उत्तर – पिक्नोमीटर।

प्रश्न 1043. pf वेल्यू को किसने परिभाषित किया है?

उत्तर – शीहोइफिल्ड (Sehoefild) ने 1935 में इसे परिभाषित किया है।

प्रश्न 1044. अनार की तितली को कैसे नियंत्रण कर सकते हैं?

उत्तर – अनार की तितली को नियंत्रण करने के लिए प्रभावित फलों को नष्ट कर देना चाहिए। फूल व फल बनते समय कार्ब्रेरिल 50 डब्ल्यू पी 2.0 ग्राम या मोनोक्रोटोफॉस 36 एस.एल. 1.0 मिली प्रति लीटर पानी में मिलाकर 10–15 दिन के अन्तर पर छिड़काव करना चाहिए एवं फलों को थेलियों से ढककर रखना चाहिए।

प्रश्न 1045. ग्लाइकोलाइसिस में अंतिम उत्पाद क्या बनता है?

उत्तर – पाईरुवेट। यह प्रक्रिया कोशिका के साईटोप्लास्म में होती है।

प्रश्न 1046. एक हैक्टर में कितना एकड़ होता है?

उत्तर – 2.47 एकड़ एवं दस हजार वर्ग मीटर।

प्रश्न 1047. खजूर का बायोड रोग का कारक कौन है?

उत्तर – यह एक सूक्ष्म कवक *फ्यूजेरियम ऑक्सीस्पोरम* फॉर्मा स्पेशलिस्ट *एल्बेढिनिस* से होता है।

प्रश्न 1048. बैंगन, टमाटर, मिर्ची, सरसों आदि फसलों में कौनसा खरपतवार सबसे अधिक हानि पहुँचाता है?

उत्तर – ओरोबेंकी। यह सोलेनेसी कुल का परजीवी खरपतवार है।

प्रश्न 1049. उष्णकटिबंधीय वन अनुसंधान संस्थान कहाँ स्थित है?

उत्तर – जबलपुर। जबकि वर्षा वन अनुसंधान संस्थान, जोरहाट व शुष्क वन अनुसंधान संस्थान, जोधपुर में है।

प्रश्न 1050. संपोषित कृषि क्या है?

उत्तर – संपोषित कृषि वह कृषि है जो वर्तमान पीढ़ी की आवश्यकता को पूर्ति के साथ साथ भावी पीढ़ी की आवश्यकताओं की पूर्ति का भी ध्यान रखती है।

प्रश्न 1051. सरसों (*ब्रिसिका जून्सिया* : कुल ब्रेसिकेसी) की क्रांतिक अवस्थाओ (सिंचाई) का नाम बताइए?

उत्तर – फूल आने से पूर्व व फली के विकास के समय।

प्रश्न 1052. पेक्टिन की मात्रा किस यंत्र से ज्ञात करते हैं?

उत्तर – जेलमीटर।

प्रश्न 1053. बथुआ का वानस्पतिक नाम क्या है?

उत्तर – *चिनोपोडियम एलबम*।

प्रश्न 1054. मधुमक्खी परिवार से क्या तात्पर्य है? इनके बारे में संक्षिप्त जानकारी दिजीए।

उत्तर – मधुमक्खी परिवार में तीन प्रकार के सदस्य होते हैं : रानी, श्रमिक एवं नर मधुमक्खियाँ। रानी मधुमक्खी की संख्या एक होती है, जिनकी आयु 2–3 वर्ष होती है, इनका कार्य अण्डे देना तथा वंश वृद्धि करना है। श्रमिक मधुमक्खियो की आयु 4–6 माह होती है। ये परिवार के लालन पालन का कार्य करती है, पराग का सेवन कर मोम बनाना, छत्ते की सफाई व रक्षा करना आदि होता है। नर मक्खी का कार्य रानी मधुमक्खी का गर्भाधान करना है। इनकी आयु दो माह होती है।

प्रश्न 1055. सौफ की बीज दर बताइए?

उत्तर – सौफ की बीज दर 8–10 कि.ग्रा. है। इसकी बुवाई मध्य नवम्बर तक की जाती है।

प्रश्न 1056. अफीम में मृदुरोमिल असिता रोग का कारक कौन है?

उत्तर – यह एक फफूंद जनित रोग है।

प्रश्न 1057. लक्ष्मीतरु क्या है?

उत्तर – यह दक्षिणी अमेरिका का पौधा है। इसमें 50-70% तक तेल पाया जाता है। इसकी पत्तियाँ कैंसर, उच्च रक्तचाप, मधुमेह आदि रोगों में उपयोगी है। इस पौधें को ना तो मवेशी खाते हैं ना ही दीमक एवं दुसरे कीट व रोग भी इसे कम हानि पहुँचाते हैं

प्रश्न 1058. पराग संवर्धन तकनीक सर्वप्रथम किसमें विकसित की गई?

उत्तर – धत्तूरे में।

प्रश्न 1059. जौ के प्रमुख रोग बताइए?

उत्तर – आवृत्त व अनावृत्त कण्डवा और पीला रतुआ रोग। भारत में जौ का सबसे ज्यादा उत्पादन राजस्थान में होता है।

प्रश्न 1060. टर्की की नस्लो के नाम बताइए?

उत्तर – बोर्ड ब्रेस्टेड ब्रोंज, बोर्ड ब्रेस्टेड वाइट, बेल्ट्सविले स्मॉल वाइट, नंदनम् टर्की 1। टर्की पालन मांस के लिए किया जाता है। इनका मांस दूसरे एवियन प्रजातियों में सबसे ज्यादा वसा रहित होता है।

प्रश्न 1061. चुकन्दर (*बीटा वलगेरिस*) की उन्नत किस्में बताइए?

उत्तर – शुभ्रा, मैगना पोली, ट्रायबल, आई.आई.एस.आर. कंपोजिट, रोमान्सकाया। इसे सितम्बर अंतिम सप्ताह से अक्टूबर मध्य तक लगाया जाता है।

प्रश्न 1062. मधुमक्खी का एकेराइन रोग किसके द्वारा फैलता है?

उत्तर – यह एकेरेपिस वूड़ी नामक परजीवी माइट द्वारा फैलता है।

प्रश्न 1063. आँवला (*Phyllanthus emblica*) द्वारा कौन–कौनसे खाद्य पदार्थ बनाए जा सकते हैं?

उत्तर – आँवले का अचार, मुरब्बा, कैन्डी, चटनी, चुर्ण आदि बनाया जा सकता है। इसमें बारबेडास चेरी के बाद सबसे अधिक विटामिन सी पाया जाता है। इसको सुखाने के बाद भी 85% विटामिन सी बचा रहता है। इसमें फास्फोरस, पोटेशियम, आयरन आदि भी प्रचुर मात्रा में पाया जाता है।

प्रश्न 1064. बीजांकुरण किसे कहते हैं?

उत्तर – बीज से नया पौधा (प्रांकुर) निकलने की क्रिया को बीजांकुरण कहते हैं। बीजों में यह मुख्यतः दो प्रकार का होता है। अधोभूमिक जिसमें अंकुरण में बीजपत्रक जमीन में रहता है : जैसे चावल, गेहूँ बाजरा, चना आदि जबकि उपरिभूमिक में बीजपत्रक जमीन के ऊपर रहता है। यह मूंग, प्याज, उड़द आदि फसलों में पाया जाता है।

प्रश्न 1065. एकीकृत कृषि प्रणाली के उद्देश्य बताइए?

उत्तर – 1. कृषक परिवार की सभी आवश्यकताओं की पूर्ति के लिए जिससे बाजार पर किसान की निर्भरता को कम किया जा सके। 2. कृषक परिवार हेतु खनिज तत्त्व और विटामिन्स से भरपूर भोज्य पदार्थ की प्रचुर मात्रा में उपलब्धता। 3. स्वरोजगार के अवसर में वृद्धि। 4 भूमि जल एवं प्राकृतिक संसाधनों का उपयोग कर अधिकतम उत्पादन

लेना जिससे वह अधिक लाभ प्राप्त कर सकें। 5 किसान की आर्थिक और सामाजिक स्थिति को सुधारना।

प्रश्न 1066. रेमुलेरिया ब्लाइटरोधी सौंफ की किस्म बताइए?

उत्तर – अजमेर सौंफ–2। रेमुलेरिया ब्लाइट एक कवक जनित रोग है। पौधें की पत्तियों पर भूरे धब्बे बनते हैं जो धीरे–धीरे काले हो जाते हैं। रोग ग्रसित पौधों पर बीज नहीं बनते हैं या बहुत छोटे और कम बनते हैं जिससे बीज की गुणवत्ता में कमी हो जाती है।

प्रश्न 1067. काले गेहूँ का रंग काला किस कारण होता है?

उत्तर – काले गेहूँ में 40–140 पीपीएम एंथोसाइनिन पाया जाता है जो इसे काला रंग प्रदान करता है। जबकि सामान्य गेहूँ में यह 5 से 15 पीपीएम होता है। काले गेहूँ की किस्म "नाबी एमजी", का विकास नेशनल एग्री फूड बायोटेक्नोलॉजी इंस्टिट्यूट, मोहाली के कृषि वैज्ञानिको ने किया है।

प्रश्न 1068. पशुओं के घातक संक्रामक रोग कौन–कौनसे हैं?

उत्तर – गलघोंटू, लंगड़ा बुखार, एंथ्रेक्स, फड़कीया, खुरपका मुँहपका, आदि।

प्रश्न 1069. कायिक संकरण क्या है?

उत्तर – दो भिन्न स्पेसिजों अथवा किस्मों के प्रोटोप्लास्टो के संगलन (Fusion) से संकर पौधों की प्राप्ति को कायिक संकरण (सोमेटिक हाइब्रिडायजेशन) कहते हैं तथा ऐसे पौधों को कायिक संकर कहते हैं।

प्रश्न 1070. गाजर में लगने वाली जंग मक्खी का नियंत्रण कैसे कर सकते हैं?

उत्तर – इसके नियंत्रण के लिए क्लोरपायरीफोस 20 ईसी का 2.5 लिटर प्रति हेक्टर की दर से हल्की सिंचाई के साथ प्रयोग करे।

प्रश्न 1071. विश्व में सर्वाधिक सघन खेती कहाँ की जाती है?

उत्तर – इंडोनेशिया।

प्रश्न 1072. देश के जी डी पी में कृषि का कितना योगदान है?

उत्तर – लगभग 17.5%।

प्रश्न 1073. तोरिया का उद्भव स्थान बताइए?

उत्तर – पूर्वी अफगानिस्तान। यह क्रुसिफरी कुल का पौधा है।

प्रश्न 1074. ग्लूकोज का एक अणु टूटने पर कितने ए.टी.पी बनते हैं?

उत्तर – 36 ए.टी.पी।

प्रश्न 1075. किसान कॉल सेंटर पर खेती की नई जानकारी अथवा निःशुल्क समस्या समाधान के लिए बात करने हेतु टेलीफोन नंबर बताइए?

उत्तर – 1800–180–151। किसान अपना मोबाइल नंबर farmer.gov.in पर पंजीकृत करवा कर निःशुल्क एस.एम.एस. प्राप्त करें।

प्रश्न 1076. पंचगव्य क्या है?

उत्तर – जैविक खेती में रोगों व कीटों से फसल की रोकथाम एवं अधिक उत्पादन हेतु दूध, दही, घी, गोबर एवं गोमूत्र जिसे पंचगव्य कहते हैं, को एक निश्चित अनुपात में मिलाकर काम लिया जाता है।

प्रश्न 1077. पादप कार्यिकी को परिभाषित कीजिये?

उत्तर – यह वनस्पति विज्ञान कि वह शाखा है जिसमें पौधों की क्रियाओं, कार्यो तथा अनुक्रियाओं का अध्ययन किया जाता है।

प्रश्न 1078. फसलों के पाँच मित्र कीटों के नाम बताइए?

उत्तर – ततैया (*Vespula germanica*), ग्राउंड बीटल (*Cicindela sex-guttata*), लेडीबर्ड बीटल (*Coccinella seplimpunctata*), ट्राईकोग्रामा (*Trichogramma* species), क्राइसोपा (*Crysoperla carnea*)।

प्रश्न 1079. सर्दी के मौसम में उगाई जाने वाली प्रमुख पत्तिदार सब्जियों के नाम बताइए?

उत्तर – सरसों (*Brassica campestris* : Brassicaceae), पालक (*Spinacia oleracea* : Amaranthaceae), मेथी (*Trigonella foenum-graecum* : Fabaceae), धनिया (*Coriandrum sativum* : Apiaceae)।

प्रश्न 1080. ओलिवीकल्चर किसे कहते हैं?

उत्तर – व्यापारिक स्तर पर की जाने वाली जैतून की खेती को ओलिवीकल्चर कहते हैं।

प्रश्न 1081. बी फ्लोरा किसे कहते हैं?

उत्तर – वे पौधें जिनसे मधुमक्खियां मकरंद इकट्ठा करना पसंद करती है।

प्रश्न 1082. फसलों के उत्पादन में सबसे ज्यादा हानि किससे होती है?

उत्तर – खरपतवार द्वारा 33%। इसके अतिरिक्त बीमारियों से 26%, कीटों से 20%, भंडारण से 7%, चूहों द्वारा 6% एवं अन्य से 8%।

प्रश्न 1083. सर्वाधिक जल उपयोग क्षमता किस फसल में पाई जाती है?

उत्तर – रागी (*Eleusine coracana*)। भारत में कर्नाटक और आन्ध्रप्रदेश में रागी का सबसे अधिक उपभोग होता है।

प्रश्न 1084. किसान फसल उगाने के लिए कौनसा बीज प्रयोग में लेते हैं?

उत्तर – प्रमाणित बीज। इस पर नीले रंग का टेग लगाया जाता है।

प्रश्न 1085. तिल (*Sesamum indicum* : Pedaliaceae) के पुष्पक्रम को क्या कहते हैं?

उत्तर – रेसिम तथा इसके फल कों कैप्सूल कहते हैं। इसके दानों में लगभग 49-52% तेल पाया जाता है।

प्रश्न 1086. राष्ट्रीय जैव उर्वरक विकास केंद्र कहाँ स्थित है?

उत्तर – गाजियाबाद, उत्तरप्रदेश।

प्रश्न 1087. अनार का उत्पत्ति स्थान क्या है?

उत्तर – ईरान। अनार (*प्यूनिका ग्रेनेटम* : प्यूनिकेसी) का व्यावसायिक वानस्पतिक प्रसारण सख्त तना कलम द्वारा करते हैं। यह शरीर को रोगों से लड़ने के लिए प्रतिरोधक क्षमता प्रदान करता है। इसके जूस में कार्बोहाइड्रेट, शुगर, रेशा, वसा, प्रोटीन, विटामिन तथा खनिज तत्त्व पाए जाते हैं।

प्रश्न 1088. गिलोय (*टिनोस्पोरा कॉर्डिफोलिया*) किस कुल का पौधा है?

उत्तर – मैनीस्पर्मेसी। इसे अमृता या गुडुची के नामों से भी जाना जाता है। यह पीलिया, बुखार, मधुमेह, त्वचा, आदि बीमारियों में लाभदायक है। इसके तने से जो स्टार्च निकलता है उसे गुडुची–तत्त्व कहते हैं, जो अत्यधिक पोषक तथा पाचक होता है।

प्रश्न 1089. अमरूद में स्कैब रोग का कारक कौन है?

उत्तर – *पेस्टालोशिया सिडीआई,* यह एक कवक है जिसके कारण प्रभावित फलों पर गहरे रंग के धब्बे बन जाते हैं और वे विकृत हो जाते हैं। इसकी रोकथाम के लिए पेड़ों पर ब्लाइटॉक्स 0.2% का 10 दिन के अंतराल पर 2–3 छिड़काव करने चाहिए।

प्रश्न 1090. "*प्रुनस पर्सीका* प्रजा. *नूसीपर्सीका*" किसका वानस्पतिक नाम है?

उत्तर – नेक्टिन का। यह एक विदेशी फल है जो सेब जैसा दिखने वाला, स्वाद में आड़ू जैसा होता है। इसका प्रसारण साधारणतया कलिकायन (चश्मा) व कलम बांधकर किया जाता है।

प्रश्न 1091. त्वरित क्षरण किसे कहते हैं?

उत्तर – जब भूमि की वनस्पति को पशुओं द्वारा चराकर, खोदकर या जोत कर समाप्त कर दिया जाता है जिससे भूमि वनस्पति विहीन हो जाती है। इस प्रकार वनस्पति विहीन भूमि का जल व वायु द्वारा क्षरण, त्वरित क्षरण कहलाता है।

प्रश्न 1092. गुरुत्वीय जल से क्या तात्पर्य है।

उत्तर – मृदा में अधिक मात्रा में जल आ जाने पर वह गुरुत्व बल के कारण नीचे की ओर रिसता है तथा मृदा के रंध्रो के बीच स्वतंत्र अवस्था में रहता है। यह जल मृदा में 1/3 ATM बल या इससे कम बल पर संग्रहित रहता है।

प्रश्न 1093. उच्चतम न्यूनतम तापमापी में पाठ्यांक कहाँ से लिया जाता है?

उत्तर – निर्देशक की निचली सतह से।

प्रश्न 1094. जिप्सम में सल्फर की कितनी मात्रा होती है?

उत्तर – 18.5%। इसमें 23.5% कैल्शियम भी पाया जाता है। जिप्सम क्षारीय भूमि को सुधारने का कार्य करता है।

प्रश्न 1095. बीजों कि जीवन क्षमता को ज्ञात करने की विधियाँ बताइए।

उत्तर – 1. टेट्रोजोलियम परिक्षण 2. पोटेशियम परमैंगनेट परिक्षण 3. इंडिगो कर्माइन विधि 4. विधुत सम्वाहकता परिक्षण 5. भ्रूण संवर्धन विधि।

प्रश्न 1096. 'रोहित–1', 'कोयम्बटूर', 'PKM–1', 'PKM–2' आदि किसकी किस्में है?

उत्तर – सैंजना (*मोरिंगा ओलीफेरा* : मोरिन्गेसी)। यह दुनिया का सबसे ताकतवर पोषण पूरक आहार है। इसकी जड़ से लेकर फूल, पत्ती, फली, तना, गोंद हर चीज उपयोगी है। इसमें संतरे से सात गुना विटामिन C, गाजर से चार गुना विटामिन A, दूध से चार गुना कैल्शियम, केले से तीन गुना पोटैशियम, व दही से तीन गुना प्रोटीन पाया जाता है।

प्रश्न 1097. गेहूँ का मामा किसे कहा जाता है?

उत्तर – *फेलेरिस माइनर*। यह गेहूँसा नामक खरपतवार है जो गेहूँ जैसा ही दिखता है। इसमें फर्क जाँचने के लिए गीली मिट्टी वाले खेत में से पौधें को हल्के से उखाड़ना पड़ता है। गेहूँ की जड़ पीली और सफेद मिश्रित होती है जबकि गेहूँसा की जड़ गुलाबी रंग की होती है।

प्रश्न 1098. मृदा उर्वरता किसे कहते हैं?

उत्तर – आवश्यक तत्त्वों को उचित मात्रा तथा संतुलन में प्रदान करने की क्षमता को मृदा उर्वरता कहते हैं

प्रश्न 1099. गाय का गर्भकाल कितने दिनों का होता है?

उत्तर – 283 दिन। गाय के शरीर का तापमान 38.6 डिग्री सेल्सियस, हृदय गति 50 से 60 प्रति मिनट व श्वसन गति 20 से 25 प्रति मिनट होती है।

प्रश्न 1100. नेशनल मत्स्य डेवलपमेंट बोर्ड का मुख्यालय कहाँ पर स्थित है?

उत्तर –हैदराबाद। चीन के बाद भारत का मत्स्य उत्पादन में दूसरा स्थान है। देश की राष्ट्रीय जीडीपी में मत्स्य क्षेत्र का योगदान 1.07% है।

प्रश्न 1101. अंगूर में प्रसारण की व्यापारिक विधि क्या है?

उत्तर – दृढ़ कलम/हार्ड वुड कटिंग। परलेट, ब्यूटीसीडलेस, पूसा सीडलेस, अनाबे शाही इसकी प्रचलित किस्में है। इसकी कलम जनवरी और जुलाई में लगाते हैं।

प्रश्न 1102. अमरुद में ब्रोंजिंग रोग किसकी कमी से होता है?

उत्तर – जस्ते की कमी के कारण। जस्ता प्रोटीन संश्लेषण और हार्मोन के जैविक संश्लेषण में सहायक है। यह क्लोरोफिल निर्माण में उत्प्रेरक के कार्य में सहायक है, मक्का में श्वेत कलिका रोग इसी की कमी से होता है।

प्रश्न 1103. भारतीय वानिकी का जनक किसे कहा जाता है?

उत्तर – डॉक्टर डाइटरिच ब्रेन्डिस को।

प्रश्न 1104. पहाड़ी क्षेत्रों में बाग लगाने के लिए कौनसी विधि अपनाते हैं?

उत्तर – कन्टुर पद्धति। यह विधि अधिकतर पहाड़ी क्षेत्रों जहाँ जमीन ऊँची–नीची, उबड़–खाबड़ या अधिक ढलान वाली होती है, वहां अपनाई जाती है।

प्रश्न 1105. नेफथलीन एसिटिक एसिड (NAA) किस काम आता है?

उत्तर – यह एक पादप वृद्धि नियामक है जो फल व फूल झड़ने से रोकने, फूल आने के लिए, अमरूद व अनार में विरलीकरण के लिए, आम में माथा बाँधने की रोकथाम के लिए प्रयुक्त होता है।

प्रश्न 1106. अपोमिक्सिस किसे कहते हैं?

उत्तर – जब निषेचन के बिना किसी और कोशिका से भ्रूण का विकास होता है उसे अपोमिक्सिस कहते हैं

प्रश्न 1107. उच्छलन से क्या तात्पर्य है।

उत्तर – जब मृदा पर हवा का सीधा दबाव पड़ता है तो मुख्यतः 0.1 से 0.5 मिमी. व्यास वाले कण अपने स्थान से ऊपर उछलते हैं और थोड़े दूर चलकर गिर जाते हैं, इस प्रक्रिया को उच्छलन कहते हैं। मृदा का 50–75 प्रतिशत वायु क्षरण इसी क्रिया से होता है।

प्रश्न 1108. आग्नेय चट्टान किसे कहते हैं?

उत्तर – अधिक ताप के कारण पिघले हुए लावे के ठोस रूप में एकत्रित होकर बनी चट्टान को आग्नेय चट्टान कहते हैं। इसे मूल चट्टान भी कहते हैं। यह दो प्रकार की होती है, अम्लीय आग्नेय चट्टान (उदाहरण ग्रेनाइट) और क्षारीय आग्नेय चट्टान (उदाहरण बेसाल्ट)।

प्रश्न 1109. भैंस की कौनसी नस्ल का रंग ताम्बे के समान होता है?

उत्तर – भदावरी। जबकि मुर्रा का रंग स्याही काला होता है।

प्रश्न 1110. दसपर्णी अर्क किस काम आता है?

उत्तर – यह सभी तरह के चुसक कीट व इल्लियों के नियंत्रण के काम आता है।

प्रश्न 1111. पौधों में जब नर एवं मादा फूल भिन्न–भिन्न पौधों पर आते हैं तो उसे क्या कहते हैं?

उत्तर – एकलिंगाश्रयी जैसे – खजूर, पपीता। जबकि एक ही पौधें पर नर एवं मादा फूल भिन्न–भिन्न स्थान पर आते हैं तो उसे उभयलिंगाश्रयी कहते हैं। जैसे कटहल, मक्का।

प्रश्न 1112. क्लाईमेक्ट्रिक फलों के नाम बताइए?

उत्तर – सेब, आम, चीकू, केला आदि। वे फल जिनके तुड़ाई के उपरांत श्वसन क्रिया में तीव्र उठान देखा जाता है उन्हें क्लाईमेक्ट्रिक फल कहते हैं।

प्रश्न 1113. पशुओं में सर्वाधिक वसा किसके दूध में होता है?

उत्तर – भेड़ (7.91%)। जबकि गाय के दूध में 4.41%, बकरी में 4.25%, भैंस में 7.3%, ऊँटनी में 5.3% वसा होता है।

प्रश्न 1114. खपरा भृंग का वैज्ञानिक नाम क्या है?

उत्तर – *ट्राईगोडर्मा ग्रेनेरियम*। इसका उद्भव स्थान दक्षिण एशिया है।

प्रश्न 1115. भारतीय बकरी अनुसंधान संस्थान कहाँ स्थित है?

उत्तर – फरह, मथुरा (उत्तरप्रदेश)।

प्रश्न 1116. भारतीय गुजबेरी किसे कहते हैं?

उत्तर – आँवला। इसका वानस्पतिक नाम *एम्बलिका आफिसिनेलीस* है। यह इयूफोरबिएसी कुल का पौधा है, जिसका उद्‌गम स्थल एशिया है।

प्रश्न 1117. अनार की फसल में साल में कितनी बार फूल आते हैं?

उत्तर – सामान्य वर्ष में तीन बार जून–जुलाई (मृग बहार), फरवरी–मार्च (अम्बे बहार) एवं सितंबर–अक्टूबर (हस्त बहार)।

प्रश्न 1118. गिलोय (*टिनोस्पोरा कोर्डिफोलिया* : मैनीस्पेर्मेसी) का वानस्पतिक प्रवर्धन किस विधि से करते हैं?

उत्तर – इसका प्रवर्धन बीज एवं वानस्पतिक कलमों द्वारा करते हैं।

प्रश्न 1119. कैल्शियम कार्बाइड क्या है?

उत्तर – कैल्शियम कार्बाइड को बाजार में "मसाला" के नाम से जाना जाता है। शुद्ध कार्बाइड रंगहीन होता है जबकि अशुद्ध कार्बाइड भूरा सफेद होता है। इसमें से लहसुन की गंध आती है। जब कार्बाइड फलों की सतह पर उपस्थित नमी के संपर्क में आता है तो इसमें एसिटिलीन गैस उत्पन्न होती है जो फलों को पकाती है। इसमें आर्सेनिक और फॉस्फोरस हाइड्राइड की भी कुछ मात्रा पाई जाती है, जो सेहत के लिए बहुत हानिकारक होती है।

प्रश्न 1120. अमरूद (*सीडियम ग्वायवा*) में मिलीबग को कैसे नियंत्रित किया जा सकता है?

उत्तर – अमरूद को आम की मिलीबग (*डरोसिचा मैंगीफेरा*) व नींबू वर्गीय फलों को फलों की मिलीबग (*पलेनोकोक्स सिट्री*) अधिक क्षति पहुँचाती है। इसकी रोकथाम हेतु पौधों के तनों पर 25 से 30 से.मी. प्लास्टिक की पट्टी बांधे। पट्टी और तने के बीच की जगह ग्रीस या चिकनी मिट्टी लगाए। क्लोरोपायरीफॉस (0.08%) या रोगोर (0.08%) या कार्बेरिल (0.2%) का छिड़काव करें। फलों की थैली बंदी करें।

प्रश्न 1121. ट्राइकोडरमा से क्या तात्पर्य है?

उत्तर – यह एक लाभदायक कवक है जो पौधों में रोग उत्पन्न करने वाली हानिकारक फफूंद या कवकों का भक्षण करती है। पौधों के जैविक नियंत्रण में इसका महत्त्वपूर्ण स्थान है। इसकी दो प्रजातियां प्रमुख है *ट्राइकोडरमा विरिडी* एवं *ट्राइकोडरमा हरजेनियम*।

प्रश्न 1122. "कार्यिकी तत्त्व" शब्द किस वैज्ञानिक ने दिया?

उत्तर – डी॰जे॰ निकोलस ने 1963 में। कार्यिकी तत्त्व 20 है। अनिवार्य तत्त्व 17 एवं लाभदायक तत्त्व 4 होते हैं, सम्मिलित रूप से इन्हें कार्यिकी तत्त्व कहते हैं।

प्रश्न 1123. जूट (*कौरकोरस कैप्सुलैरिस*) कृषि अनुसंधान संस्थान कहाँ स्थित है?

उत्तर – बैरकपुर, पश्चिम बंगाल। भारत सरकार जूट उत्पादन को बढ़ावा दे रही है।

प्रश्न 1124. सिंचाई की सर्वाधिक दक्षता वाली प्रणाली का नाम बताइए?

उत्तर – बूंद–बूंद सिंचाई (ड्रिप सिंचाई)। इसकी सिंचाई दक्षता 80 से 90% होती है। इस विधि में पानी को पौधों की जड़ों पर बूंद–बूंद करके टपकाया जाता है।

प्रश्न 1125. वाष्पोत्सर्जन एवं निच्छालन नुकसान किससे ज्ञात करते हैं?

उत्तर – लाइसीमीटर।

प्रश्न 1126. मृदा वैज्ञानिक जैनी के अनुसार मृदा निर्माण के कितने कारक होते हैं?

उत्तर – तीन। 'सक्रिय कारक' (जलवायु एवं जैव मंडल), "अक्रिय कारक" (पैतृक पदार्थ एवं उच्चावच) एवं "प्राकृतिक कारक" (समय व मृदा की आयु)।

प्रश्न 1127. जलधारण क्षमता से क्या तात्पर्य है?

उत्तर – मृदा में उपस्थित कुल जल की वह मात्रा जो मृदा कणों द्वारा धारण की जा सके जलधारण क्षमता कहलाती है।

प्रश्न 1128. लाल मृदा का रंग लाल किस कारण से होता है?

उत्तर – इसका लाल रंग लोहे के ऑक्साइड तत्त्व की अधिकता के कारण होता है। इसका निर्माण एल्फिसॉल्स मृदा कण द्वारा होता है।

प्रश्न 1129. पेठा का वानस्पतिक नाम क्या है?

उत्तर – *बेनीनकेसा हिस्पिडा*। यह एक कद्दुवर्गीय फसल है जिसकी बीज दर 6–8 किलोग्राम प्रति हेक्टेयर है।

प्रश्न 1130. शलजम का वानस्पतिक नाम बताइए?

उत्तर – ब्रासिका रापा। यह क्रुसिफेरी कुल का पौधा है। इसकी बुवाई अक्टूबर–नवम्बर में की जाती है। इसकी बीजदर 10–12 किलोग्राम प्रति हेक्टेयर है।

प्रश्न 1131. भारत में सूरजमुखी का तिलहनी फसलों के रूप में प्रचलन कब हुआ?

उत्तर – 1969। सूरजमुखी (*हेल्यनथस एनस*) में 45–50% तेल पाया जाता है। इसके तेल में 64% लिनोलिक अम्ल पाया जाता है जो धमनियों में कोलेस्ट्रॉल को कम करता है। इसकी खली में 40–44% प्रोटीन पाया जाता है। इसे तीनों मौसम खरीफ, रबी एवं जायद में उगाया जाता जा सकता है।

प्रश्न 1132. श्वेतन क्रिया से क्या तात्पर्य है?

उत्तर – सब्जियों को डिब्बों में भरने से पहले भाप या उबलते पानी में कुछ समय रखकर फिर पानी से ठंडा किया जाता है। इस क्रिया से सब्जियों की सफाई होती है और उनके आयतन में कमी भी आती है साथ ही यह सूक्ष्मजीवों, एंजाइमों को निष्क्रिय करती है जिससे इनका रंग जाने की संभावना नहीं रहती है। लेकिन इस क्रिया का नुकसान यह है कि इससे जल में घुलनशील विटामिन एवं पोषक तत्त्व सब्जियों से निष्कासित हो जाते हैं।

प्रश्न 1133. आर्द्रताग्राही जल से क्या तात्पर्य है?

उत्तर – इस जल को शुष्क मृदा वायुमंडलीय जल को वाष्प के रूप में अवशोषित करके रखती हैं। यह जल मृदा कणों से आसंजन बल द्वारा बंधा रहता है तथा पौधों को उपलब्ध नहीं होता है। यह जल मृदा में सबसे अधिक बल (31 ATM) या अधिक पर संग्रहित रहता है।

प्रश्न 1134. परतदार चट्टानों के उदाहरण दीजिए?

उत्तर – बालू पत्थर, जिप्सम, कोयला, खड़िया आदि। वायु एवं जल द्वारा प्राचीन चट्टानों के अपक्षय से प्राप्त पदार्थ दूसरे स्थान पर जाकर परतो के रूप में जम जाते हैं उन्हें परतदार चट्टान कहते हैं। इन चट्टानों में जीवाश्म पाए जाते हैं।

प्रश्न 1135. मृदा कणाकार किसे कहते हैं?

उत्तर – मृदा में बालू, सिल्ट एवं मृतिका (क्ले) के कणों के सापेक्ष अनुपात को मृदा गठन या मृदा कणाकार कहते हैं। यह मृदा की मूल विशेषता है जिसे बदला नहीं जा सकता है।

प्रश्न 1136. मटर में तना भेदक मक्खी (स्टैंम फ्लाई) को कैसे नियंत्रित किया जा सकता है?

उत्तर – डाईमिथोएट 30 ई सी 2–3 मिली प्रति लीटर पानी में घोलकर छिड़काव करें।

प्रश्न 1137. आडू का वानस्पतिक नाम बताइए?

उत्तर – *प्रूनस परसिका*। यह रोजेसी परिवार का फल है। इसके फल को ड्रुप कहते हैं।

प्रश्न 1138. भारतीय वानिकी का जनक किसे कहा जाता है?

उत्तर – सर डाइटरिच ब्रानडीस को।

प्रश्न 1139. कौनसा हार्मोन खरपतवारनाशी का काम करता है?

उत्तर – 2,4–डी। यह चौड़ी पत्तियों वाली शाकनाशी को नष्ट करने के काम में लिया जाता है।

प्रश्न 1140. हरी खाद के रूप में उगाई जाने वाली दो फसलों के नाम बताओ?

उत्तर – सनई (*क्रोटोलेरिया जुनसिया*) व ढेचा (*सिसबानिया एसक्यूलेटा*) इनके अलावा ज्वार, चंवला, मूंग आदि दलहनी फसलें भी हरी खाद बनाने के लिए उपयोगी है।

प्रश्न 1141. कौनसा तत्त्व रंध्रो (Stomata) के नियमन हेतु आवश्यक है?

उत्तर – पोटेशियम (K)। यह तत्त्व पौधों के कीट व रोगों को सहन करने की क्षमता भी प्रदान करता है। यह एंजाइम के सह कारक के रूप में भी सहायक है।

प्रश्न 1142. दूध का कितने तापमान पर निर्जमीकरण करते हैं?

उत्तर – स्वच्छ किए दूध को 112–115°C तापक्रम पर निर्जमीकरण किया जाता है। इसका मुख्य उद्देश्य दूध में उपस्थित सभी जीवाणुओं व उनके बीजाणुओं को नष्ट करना होता है।

प्रश्न 1143. मुर्गियों में कुक्कुट हैजा किससे फैलता है?

उत्तर – जीवाणु, *पाश्चुरेला एविसिडा* द्वारा।

प्रश्न 1144. टिंडा कौनसे कुल का पौधा है?

उत्तर – कुकुरबिटेसी।

प्रश्न 1145. बकरी का गर्भकाल कितने दिनों का होता है?

उत्तर – 150 दिन। इस प्रक्रिया को किडिंग कहते हैं।

प्रश्न 1146. गुगल क्या है?

उत्तर – यह एक औषधीय पौधा है। इसका उपयोगी भाग गोंद/रेजिन है। इसका वानस्पतिक नाम *कोमिफोरा विटी* है।

प्रश्न 1147. राजस्थान में पाई जाने वाली गाय कि नस्ल का नाम बताए जो सबसे अधिक दूध देती है?

उत्तर – राठी।

प्रश्न 1148. मारवाड़ में बहुतायत से पाई जाने वाली बकरी व भेड़ की नस्ल बताइए?

उत्तर – मारवाड़ी बकरी व मारवाड़ी भेड़।

प्रश्न 1149. गुलदाउदी (*Chrysanthemum morifolium*), मोगरा (*Jasminum sambac*) व चमेली (*Jasminum grandiflorum*) का प्रवर्धन कैसे व कब करते हैं?

उत्तर – इसका प्रवर्धन कलम द्वारा 15 अगस्त तक किया जाना चाहिए।

प्रश्न 1150. किस फसल को 'पेय पदार्थों की रानी' के नाम से जाना जाता है?

उत्तर – चाय। इसका वानस्पतिक नाम *केनेलिया सिनेनसींस* है। यह थीमेसी कुल का पौधा है।

प्रश्न 1151. बायोगैस से क्या तात्पर्य है?

उत्तर – बायोगैस एक स्वच्छ, कम लागत वाला एवं प्रदूषण रहित पर्यावरण मित्र ज्वलनशील गैस ईंधन है। यह गैस पशु अपशिष्ट से बनाई जाती है। इसमें मुख्यतः मिथेन 55–60 प्रतिशत, कार्बन डाइऑक्साइड 35–40 प्रतिशत, हाइड्रोजन 0.4 प्रतिशत, नाइट्रोजन और वाष्प अल्प मात्रा में पाई जाती है।

प्रश्न 1152. वायु रोधी भंडारण किसे कहते हैं?

उत्तर – वायु रोधी भंडारण बीज भंडारण की वह प्रक्रिया है, जिसमें बीज को किसी ऐसे भंडार में रखते हैं जिसमें बाहरी वायु तथा जल वाष्प ना पहुँच सके।

प्रश्न 1153. कीटनाशक छिड़काव करते समय क्या सावधानियां रखनी चाहिए?

उत्तर – कीटनाशक का छिड़काव सुबह एवं सायं के समय करना चाहिए। तपती गर्मी व तेज हवा चलने के दौरान कीटनाशक का छिड़काव नहीं करना चाहिए। छिड़काव करते समय हाथों में दस्ताने एवं मुँह पर कपड़ा बाँधना चाहिए। तरल कीटनाशकों को सावधानीपूर्वक उपकरण में डालना चाहिए और यह ध्यान रखना चाहिए कि यह शरीर के किसी अंग में न जाए।

प्रश्न 1154. राज्य में इजराइल से आयात की गई जैतून की सात विभिन्न किस्मों के नाम बताइए?

उत्तर – बार्निया, अर्बेक्यूएना, कोर्टिना, पिचोलाइन, पिकुअल, कोरोनिकी और फ्रंटोइओ।

प्रश्न 1155. भारत देश में "बीजीय मसालों का कटोरा" के नाम से विख्यात राज्यों के नाम बताइए?

उत्तर – राजस्थान एवं गुजरात।

प्रश्न 1156. एशियन एग्री हिस्ट्री फाउंडेशन की स्थापना किसने की?

उत्तर – डॉ॰ वाई॰एल॰ नेने ने 1994 में सिकंदराबाद, हैदराबाद में की थी।

प्रश्न 1157. भिंडी में पित शिरा मोजेक रोग किससे होता है?

उत्तर – यह रोग विषाणु जनित रोग है। इस रोग का मुख्य वाहक सफेद मक्खी है। इसका प्रकोप होने पर पत्तियों की शिराएँ पीली पड़ने लगती है एवं पत्तियों में एक जाल जैसी संरचना बन जाती इसके बाद प्रकोप बढ़ने पर पौधें की सभी पत्तियाँ एवं फल भी पीले रंग के हो जाते हैं और पौधें की बढ़वार रुक जाती है।

प्रश्न 1158. अंधी गुड़ाई किस फ़सल में की जाती है?

उत्तर – यह गन्ने की फसल में की जाने वाली सबसे महत्त्वपूर्ण क्रिया है, जो बुवाई के बाद और गन्ने के ऊगने से पहले की जाती है। इसका मुख्य उद्देश्य खरपतवार नियंत्रण है।

प्रश्न 1159. अंगूर की कलम कब लगाई जाती है?

उत्तर – दृढ कलम/हार्ड वुड कटिंग। परलेट, ब्यूटीसीडलेस, पूसा सीडलेस, अनाबे शाही इसकी प्रचलित किस्में है। इसकी कलम जनवरी और जुलाई में लगाते हैं।

प्रश्न 1160. गुलदाउदी की छोटे फूल वाली किस्मों के नाम बताइए?

उत्तर – कार्डिनल, चेयरमैन, फ्लर्ट, मनभावन, अलंकार आदि।

प्रश्न 1161. बीजरहित नींबू का वानस्पतिक नाम बताइए?

उत्तर – बीजरहित नींबू को फारसी में नींबू या ताहिती नींबू के रूप में भी जाना जाता है। इसका वानस्पतिक नाम है *साइट्रस लैटिफोलिया* जो कि रुटेसी परिवार से संबंध रखता है।

प्रश्न 1162. कायांतरित चट्टान से क्या तात्पर्य है?

उत्तर – वे चट्टाने जो उच्च दाब व ताप से आग्नेय एवं परतदार चट्टानों में परिवर्तन के स्वरूप बनती है, उन्हें कायांतरित चट्टान कहते हैं। जैसे : स्लेट, संगमरमर, लकड़ी का कोयला आदि।

प्रश्न 1163. जल उपयोग दक्षता किसे कहते हैं?

उत्तर – प्रति यूनिट जल का उपयोग करने पर शुष्क पदार्थ उत्पादन क्षमता को जल उपयोग दक्षता कहते हैं।

प्रश्न 1164. मृदा घनत्व किस यंत्र से ज्ञात करते हैं?

उत्तर – पिक्नोमीटर।

प्रश्न 1165. भारत में नेशनल रिसर्च सेंटर फॉर ऑयल पाम कहाँ स्थित है?

उत्तर – इलुरू, आंध्रप्रदेश।

प्रश्न 1166. एक घन मीटर में कितने लीटर पानी आता है?

उत्तर – 1000 लीटर।

प्रश्न 1167. मसूर का वानस्पतिक नाम बताइए?

उत्तर – *लेंस एस्कुलेन्टा*। यह लेग्युमिनेसी (फबेसी) कुल का पौधा है। इसमें 25 प्रतिशत प्रोटीन पाया जाता है।

प्रश्न 1168. अमरूद में फल चित्ती रोग का कारक कौन है?

उत्तर – यह रोग *सेफेल्यूरोज विरिसेन्स* नामक शैवाल से होता है। इसकी रोकथाम के लिए फाईटोलान (0.3%) का 10 दिन के अंतराल पर छिड़काव करना चाहिए।

प्रश्न 1169. पादप संरक्षण किसे कहते हैं?

उत्तर – विभिन्न फसलों, फलों, सब्जियों व संग्रहित अनाजों को हानि पहुँचाने वाले रोगों, कीट–पतंगों, खरपतवारों व अन्य हानिकारक चीजों को नष्ट करने या उनके प्रभाव को कम करना पादप संरक्षण कहलाता है।

प्रश्न 1170. भारत में उगाई जाने वाली जूट की जातियों के नाम बताइए?

उत्तर – भारत में जूट की दो जातियाँ *कोरकोरस कैप्सूलेरिस* व *कोरकोरस ओलीटोरियस* उगाई जाती है। *कोरकोरस कैप्सूलेरिस* जाति की खेती भारत में लगभग 70% क्षेत्रफल पर की जाती है इसका रेशा सफेद रंग का होता है, जबकि *कोरकोरस ओलीटोरियस* की खेती ऊँचे क्षेत्रों में की जाती है व इसका रेशा पीलापन लिए होता है।

प्रश्न 1171. "अपोलो", "क्रिसमस", "ग्लोरी", "केयरलेस", "सुपरस्टार" किस की किस्में है?

उत्तर – हाइब्रिड टी गुलाब की। यह परपीचुअल एवं टी गुलाब का संकरण है।

प्रश्न 1172. वानस्पतिक प्रवर्धन की वह विधि जिसमें मूलवृन्त पर कलिका रोपी जाती है, क्या कहलाती है?

उत्तर – चश्मा चढ़ाना या बडिंग। यह आँवला, अखरोट, जामुन, लेमन, बेर आदि की व्यावसायिक प्रवर्धन विधि है।

प्रश्न 1173. कौनसा पदार्थ फल–रसों व पानको का परीक्षण के लिए काम में लेते हैं?

उत्तर – सोडियम बेंजोएट।

प्रश्न 1174. चाय में टी–येलो बीमारी किससे होती है?

उत्तर – सल्फर की कमी से।

प्रश्न 1175. किस पशु को निर्धन लोगों की कामधेनु कहा जाता है?

उत्तर – बकरी। इसका जंतु वैज्ञानिक नाम *केप्रा हिरकस* है। बकरी के माँस को चेवन कहते हैं। बकरी का गर्भकाल 150 दिन का होता है और इसके बच्चा देने की क्रिया को किडिंग कहते हैं।

प्रश्न 1176. जीन इंजीनियरिंग किसे कहते हैं?

उत्तर – किसी वांछित जीव को संबंधित जीन में से विलंब कर उसे किसी उपयुक्त वाहक में समाकलित करने के बाद किसी अन्य जीव में स्थानांतरण को जीन इंजीनियरिंग कहते हैं।

प्रश्न 1177. वर्ष 2018 को कृषि क्षेत्र में किस लिए जाना जाता है?

उत्तर – संयुक्त राष्ट्र संघ ने वर्ष 2018 को अंतर्राष्ट्रीय कदन्न (मिलेट) के रूप में मनाने का निर्णय लिया है।

प्रश्न 1178. वर्ष 2022 तक सरकार ने कृषि क्षेत्र में क्या लक्ष्य रखा है?

उत्तर – केंद्र सरकार ने वर्ष 2022 तक किसानों की आय दोगुना करने का लक्ष्य रखा है।

प्रश्न 1179. आत्मनिर्भर भारत अभियान कब शुरू हुआ?

उत्तर – 12 मई 2020।

प्रश्न 1180. जीरे (*क्यूमिनम सायमिनम*) में कितना वाष्पशील तेल पाया जाता है?

उत्तर – 2.5 से 4.5%, इसमें "क्यूमिनोल" अवयक है जिसके कारण जीरे में सुगंध होती है। जीरा मसाले वाली मुख्य बीजीय फसल है। एक हेक्टेयर क्षेत्र के लिए 12 कि.ग्रा. बीज पर्याप्त रहता है।

प्रश्न 1181. राजस्थान राज्य में फल बगीचे कितने क्षेत्रफल में है?

उत्तर – प्रदेश में 40 से 42 हेक्टेयर क्षेत्र में फल बगीचे हैं।

प्रश्न 1182. ब्रायलर क्या है?

उत्तर – मुर्गे जिसकी शारीरिक बढ़त बहुत तेजी से होती है एवं उन्हें सिर्फ़ मीट (माँस) प्राप्त करने के लिए पाला जाता है। इसके लिए करीबों – विशाल, करीरेनब्रो, बैंकॉक, हबबर्ड व पोनिक्स प्रमुख प्रजातियाँ हैं।

प्रश्न 1183. "प्रयोगधर्मी किसान" क्या है?

उत्तर – यह पुस्तक उन किसान वैज्ञानिकों के बारे में डॉक्टर महेंद्र मधुप ने 2018 में लिखी है जिसमें 12 प्रदेशों के 52 किसान वैज्ञानिकों के "जीरो से हीरो" बनने का सफर बताया गया है।

प्रश्न 1184. बसंत कालीन गन्ने की बुवाई के लिए कौनसी किस्में लगानी चाहिए?

उत्तर – सी.ओ. 1148, सी.ओ. 419, सी.ओ.जे. 64 एवं प्रताप गन्ना।

प्रश्न 1185. पेस्ट से क्या तात्पर्य है?

उत्तर – ऐसा कोई भी जीव या कीट जो किसी भी प्रकार से फसलों को नुकसान पहुँचाता है, उसे हम पेस्ट कहते हैं। इनकी रोकथाम के लिए हम जिन रसायनों का प्रयोग करते हैं उन्हें पेस्टीसाइड करते हैं।

प्रश्न 1186. सुप्रसिद्ध अंगोरा ऊन किससे प्राप्त होती है?

उत्तर – खरगोश से।

प्रश्न 1187. राष्ट्रीय मधुमक्खी अनुसंधान संस्थान कहाँ स्थित है?

उत्तर – पुणे, महाराष्ट्र।

प्रश्न 1188. कृषि अभियंत्रण से क्या तात्पर्य है?

उत्तर – कृषि कार्य में प्रयुक्त मशीनों तथा कल पुर्जों के बारे में अध्ययन करने को कृषि अभियंत्रण करते हैं।

प्रश्न 1189. सेब का वानस्पतिक नाम बताइए?

उत्तर – *मैलस प्युमिला*। यह रोजेसी कुल का पौधा है जिसका उत्पत्ति स्थान दक्षिण पश्चिम एशिया है। हिमाचलप्रदेश को एप्पल बाउल ऑफ इंडिया कहा जाता है। लाल अंबरी, अंबरी रेड डेलीशियस, सुनहरी गोल्डन डेलीशियस आदि इसकी प्रमुख किस्में है।

प्रश्न 1190. अंतःस्पंदन से क्या तात्पर्य है?

उत्तर – मृदा के अंदर पानी के उर्ध्व प्रवेश को अंतःस्पंदन कहते हैं।

प्रश्न 1191. खरपतवार नियंत्रण हेतु की जाने वाली यांत्रिक या कृषक क्रियाओं के बारे में बताइए?

उत्तर – हाथ से उखाड़ना, निराई, गुड़ाई, जलाना, मोअर का उपयोग एवं नहरी इलाकों में पानी भरकर खरपतवारों को नष्ट करने की यांत्रिक विधियाँ है।

प्रश्न 1192. मलबरी, ट्रपिकल, टसर, ओक टसर, इटी मूंगा, किसकी किस्में हैं?

उत्तर – यह रेशम की पाँच वाणिज्यक किस्में है जिनका भारत में उत्पादन होता है। भारत में विभिन्न प्रकार के रेशम उत्पादन के शीर्ष राज्य हैं : टसर–झारखंड, इटी रेशम–असम, मूंगा–असम, शहतूत–कर्नाटक। रेशम उत्पादन में भारत का द्वितीय स्थान है।

प्रश्न 1193. गन्ने का लाल सड़न रोग किससे फैलता है।

उत्तर – *कोलेटोट्राइकम फालकेटम*। इस रोग में पत्तियों का मध्य सिरा लाल कथ्थई दिखता है व बाद में राख के रंग का हो जाता है। तने के ऊत्तक पर चमकीला लाल व सफेद रंग की आड़ी तिरछी पट्टी दिखती है।

प्रश्न 1194. कण घनत्व क्या है?

उत्तर – यह ओवन में सुखाई गई मिट्टी का घनत्व है जो मिट्टी से हवा के निकलने के बाद ज्ञात करते हैं। साधारण मृदा का कण घनत्व 2.65 ग्राम प्रति सेंमी. होता है।

प्रश्न 1195. फलों का बाग लगाने की विभिन्न विधियाँ बताइए?

उत्तर – वर्गाकार पद्धति, आयताकार पद्धति, त्रिभुजाकार पद्धति, षट्भुजाकार पद्धति एवं कन्टूर पद्धति।

प्रश्न 1196. बलधुर्ण से क्या तात्पर्य है?

उत्तर – यह वह शक्ति है जिससे चक्कर पैदा होते हैं। इसकी इकाई किलोग्राम मीटर होती है।

प्रश्न 1197. राष्ट्रीय कृषक आयोग का गठन कब हुआ?

उत्तर – राष्ट्रीय कृषक आयोग का गठन फरवरी 2004 में भारत सरकार द्वारा किया गया जिसमें भारतीय कृषकों की विभिन्न समस्याओं की जाँच करने, बागवानी, पशुधन, डेयरी तथा मत्स्यिकी सहित कृषि विविधीकरण की आर्थिक व्यवहार्यता एवं स्थिरता का सुझाव देना तथा कृषकों की आय को दोगुना करने के उपाय सम्मिलित हैं। इसका पूर्ण गठन नवंबर 2004 में किया गया।

प्रश्न 1198. क्षेत्र क्षमता को परिभाषित कीजिए?

उत्तर – सिंचाई के 36–48 घंटे बाद जो जल की मात्रा खेत में पृथ्वी के गुरुत्वाकर्षण बल के विरुद्ध धारण करके रहती है वह जल की क्षेत्र क्षमता कहलाती है।

प्रश्न 1199. काली मृदा से क्या तात्पर्य हैं?

उत्तर – यह वर्टिसोल मृदा कण द्वारा निर्मित है। भारत में सबसे ज्यादा काली मृदा महाराष्ट्र, मध्यप्रदेश, गुजरात आदि में पाई जाती है। यह कपास की खेती के लिए उपयोग होती है। इस मृदा की जलधारण क्षमता सबसे अधिक होती है।

प्रश्न 1200. कंपोस्ट बनाने की एडको विधि किसने विकसित की?

उत्तर – यह विधि हर्चिसन एवं रिचर्डसन ने 1921 में इंग्लैंड में विकसित की है।

प्रश्न 1201. पोटेशियम की कमी के लक्षण बताइए?

उत्तर – पोटेशियम की कमी होने पर (1) पुरानी पत्तियों के किनारे सुखकर भूरे होने लगते हैं। (2) पत्तियों का आकार छोटा होना एवं वृद्धि रुक जाती है। (3) पौधों के तने का कमजोर पड़कर गिर जाना। (4) दाने व फसलों का सिकुड़ना।

प्रश्न 1202. नींबू में छोटी पर्ण रोग किस तत्त्व की कमी से होता है?

उत्तर – जस्ता। इसी तत्त्व की कमी से मक्का में श्वेत कलिका, बैंगन व आम में छोटी पर्ण, धान में खैरा रोग हो जाता है।

प्रश्न 1203. खजूर (*फीनिक्स डेक्टिलिफेरा*) का उद्गम स्थान बताइए?

उत्तर – फारस की खाड़ी। खजूर एकलिंगी पौधा है जिसे लवणीय क्षारीय भूमि में उगाया जाता है। इसमें 60–70 प्रतिशत शर्करा तथा आयरन, कैल्शियम और प्रोटीन प्रचुर मात्रा में पाया जाता है।

प्रश्न 1204. गोबर गैस का वैज्ञानिक नाम क्या है?

उत्तर – बायोगैस। बायोगैस एक स्वच्छ, कम लागत वाली एवं प्रदूषण रहित पर्यावरण मित्र ज्वलनशील गैसीय इंधन है।

प्रश्न 1205. सुपर कंपोस्ट क्या है?

उत्तर – कार्बनिक पदार्थों के साथ जिप्सम, रॉक फॉस्फेट या सिंगल सुपर फॉस्फेट मिलाकर तैयार की गई कंपोस्ट सुपर कंपोस्ट कहलाती है।

प्रश्न 1206. लहसुन में विशिष्ट गंध का कारण क्या है?

उत्तर – सल्फर योगिक के कारण।

प्रश्न 1207. मूंग (*विग्ना रेडियेटा*) में पीले चित्रवर्ण (मोजैक) रोग किसके कारण होता है?

उत्तर – यह विषाणु जनित रोग है जो सफेद मक्खी द्वारा फैलता है।

प्रश्न 1208. 'मालवीय ज्योति', 'मेहा', 'सम्राट हरा चमकीला' किसकी किस्में है?

उत्तर – मूंग की। यह लेग्युमिनेसी कुल का पौधा है। इसकी अन्य प्रमुख किस्में हैः के. 851, एस.एम.एल.–668, आर.एम.जी.–62, पी.डी.एम. –39, आई.पी.एम.–02–03 इसका उद्‌भव स्थान भारत है। इसमें 25% प्रोटीन, 60% कार्बोहाइड्रेट 13% वसा तथा अल्प मात्रा में विटामिन सी पाया जाता है।

प्रश्न 1209. पुरा कीट विज्ञान को परिभाषित करें?

उत्तर – इस शाखा के अन्तर्गत कीटों के अवशेषों का अध्ययन किया जाता है।

प्रश्न 1210. सीमांत किसान किसे कहते हैं?

उत्तर – जिस किसान के पास एक हेक्टेयर से कम कृषि जोत भूमि में होती है उसे सीमांत किसान कहते हैं। जबकि लघु किसान वह है जिनकी कृषि योग्य भूमि एक हेक्टर से दो हैंक्टर के बीच होती है।

प्रश्न 1211. सेंट्रल इंस्टिट्यूट ऑफ इंजीनियरिंग कहाँ स्थित है?

उत्तर – भोपाल। यहाँ पर कृषि औजारों तथा मशीनों पर शोध तथा विकास कार्य किया जाता है।

प्रश्न 1212. बायोगैस का उत्पादन किस प्रकार के अपशिष्टों से किया जा सकता है?

उत्तर – कोई भी जैविक अपशिष्ट पदार्थ (संजीव बायोमास) जैसे कि गोबर, पेड़, पत्ती, फसलों के तने और मनुष्यों का अपशिष्ट, जलकुम्भी, तेल निष्कासित खली इत्यादि से बायोगैस का उत्पादन किया जाता है।

प्रश्न 1213. "अनाजों की रानी" किसे कहा जाता है?

उत्तर – मक्का (*जिया मेज* : पोएसी)। विश्व में गेहूँ व चावल के बाद मक्का एवं आलू का उपयोग व उत्पादन की दृष्टि से तीसरा स्थान है।

प्रश्न 1214. जीन से क्या तात्पर्य है?

उत्तर – जीवों की कोशिकाओं में उपस्थित गुणसूत्रों पर पाई जाने वाली सूक्ष्म रचनाएँ जो वंशानुगति की इकाई होती है और किसी प्राणी (पौधे) में एक या अधिक लक्षणों को नियंत्रित करती है।

प्रश्न 1215. मधुमक्खी के डंक में कौनसा अम्ल (एसिड) पाया जाता है?

उत्तर – फॉर्मिक अम्ल। इसके कारण मधुमक्खी के काटने पर जलन, दर्द व सुजन हो जाती है।

प्रश्न 1216. मृदा में पोषक तत्त्वो की प्राप्ति के स्रोत बताइए?

उत्तर – (1) फसलों के अवशेषों से (2) कार्बनिक हुई अकार्बनिक खादों द्वारा (3) वर्षा द्वारा (4) नत्रजन का दलहनी फसलों द्वारा स्थिरीकरण (5) मृदा की गहरी सतहों से।

प्रश्न 1217. चपाती बनाने के लिए कौनसे गेहूँ की प्रजाति का उपयोग किया जाता है?

उत्तर – *ट्रिटिकम अस्टिवम*। जबकि *ट्रिटिकम ड्यूरम* का उपयोग अधिकतर सूजी, दलिया, बाटी, ब्रेड एवं पास्ता आदि बनाने में किया जाता है।

प्रश्न 1218. ग्लूटिन क्या है?

उत्तर – यह एक प्रकार का अत्यंत आवश्यक प्रोटीन है जिससे गुंधे हुए आटे में लोच एवं प्लास्टिसिटी आती है।

प्रश्न 1219. बीज के अंकुरण परीक्षण की विधियों के नाम बताइए?

उत्तर – (1) पेट्री डिश विधि (2) मुड़ी तौलिया परीक्षण (3) रेग डॉल विधि (4) मुड़ा पेपर टावल विधि (5) बाल विधि एवं (6) जर्मीनेटर द्वारा।

प्रश्न 1220. विटामिन 'ए' वनस्पति में किस रूप में विद्यमान रहता है?

उत्तर – बीटा कैरोटीन। जबकि प्राणी में ये रेटिनॉल के रूप में विद्यमान होता है। कटहल, आम, पपीता, गाजर, टमाटर, चुकन्दर आदि इसके प्रमुख स्रोत है। इसकी कमी से रतौंधी, मोतियाबिंद एवं त्वचा रोग हो जाते हैं।

प्रश्न 1221. संघाई अथवा ट्रेनिंग का उत्तम समय क्या है?

उत्तर – वर्षा ऋतु। यह पौधों को एक विशेष प्रकार का ढांचा या आकार देने के लिए करते हैं।

प्रश्न 1222. आई.आई.एच.आर. द्वारा विकसित टमाटर की किस्मों के नाम बताइए?

उत्तर – अर्का विशेष, अर्का अपेक्षा, अर्का योजित आदि। ये तीनों प्रसंस्करण के लिए उपयोगी किस्मे हैं।

प्रश्न 1223. भारत द्वारा विकसित मखानें की प्रथम किस्म का नाम बताइए?

उत्तर – स्वर्ण वेदही।

प्रश्न 1224. कौनसे खरपतवार का सबसे पहले जैविक नियंत्रण किया गया?

उत्तर – *लेंटाना केमरा*।

प्रश्न 1225. जीव द्रव्य का नाम किसने दिया?

उत्तर – पुर्किन्जे (1840)। जबकि इसका महत्व वोन मोल ने (1846) बताया था।

प्रश्न 1226. भण्डारण में प्याज के अंकुरण को रोकने के लिए कौनसा रसायन काम में लेते हैं?

उत्तर – मेलिक हाइड्रेजाइड। इसे पौधों की वृद्धि रोकने के लिए भी काम में लिया जाता है।

प्रश्न 1227. प्रुनिंग से क्या तात्पर्य है?

उत्तर – पौधों के भागों को उसका आकार सुधारने, वृद्धि को प्रभावित करने, अधिक फूल व फल बनने या उत्पादों की गुणवता में वृद्धि करने के उद्देश्य से काटने को प्रुनिंग कहते हैं

प्रश्न 1228. कुल घुलनशील ठोस पदार्थ के निर्धारण के लिए किस यंत्र का उपयोग करते हैं?

उत्तर – रिफ्रेक्टोमिटर।

प्रश्न 1229. प्याज में परागण किसके द्वारा होता है?

उत्तर – मधुमक्खी।

प्रश्न 1230. शुद्ध घी में वनस्पति तेल की मिलावट का पता किस विधि द्वारा लगाया जाता है?

उत्तर – निकल परिक्षण द्वारा।

प्रश्न 1231. काटने और चबाने वाले मुखाँग किस तरह के कीटों में पाए जाते हैं?

उत्तर – इस प्रकार के मुखाँग ऑर्थोप्टेरा, कोलियोप्टेरा व आईसोपटेरा गण के कीटों में पाए जाते हैं।

प्रश्न 1232. भारतीय रिजर्व बैंक की स्थापना कब हुई?

उत्तर – **1935** में। इसके प्रथम गवर्नर ओसवॉर्न स्मिथ थे।

प्रश्न 1233. समान्तर माध्य क्या है?

उत्तर – समान्तर माध्य व मूल्य है जो किसी श्रेणी के समस्त पदों के मूल्यों के योग में उनकी संख्या से भाग देने पर प्राप्त होता है।

प्रश्न 1234. जब सीमान्त उपयोगिता शून्य होगी तो कुल उपयोगिता कितनी होगी?

उत्तर – सर्वाधिक।

प्रश्न 1235. सायाजी पार्क कहाँ स्थित है?

उत्तर – वडोदरा, गुजरात।

प्रश्न 1236. एच.क्यू.पी.एम. मक्का की क्या विशेषता है?

उत्तर – हाई क्वालिटी प्रोटीन मेज में प्रोटीन के संघटक अमिनो अम्ल–लायसिन एवं ट्रिप्टोफेन की वृद्धि की गई है एवं ल्यूसिन तथा आइसोल्यूसिन घटकों का संतुलन बनाया गया है।

प्रश्न 1237. वर्षाकाल में लगाई जाने वाली भिन्डी की बीज दर बताइए?

उत्तर – 10–12 किग्रा. बीज प्रति हेक्टेयर। डिब्लर विधि अथवा हाथ से बिजाई करने पर बीज की दर में बचत होती है। अच्छी पैदावार हेतु लाईन से लाईन की दुरी 50–60 सेमी तथा पौधें की दुरी 25–30 से.मी. रखते हैं।

प्रश्न 1238. पपीते का फल सड़न रोग का कारक कौन है?

उत्तर – यह पपीते का प्रमुख रोग है। कई कवक इसके कारक है जिसमें *कोलेटोट्रईकम ग्लियोस्पोराइड* इसका प्रमुख कारक है। इस रोग में फल के ऊपर छोटे गोल–गोल धब्बे बनते हैं एवं पकने से पहले ही गिर जाते हैं।

प्रश्न 1239. अश्वगंधा (*विथिनीया सोमनीफेरा* : सोलेनेसी) की उन्नत किस्में बताइए?

उत्तर – डब्ल्यू एस–20, डब्ल्यू एस आर, जवाहर अश्वगंधा–20,134, इसकी उन्नत किस्में है। यह मुख्यतया मध्यप्रदेश, राजस्थान, गुजरात आदि में उगाई जाती है।

प्रश्न 1240. रिसाप्रिन (Riserpine) व राउलफिन एल्कलोइड किस पौधें की जड़ों से प्राप्त किया जाता है?

उत्तर – सर्पगंधा (*राउवोलफिया सर्पेन्टिना* : एपोसाइनेसी)। इस पौधें की जड़, तना, पत्ते सभी औषधी बनाने के काम आते हैं। इसका उपयोग उच्च रक्तचाप, अनिंद्रा, उन्माद, हिस्टीरिया आदि रोगों में किया जाता है।

प्रश्न 1241. वर्षा ऋतू में लकड़ी के दरवाजें फूल जाने का क्या कारण है?

उत्तर – अधिशोषण।

प्रश्न 1242. सेन्ट्रल रिसर्च इंस्टिट्यूट ऑफ ड्राईलेंड एग्रीकल्चर कहाँ स्थित है?

उत्तर – हैदराबाद, तेलंगाना। इसकी स्थापना 1953 में की गई। यहाँ वर्षा आधारित खेती पर अनुसन्धान किया जाता है।

प्रश्न 1243. ऊर्जा मापने के लिए कौनसा यंत्र काम में लिया जाता है?

उत्तर – कैलोरी मीटर।

प्रश्न 1244. संतरे में कड़वाहट किस तत्त्व के कारण होती है?

उत्तर – लिमोनीन। जबकि बेलपत्र में कड़वाहट मार्मेलोसिन के कारण होती है।

प्रश्न 1245. किस वैज्ञानिक को भारत का 'Fathar of Green Revolution' के नाम से जाना जाता है?

उत्तर – डॉ॰ एम॰एस॰ स्वामीनाथन। ये गेहूँ प्रजनन वैज्ञानिक है। सन् 2004 में इन्होने राष्ट्रीय किसान आयोग की स्थापना की एवं ये पहले भारतीय है जिन्हें 1987 में विश्व के खाद्य पुरस्कार से सम्मानित किया गया।

प्रश्न 1246. कौनसा उर्वरक विस्फोटक प्रवर्ती का होता है?

उत्तर – अमोनियम नाइट्रेट। इसमें 33% नाइट्रोजन पाया जाता है।

प्रश्न 1247. इन्दिरा गाँधी नहर परियोजना के बारे में बताइए?

उत्तर – इसका उद्‌गम स्थल पंजाब के सतलज व व्यास नदी के संगम पर हरिके बैराज नामक बाँध बनाकर किया गया। इससे राजस्थान के गंगानगर, हनुमानगढ़, बीकानेर, जोधपुर, जैसलमेर, बाड़मेर व चुरू जिलों में सिंचाई होती है। इसकी लम्बाई 649 किमी है।

प्रश्न 1248. पशुओ में असंतुलित आहार किन समस्याओं को जन्म देता है?

उत्तर – इससे पशुओं में आनुवंशिक क्षमता से कम दूध उत्पादन, छोटा दुग्ध काल और दो ब्यांत के बीच अधिक अंतराल, प्रजनन क्षमता में कमी एवं पशुओं में उपापचयी समस्या जैसे – मिल्क फीवर, कीटोसिस की सम्भावना और धीमा शारीरिक विकास की हानि उठानी पड़ती है।

प्रश्न 1249. कमरे में रखने योग्य सजावटी पौधों के नाम बताइए?

उत्तर – डाईफेनबेकिया, एग्लोनिमा, अराउकेरिया, फिलोंडेन्ड्रोन ड्रसिना, क्लोरोफाइटम, मनीप्लांट आदि।

प्रश्न 1250. ग्लेडियोलस की प्रवर्धन तकनीक बताइए?

उत्तर – ग्लेडियोलस इरीडेसी कुल का एक अत्यंत सुन्दर पुष्प है। इसका प्रवर्धन धनकंदों (corm) द्वारा किया जाता है। "अर्का अमर", "अर्का गोल्ड", "पूसा उन्नति", "गजल", "मीरा", "मोहिनी", "बसंत बहार" इसकी उन्नत किस्में है।

प्रश्न 1251. नीम्बूवर्गीय फलों के नाम बताइए?

उत्तर – इस वर्ग में मुख्य रूप से संतरा, मौसमी, नीम्बू, माल्टा व ग्रेपफ्रूट आते हैं, केले व आम के बाद नीम्बूवर्गीय फलो का भारत में तीसरा स्थान है। इसके फलों में 'विटामिन सी' के अलावा विटामिन 'ए', विटामिन बी–1, लोहा, फास्फोरस, कैल्सियम, प्रोटीन, रेशा, खनिज और शर्करा भी मौजूद होते हैं। इसमें औषधीय गुण भी पाए जाते हैं

प्रश्न 1252. हेन एवं चिकन कार्यिकी विकार किस फल में पाया जाता है?

उत्तर – अंगूर में। यह विकार बोरोन की कमी से होता है।

प्रश्न 1253. धान में 'डेड हार्ट' व 'हाइड हेड' किस किट के प्रकोप से होता है?

उत्तर – तना छेदक (Stem Borer)।

प्रश्न 1254. शीतोष्ण फल के उदाहरण दीजिए?

उत्तर – सेब, आड़ू, नाशपाती, आलूचा, बादाम, अखरोट, आदि। इस वर्ग के फलों को ठण्डे क्षेत्रो में उगाया जाता है। यहाँ सर्दियों में तापमान जमाव बिंदु से नीचे चला जाता है। ये फलवृक्ष सर्दियों में अपनी पत्तियां गिरा देते हैं और सुप्त अवस्था में चले जाते हैं

प्रश्न 1255. पोटेशियम मेटा बाई सल्फाइड (KMS) का उपयोग बताइए?

उत्तर – यह एक शक्तिशाली परिरक्षक है। इससे SO_2 गैस निकलती है जो परिरक्षक का कार्य करती है। इसका उपयोग रंगहीन फल रसों को परिरक्षित करने के लिए काम लिया जाता है। इसकी मात्रा 350–750 PPM के बीच रखी जाती है।

प्रश्न 1256. बकरी की बीटल नस्ल का उद्गम स्थल बताइए?

उत्तर – पंजाब का गुरदासपुर जिला। यह माँस के लिए प्रसिद्ध है। इसके सींग अन्दर की तरफ मुड़े होते हैं व नर में सामान्यतः दाढ़ी पाई जाती है।

प्रश्न 1257. ज्वालामुखी चट्टानों को किस नाम से जाना जाता है?

उत्तर – बाहास्थ चट्टाने। यह वे चट्टानें है जो पृथ्वी तल पर ज्वालामुखी के उद्भेदन द्वारा निकले लावा के ठन्डे होकर चट्टान के रूप में जम जाने से बनी है। बेसाल्ट, रायोलाइट आदि इसके उदाहरण है।

प्रश्न 1258. मृदा संरक्षण की विभिन्न विधियाँ बताइए?

उत्तर – जैविक खादों का प्रयोग, पहाड़ी और समतलीय क्षेत्र में कन्टूर बनाना, पलवार (मल्चिंग), भू–परिष्करण, ले फार्मिंग (घास, फसल लगाना), वायुरोधी पट्टियाँ लगाकर, पेड़ व झाड़ियाँ लगाकर, आदि।

प्रश्न 1259. केंद्रीय मृदा लवणीयता अनुसंधान संस्थान कहाँ स्थित है?

उत्तर – करनाल (हरियाणा)।

प्रश्न 1260. सूचक पौधों से क्या तात्पर्य है?

उत्तर – कुछ पौधों पर पोषक तत्त्व की कमी के लक्षण स्पष्ट दिखाई देते हैं। उन पौधों को जिन पर किसी विशेष तत्त्व की कमी के लक्षण दिखते हैं उसको सूचक पौधा कहा जाता है। जैसे– नाइट्रोजन फूल गोभी, पत्ता गोभी, फॉस्फोरस – सरसों, तोरिया आदि।

प्रश्न 1261. मेंडरिन में डिग्रीनिंग किसके द्वारा की जाती है?

उत्तर – इथाइलीन। यह एक गैस है जिसे फलों को कृत्रिम रूप से शीघ्र पकाने के काम में लिया जाता है।

प्रश्न 1262. रनर्स (Runners) से क्या तात्पर्य है?

उत्तर – कुछ पौधों के तने भूमि के ऊर्ध्वाद वृद्धि न करके समतल वृद्धि करते हैं तथा इन पर पर्व संधिया पाई जाती है। यह पर्व संधिया भूमि से संपर्क साधकर नए पौधों का निर्माण करते हैं इन्हें रनर्स कहते हैं उदाहरण – दूब घास, स्ट्रॉबेरी आदि।

प्रश्न 1263. जर्सी नस्ल का मूल स्थान कहाँ है?

उत्तर – इंग्लिश चैनल, जर्सी द्वीप समूह। यह गाय की विदेशी नस्लों में सबसे अच्छी है। इसमें सर्वाधिक वसा 5.25% (गायों में) पायी जाता है।

प्रश्न 1264. सेल्सियस से फारेनहाइट रूपांतरण का सूत्र बताइए?

उत्तर – $F = (9/5 \times C) + 32$।

प्रश्न 1265. कायान्तरित चट्टान का उदाहरण बताइए?

उत्तर – संगमरमर, स्लेट।

प्रश्न 1266. मूंगफली *(एराकिस हाईपोजिया* : फेबेसी) खरपतवार को किस प्रकार नियंत्रित किया जाता है?

उत्तर – मूंगफली की बुवाई के लगभग 15–20 दिन बाद पहली व 30–35 दिन बाद दूसरी निराई गुड़ाई करें। खरपतवार की रोकथाम के लिए एनाक्लोर 50 सी 4 लीटर दवा को 700 से 800 लीटर पानी में घोलकर एक हेक्टेयर में बुवाई के बाद और अंकुरण से पहले छिड़काव करना चाहिए।

प्रश्न 1267. राजस्थान की सबसे पुरानी डेयरी कौनसी है?

उत्तर – पदमा डेयरी, अजमेर।

प्रश्न 1268. बायोगैस में कौन–कौनसी गैसे पाई जाती है?

उत्तर – बायोगैस एक स्वच्छ, कम लागत वाला एवं प्रदूषण रहित पर्यावरण मित्र ज्वलनशील गैस ईंधन है। यह गैस पशु अपशिष्ट से बनाई जाती है। इसमें मुख्यतः मिथेन 55–60 प्रतिशत, कार्बन डाइ ऑक्साइड 35–40 प्रतिशत, हाइड्रोजन 0.4 प्रतिशत, नाइट्रोजन और वाष्प अल्प मात्रा में पाई जाती है।

प्रश्न 1269. किस मशीन द्वारा हम बीजों का उपचार कर सकते हैं?

उत्तर – रोटेटरी डस्टर।

प्रश्न 1270. "पूसा समर प्रोलिफिक लंबी", "पूसा मेघदूत", "पंजाब कोमल", "अर्का बहार" किसकी उन्नत किस्में है?

उत्तर – लौकी (*लिजनेरीया सिसरेरिया* : कुकुरबिटेसी) की। इसमें प्रोटीन, कार्बोहाइड्रेट, खनिज–लवण एवं विटामिन प्रचुर मात्रा में पाए जाते हैं। यह कब्ज कम करने, खाँसी एवं बलगम दूर करने में फायदेमंद है।

प्रश्न 1271. अच्छे पशुओं के चयन के लिए कौनसी विधियाँ काम में लेते हैं?

उत्तर – पशु के बाह्य लक्षण देखकर, दुग्ध उत्पादन पंजिका देखकर, पशु की वंशावली देखकर एवं गुणांकन तालिका बनाकर अच्छे पशुओं का चयन कर सकते हैं।

प्रश्न 1272. आम, जामून व खजूर में खाने योग्य भाग को क्या कहते हैं?

उत्तर – मध्य फलभित्ति (Mesocarp)।

प्रश्न 1273. फलों के बगीचों में अधिकतम पौधों की संख्या किस विधि में रखी जा सकती है?

उत्तर – भुजाकार विधि। इस विधि में "चौकोर विधि" से 15% अधिक पौधें लगाए जाते हैं।

प्रश्न 1274. अनिषेच्यता (Incompatability) से क्या तात्पर्य है?

उत्तर – यह स्वपरागण में बाधक होती है। इसमें एक पौधें का परागण उसी पुष्प या उसी पौधें के अन्य पुष्पों को निषेचित नहीं कर पाता है। यह दो प्रकार की होती है – स्पोरोफाइटिक : जैसे आम, आँवला और गेमेटोफिटिक : जैसे लोकार्ट, अनानास, नाशपती आदि।

प्रश्न 1275. फल वृक्षों में जड़ों की कटाई–छँटाई क्यों की जाती है?

उत्तर – फल वृक्षों में भोजन को संतुलित करने हेतु पेड़ के चारों ओर खाई खोद कर इसमें व्याप्त जड़ों की शाखाओं को काटते हैं। भूमि में नत्रजन की मात्रा अधिक होने पर वृक्षों की बढ़वार होने लगती है और फलन कम होने लगता है ऐसी स्थिति में जड़ों की कटाई करते हैं।

प्रश्न 1276. इनहिबिटर्स क्या है?

उत्तर – यह पौधों की वृद्धि रोकने का कार्य करते हैं जैसे : मेलिक हाइड्रेजाइड (MH) ऐसा रसायन है जिसका उपयोग भंडारण में प्याज के अंकुरण को रोकने के लिए किया जाता है।

प्रश्न 1277. एकीकृत बाल विकास योजना (ICDS) कब लागू की गई थी?

उत्तर – यह योजना 1975–76 में लागू की गई थी। इस कार्यक्रम के अंतर्गत 0–6 वर्ष की उम्र के बच्चो को टीकाकरण, स्वास्थ्य परिक्षण,

पूर्व विद्यालयी शिक्षा, आदि विषयों पर माताओं को जानकारी दी जाती है।

प्रश्न 1278. भारत में कितने केन्द्रिय कृषि विश्वविद्यालय है?

उत्तर – भारत में तीन केन्द्रिय कृषि विश्वविद्यालय है, केन्द्रिय कृषि विश्वविद्यालय, मिजोरम (मणिपुर), रानीलक्ष्मीबाई केन्द्रिय कृषि विश्वविद्यालय, झाँसी (उत्तरप्रदेश) एवं डॉ॰ राजेन्द्रप्रसाद केन्द्रिय कृषि विश्वविद्यालय, पूसा (बिहार)।

प्रश्न 1279. कपास के सेतू (fibre) की पक्वता मापने के लिए कौनसा यन्त्र काम में लेते हैं?

उत्तर – एरियलोमीटर।

प्रश्न 1280. मृदा में पाए जाने वाले मुख्य अवयव बताइए?

उत्तर – मृदा में 45% खनिज पदार्थ, 25% पानी, 25% वायु तथा 5% कार्बन पदार्थ पाए जाते हैं।

प्रश्न 1281. मृदा उत्पादकता को कौन–कौनंसे तत्त्व प्रभावित करते हैं?

उत्तर – मृदा की उर्वरता, मृदा की भौतिक दशा, मृदा की स्थिति, माँग, यातायात के साधन, आदि मृदा उत्पादकता को प्रभावित करते हैं।

प्रश्न 1282. राजस्थान में बलुई मृदा किस क्षेत्र में पायी जाती है?

उत्तर – जोधपुर, बीकानेर, बाड़मेर, जैसलमेर, झुंझुनु व चुरू। इस तरह की मृदा में मुख्यतः बाजरा, ज्वार, तरबूज, खरबूजा आदि फसलें उगाई जाती है।

प्रश्न 1283. गतिशील पोषक तत्त्वों के नाम बताइए?

उत्तर–नत्रजन, फॉस्फोरस, पोटाश, मैग्नीशियम व जस्ता। इन तत्त्वों की कमी के लक्षण पहले पौधें की नीचे की पत्तियों अथवा पुरानी पत्तियों में दिखाई देता है। ये तत्त्व पौधों में बहुत अधिक संचालकता रखते हैं

प्रश्न 1284. फूलगोभी में 'बटनिंग' किस तत्त्व की कमी से होती है?

उत्तर – नाइट्रोजन। फूलगोभी में ही बोरॉन की कमी से 'भूरापन' व मोलिब्डेनम की कमी से 'व्हीपटेल' नामक बीमारी होती है।

प्रश्न 1285. स्टीविया का वानस्पतिक नाम बताइए?

उत्तर – *स्टीविया रिबडीयाना*। यह एस्टेरेसी कुल का पौधा है। इसमें मुख्य अव्यय स्टीवियोसाइड तथा रिबोदिसाइड–ए पाया जाता है, जिनमें इंसुलिन संतुलन के गुण पाए जाते हैं। यह शून्य कैलोरी मीठा है इसलिये यह डायबिटीज के रोगियों तथा कैलोरी के प्रति जागरूक व्यक्तियों के लिए मीठे का एक अति उत्तम विकल्प है।

प्रश्न 1286. राख का भुरकाव किस कीट की रोकथाम के लिए किया जाता है?

उत्तर – राख का भुरकाव फसल पर करने से एफिड (मोयला) का नियंत्रण हो जाता है। साथ ही भण्डारण में भी इसको अनाज व, दालों के साथ मिलाया जाता है, जिससे कीट नहीं लगते हैं।

प्रश्न 1287. ग्रीन हाउस में उगाने के लिए गुलाब (*रोज इंडिका* : रोजेसी) की किस्मों के नाम बताइए?

उत्तर – 'केनफैटी', 'गोल्डन गेट्स', 'ग्राड गाला', 'फर्स्ट रेड', 'मर्सीडीज', 'नोबलेस' आदि।

प्रश्न 1288. सघन बागवानी के लाभ बताइए?

उत्तर – (1) फलोत्पादन व उत्पादकता में वृद्धि।

(2) पेड़ों के बीच खाली जगह का सदुपयोग।

(3) फलों की गुणवत्ता में सुधार।

(4) शुरू के वर्षों में कुछ फलत का प्राप्त होना।

(5) खरपतरवार की संख्या में कमी।

(6) पानी का समुचित उपयोग।

प्रश्न 1289. मेथी (*Trigonella foenum-graecum* : Fabaceae) की बीज दर बताइए?

उत्तर – 20–25 कि.ग्रा./हेक्टेयर। मेथी की खेती भारत में मुख्य रूप से राजस्थान, मध्यप्रदेश, गुजरात, पंजाब एवं उत्तरप्रदेश में की जाती है।

प्रश्न 1290. कोकोपिट क्या है?

उत्तर – यह एक भूरे रंग का पदार्थ है जो नारियल के रेशे में खनिज लवणों को मिलाकर कृत्रिम मिट्टी के तौर पर तैयार किया जाता है।

यह अधिक जल ग्रहण और वायु संचार के कारण जड़ों का बेहतर विकास करता है।

प्रश्न 1291. हल्दी की नई किस्म 'आई टी–2' के बारे में बताइए?

उत्तर – इसे इंदिरा गांधी कृषि विश्वविद्यालय के कृषि वैज्ञानिकों ने क्लोन सलेक्शन कर विकसित किया है। यह किस्म धब्बा, पत्ती झुलसा, प्रकंद विगलन, स्केल कीट के प्रति आंशिक प्रतिरोधक है। इसकी उपज 20–22 क्विंटल प्रति हेक्टेयर है।

प्रश्न 1292. रेफैनोब्रासिका (Raphanbrasica) क्या है?

उत्तर – कारपी चौन्को ने सन् 1927 में मूली तथा गोभी का संकरण कराकर रेफैनोब्रासिका को विकसित किया था।

प्रश्न 1293. 'सोरायसिस' प्रकार के फल किन फलीय पौधों में पाए जाते हैं?

उत्तर – कटहल, शहतूत, अंजीर, अनन्नास में। कस्टर्ड एप्पल के फल को 'एटीरिया ऑफ बैरीज' व स्ट्रबैरी व कमल के फल को 'एटीरिया ऑफ एकीन्स' कहते हैं।

प्रश्न 1294. विदेशी गायों की नस्लों में सर्वाधिक दूध कौनसी देती है?

उत्तर – हॉलस्टीन फ्रीजियन। जबकि भारतीय गायों में सर्वाधिक दूध साहिवाल नस्ल देती है।

प्रश्न 1295. राजस्थान का गौवंश सुधार प्रजनन केंद्र कहाँ स्थित है?

उत्तर – बस्सी, जयपुर।

प्रश्न 1296. खीरे का उत्पत्ति स्थान बताइए?

उत्तर – भारत। खीरा (*Cucumis sativus* : Cucurbitaceae) एक वर्षीय लतारूपी पौधा है जिसमें सामान्यतः नर तथा मादा पुष्प आते हैं। बीज रहित खीरे में अनिषेचित फलन होता है जिससे प्रत्येक फूल में फल लगते हैं एवं इसकी पैदावार बढ़ जाती है। 'सतीस', 'अलमीर', 'नन 9729', 'नन 3019' आदि।

प्रश्न 1297. मेथी (*Trigonella foenum-graecum* : Fabaceae) की फसल की बुवाई का समय बताइए?

उत्तर – मैदानी इलाकों में इस फसल की बुवाई मध्य अक्टूबर से मध्य नवंबर तक एवं पर्वतीय क्षेत्रों में मार्च–अप्रैल तक सर्वोत्तम माना जाता है। इसकी बुवाई, पंक्तियों में 25 से.मी. कतार से कतार की दूरी पर और 10 से.मी. पौधें से पौधें की दूरी पर करते हैं। 'हिसार सोनाली', 'आरएमटी–323', 'प्रताप राज मेथी', 'राजेंद्र क्रांति', 'लेम सेलेक्शन–1', 'पूसा अर्ली बंचिग' इसकी उन्नत किस्में है।

प्रश्न 1298. अमरूद में बहार नियंत्रण कैसे किया जाता है?

उत्तर – अमरूद की सबसे अच्छी फसल जाड़े की होती है। अतः वर्षा ऋतु की फसल को रोकने के लिए ग्रीष्म ऋतु की फसल में पानी देना बंद कर देते हैं। साथ ही फूलों को गिराने के लिए नेफथलीन एसिटिक एसिड 100 मि.ली. ग्राम रसायन को 1 लीटर पानी में घोलकर छिड़काव करते हैं।

प्रश्न 1299. अनार की तितली को कैसे नियंत्रित किया जा सकता है?

उत्तर – प्रभावित फलों को इकट्ठा करके नष्ट कर दें एवं खेत को खरपतवारों से मुक्त रखें। साइपरमेथ्रिन (25 ई सी) 1 मि.ली./लीटर या स्पीनोसैड (45 एस.सी) 1.5 मिली/लीटर का छिड़काव 30–40 दिनों के अंतराल पर करें। फलों को बाहर से पेपर से ढ़क दें।

प्रश्न 1300. प्लास्टिक लो टनल पॉलिहाउस क्या है?

उत्तर – प्लास्टिक लो टनल पॉलिहाउस में संरक्षित पौधें के आसपास सूक्ष्म वातावरण बदल जाता है। जब धूप होती है तो दिन में तापमान 100–150 सेल्सियस बढ़ जाता है और सर्दी में फसल अच्छी होती है। लो टनल में स्ट्रॉबेरी एवं सब्जियों की अच्छी उपज होती है। इस तरह की संरचना की कीमत भी कम होती है। बरसात में सब्जी की पौध तैयार करने के लिए भी यह उपयोगी है।

प्रश्न 1301. कीवी की प्रमुख किस्में बताइए?

उत्तर – 'एलिसन हेवन', 'मोन्टी', 'हवेर्ड', 'टोमूरी', 'अबॉट' इसकी प्रमुख किस्में है। कीवी का फल अंगूर की बेल की तरह होता है। कीवी में विटामिन सी, विटामिन इ, विटामिन के और प्रचुर मात्रा में पोटैशियम, फोलेट होते हैं। कीवी फल में अधिक मात्रा में एंटी ऑक्सीडेंट होता है।

प्रश्न 1302. ऑक्सिन हार्मोन के अग्रदूत (Precursor) का नाम बताइए?

उत्तर – ट्रिप्टोफेन। ऑक्सिन हार्मोन पौध एवं जड़ वृद्धि के लिए आवश्यक है जबकि इथाईलीन हार्मोन का अग्रदूत मिथियोनिन है जो फलों को पकाने में सहायक है।

प्रश्न 1303. विश्व की प्रथम क्लोन्ड भैंस का नाम बताइए?

उत्तर – गरिमा। इसे फरवरी 2009 में भारत में ही विकसित किया गया था।

प्रश्न 1304. किस शहर को भारत के दुग्ध शहर के नाम से जाना जाता है?

उत्तर – आनंद, गुजरात।

प्रश्न 1305. गोल्डन राइस जो की एक अनुवांशिक उपांतरित (GM crop) धान फसल है, में किस विटामिन की मात्रा की अधिकता होती है?

उत्तर – विटामिन 'ए' (37 पीपीएम)।

प्रश्न 1306. भारतीय मसाला अनुसंधान संस्थान (IISR) कहाँ स्थित है?

उत्तर – कोझीकोड, केरल।

प्रश्न 1307. बारानी फसलों से क्या तात्पर्य है?

उत्तर – कम पानी वाले क्षेत्र में जिन फसलों की खेती कर आर्थिक लाभ प्राप्त किया जा सके।

प्रश्न 1308. राष्ट्रीय कृषि सहकारी विपणन संघ (NAFED) की स्थापना कब हुई?

उत्तर – 2 अक्टूबर 1958 को इसकी स्थापना दिल्ली में की गई। इसका प्रमुख कार्य अंतःप्रदेशीय व्यापार, विदेशी व्यापार, कृषकों को साधन उपलब्ध करवाना तथा प्रोत्साहन का कार्य करना है।

प्रश्न 1309. विकल्पी मृतजीवी (Facultative saprophyte) को परिभाषित कीजिये?

उत्तर – एक ऐसा जीव जो सामान्य रूप से परजीवी होता है परन्तु परपोषी के अभाव में मृतजीवी के रूप में भी जीवन व्यतीत कर सकता है। जैसे आरमीलेरिया।

प्रश्न 1310. विष के प्रभाव को कम करने वाली औषधियों को क्या कहते हैं?

उत्तर – प्रतिकारक औषधियाँ (Antidotes)।

प्रश्न 1311. 'एग्रोफारेस्ट्री वुड' की विश्व प्रसिद्ध मार्केट कहाँ उपलब्ध है?

उत्तर – यमुनानगर, हरियाणा, भारत।

प्रश्न 1312. फसल चक्र के अध्ययन को क्या कहते हैं?

उत्तर – सिरोयोलोजी। उपयुक्त फसल चक्र अपनाकर अधिक उपज प्राप्त की जा सकती है।

प्रश्न 1313. मक्का (*Zea mays* : Poaceae) के अंकुरण के लिए कितना तापमान आवश्यक है?

उत्तर – 21°C। मक्का की वृद्धि के लिए 31°C तापमान आवश्यक होता है। यह एक दिवस निष्प्रभावी पौधा है। इसके नर पुष्पक्रम को 'टेसल' व मादा पुष्पक्रम को सिल्क/पोड/इयर कहते हैं। इसके फल का प्रकार केरियोप्सीस होता है।

प्रश्न 1314. पत्तागोभी (*Brassica oleracea* var. *capitata* Linn.) के खाने वाले भाग को क्या कहते हैं?

उत्तर – हेड (Head)। जबकि फूलगोभी के खाने वाले भाग को कर्ड (curd) कहते हैं।

प्रश्न 1315. घी में कौनसा विटामिन प्रचुर मात्रा में पाया जाता है?

उत्तर – विटामिन–ए। घी में विटामिन A, D, E, K पाए जाते हैं। घी दूध का वह प्रदार्थ है जिसमें वासा की मात्रा 99 प्रतिशत शुद्ध रूप से पाई जाती है।

प्रश्न 1316. एजोला क्या है?

उत्तर – एजोला (Azolla) एक तैरती हुई फर्न है जो शैवाल से मिलती–जुलती है। सामान्यतः एजोला धान के खेत या उथले पानी में उगाई जाती है। यह तेजी से बढ़ती है यह जैव उर्वरक का स्रोत है।

प्रश्न 1317. पुष्पक्रम (Inflorescence) से क्या तात्पर्य है?

उत्तर – पुष्पों का समूह अपनी पुष्पीय शाखा पर जिस क्रम में लगा रहता है उसे पुष्पक्रम कहते हैं।

प्रश्न 1318. रक्षक फसलें (Guard/Border crops) क्या है?

उत्तर – मुख्य फसल के चारों और लगाई जाने वाली (खेत की बाउन्ड्री पर) रक्षार्थ गौण फसल रक्षक फसल कहलाती है। जैसे गन्ने के चारो और ढेंचा उगाया जाता है।

प्रश्न 1319. पैगिंग डाउन प्रक्रिया किस फसल में पाई जाती है?

उत्तर – मूंगफली *(एरकिस हाईपोइजीया* : फेबेसी)।

प्रश्न 1320. फाइटोटोक्सिन को परीभाषित कीजिए?

उत्तर – वे पदार्थ जो पौधों के लिए जहरीले होते हैं, उन्हें फाइटोटोक्सिन कहते हैं।

प्रश्न 1321. स्त्रीपूर्वता को परिभाषित कीजिए?

उत्तर – किसी फूल के परागकणों के परिपक्व होने के पूर्व ही उसके वतिकाग्र का परिपक्व होना स्त्रीपूर्वता कहलाता है। इसका उदाहरण बाजरा है।

प्रश्न 1322. विज्ञान की उस इकाई का नाम बताइए जिसमें पौधें के परागकणों का अध्ययन करते हैं?

उत्तर – पेलिनोलॉजी।

प्रश्न 1323. किसी तरल पदार्थ में एसिटिक अम्ल की मात्रा मापने के लिए कौनसा यंत्र काम में लिया जाता है?

उत्तर – एसीटोमीटर।

प्रश्न 1324. माइक्रो सिंचाई के दो उदाहरण बताइए?

उत्तर – (i) ड्रिप सिंचाई – इस विधि में बूंद–बूंद द्वारा पौधों की जड़ों में सिंचाई की जाती है जिससे 90% पानी की बचत होती है। (ii) फुव्वारा सिंचाई – इस विधि द्वारा 25–33% जल की बचत की जा सकती है।

प्रश्न 1325. राम तिल या काला तिल का वानस्पतिक नाम बताइए?

उत्तर – *गुइजोटीया एबीसीनिका*। एक तिलहनी फसल है। यह कंपोजिटी कुल का पौधा है। इसका उद्भव स्थान इथोपिया है।

प्रश्न 1326. उन रसायनों का नाम बताइए जिन्हें पर्णरंध्र बंद करने के लिए काम में लिया जाता है?

उत्तर – सोडियम एजाइड, फिनाइल मरक्यूरल एसिटेट (PMA) आदि। पौधों से पानी का ह्रास रोकने के लिए इन्हें उपयोग किया जाता है।

प्रश्न 1327. भारत के ऐग्रोक्लाइमेटिक जोन की संख्या बताइए?

उत्तर – भारत के ऐग्रोक्लाइमेटिक जोन कुल 127 है (Acc to National Agricultural Research Projects)।

प्रश्न 1328. जल में घुलनशील फोस्फेटीक उर्वरकों के नाम बताइए?

उत्तर – सिंगल सुपर फोस्फेट (16-18%P), ट्रिपल सुपर फोस्फेट (46-48%P), अमोनियम फोस्फेट।

प्रश्न 1329. धान (*ओरायजा सटाइवा* : पोएसी) में आयरन तत्त्व की कमी के लक्षण बताइए?

उत्तर – धान में आयरन तत्त्व की कमी से पौधें क्लोरोफिल रहित हो जाते हैं यानी पत्तियाँ पीली पड़ जाती है और पौध की बढ़वार रुक जाती है।

प्रश्न 1330. एब्सोल्यूट खरपतवार के उदाहरण बताइए?

उत्तर – हिरनखुरी, कृष्णनील, बथुआ आदि। ये खरपतवार कृषक को हमेशा हानि ही पहुँचाते हैं।

प्रधन **1331**. उस मिशन का नाम बताइए जिसके तहत खादी एवं ग्रामोद्योग (KVIC) ने 1 लाख मधुमक्खी–बक्से वितरित किए?

उत्तर – हनी मिशन।

प्रश्न 1332. राष्ट्रीय डेयरी विकास बोर्ड (NDDB) द्वारा विकसित भैंस की दुनिया की पहली पूर्ण पेंटेट जीनोम का नाम क्या है?

उत्तर – NDDB_ABRO_Murrah।

प्रश्न 1333. काबुली चने का वानस्पतिक नाम बताइए?

उत्तर – *साईसर काबूलम*। यह फेबेसी कुल का पौधा है। 'K–4', 'K-5', 'L–144', 'गौरव' इसकी उपयोगी किस्में है।

प्रश्न 1334. आम (*मेन्जीफेरा इन्डिका* : एनाकारडीएसी) की बहुभ्रूणता वाली किस्मों के नाम बताइए?

उत्तर – चंद्रा किरण, गोवा, ओलूर, सेलम, बेलारी आदि आम की बहुभ्रूणता वाली किस्में है।

प्रश्न 1335. दलहनी फसलों में चित्ती रोग का कारक कौन है?

उत्तर – यह रोग जीवाणु द्वारा फैलता है जिसमें पत्तों पर छोटे गहरे भूरे रंग के धब्बे बन जाते हैं।

प्रश्न 1336. भारत में जायफल मुख्यतः कहाँ ऊगाया जाता है?

उत्तर – भारत में जायफल (*जमाइरिस्टिका फ्रैन्गरस*) मुख्यतः केरल के त्रिसूर, एरनाकुलम और कोट्टयम तथा तमिलनाडु के कन्याकुमारी तथा तिरुनैलवली जिलो में उगाया जाता है।

प्रश्न 1337. कार्बनिक पदार्थ खाने वाले केंचुएँ की प्रजातियाँ बताइए?

उत्तर – इस वर्ग के केचुएँ केवल सड़े–गले कार्बनिक पदार्थ को खाना पसंद करते हैं इसमें मुख्य रूप से *आइसीनिया फीटिडा* एवम *युड्रिलस युजेनी* प्रजातिया प्रमुख है। ये केंचुए 0 से 55 डिग्री सेल्सियस तक तापमान सहन कर सकते हैं।

प्रश्न 1338. सतावर के खाने वाले भाग को क्या कहते हैं?

उत्तर – स्पीयर या कोमल प्रमोह। इसमे सतवारिन नामक रसायन पाया जाता है। इसका उपयोग स्त्रियों के टॉनिक, रक्त अल्पता, पाचन तथा मानसिक तनाव से मुक्ति हेतु दवा बनाने में काम लिया जाता है।

प्रश्न 1339 "एन इन्क्वायरी इनटू द वैल्थ ऑफ नेशन्स" के लेखक हैं?

उत्तर – एडम स्मिथ।

प्रश्न 1340. अनार में फल सड़न रोग का कारक कौन है?

उत्तर – यह कवक जनित रोग है जिसमे फलों का रंग भूरा हो जाता है तथा फल सड़ने लगते हैं।

प्रश्न 1341. किस औषधीय पौधें को अमृता के नाम से भी जाना जाता है?

उत्तर – गिलोय (*टिनोस्पोरा कोर्दीफोलिया*) को। यह मैनिस्पमेसी कुल की एक बहुपयोगी झाड़ीदार लता है। इसे गठीया, पेट की जलन,

बवासीर, त्वचा रोग, श्वसन सम्बन्धी समस्याओ, खून की कमी, जोड़ों के दर्द आदि में उपयोग किया जाता है।

प्रश्न 1342. पौधों में बोरॉन की कमी के लक्षण बताइए?

उत्तर – इसकी कमी के लक्षण प्रायः नई निकलती हुई पत्तियों पर पाए जाते हैं। इसकी कमी होने पर पत्तियाँ छोटी होकर मुड़ जाती है।

प्रश्न 1343. मूली की यूरोपियन किस्मे कब लगाई जाती है?

उत्तर – अक्टूबर से फरवरी तक। 'व्हाइट आइसाइकिल', रैपिड रेड वाइट, 'टिप्ड स्कारलेट', 'पूसा हिमानी' आदि इसकी उन्नत किस्मे हैं।

प्रश्न 1344. फूलगोभी की बीज दर बताइए?

उत्तर – 450–500 ग्राम प्रति/हेक्टेयर।

प्रश्न 1345. मुद्रास्फीति के दौरान मुद्रा का मुल्य घटता या बढ़ता है?

उत्तर – घटता है।

प्रश्न 1346. बैरोमीटर में पारा शीघ्र गिरना किसका सूचक है?

उत्तर – बैरोमीटर वायु का दाब मापने का यन्त्र है। अगर इसका पारा शीघ्र गिरता है तो यह तूफान आने की संभावना का सूचक है।

प्रश्न 1347. फसलों की सिंचाई किस आधार पर करनी चाहिए?

उत्तर – फसल की क्रांतिक अवस्था पर।

प्रश्न 1348. विश्व मौसम विज्ञान संगठन का मुख्यालय कहाँ है?

उत्तर – जिनेवा।

प्रश्न 1349. बायोडायनेमिक खेती की विचारधारा का प्रतिपादन किसने किया था?

उत्तर – रुडोल्फ स्टेनर।

प्रश्न 1350. दीर्घावधी ऋण किसे कहते हैं?

उत्तर – ऐसे ऋण जो 5 से 10 वर्ष या इससे अधिक लम्बी समयावधि के लिए दिए जाते हैं इस प्रकार के ऋण प्रायः भूमि खरीदने, पुराने ऋण चुकाने, भूमि पर स्थायी सुधार करने आदि कार्यों के लिए दिए जाते हैं।

प्रश्न 1351. गली खेती क्या है?

उत्तर – इस तरह की खेती में भूमि की उर्वरता एवम् उत्पादकता को बढ़ाने के लिए कृषित फसलों को पेड़ों के बीच में उगाया जाता है।

प्रश्न 1352. माइकोराइजा से पौधों को क्या प्राप्त होता है?

उत्तर – फॉस्फोरस। यह कवक तथा वाहिक पादपों की जड़ो के बीच परस्पर सहजीवी सम्बन्ध है।

प्रश्न 1353. प्रमाणित (certified) बीज के टैग का रंग होता है?

उत्तर – नीला।

प्रश्न 1354. मुर्गीघर में संगमरमर ग्रिट पक्षियों हेतु होते हैं, वे कौनसे तत्त्व की कमी को पूरा करते हैं?

उत्तर – कैल्शियम। इसकी कमी से अंड कवच का निर्माण नहीं होता है।

प्रश्न 1355. गुलाबी क्रांति किससे सम्बन्धित है?

उत्तर – झींगा उत्पादन से।

प्रश्न 1356. कलमी पौधों को खरीदने में क्या सावधानियाँ रखनी चाहिए?

उत्तर – कलमी पौधों में मुख्य जड एवं शाखा का जुड़ाव सही एवं परिपक्व हो, जुडाव पर गाँठ न बनी हो, जुडाव के नीचे से शाखा न निकली हो, पौधा 1–2 वर्ष से अधिक पुराना हो, पौधें की मिट्टी की पिंडी टूटी न हो अथवा जड़े दिखती हुई न हो।

प्रश्न 1357. सर्पगंधा किस कुल का पौधा है?

उत्तर – सर्पगंधा एपोसायनेसी कुल का बहुवर्षीय औषधीय पौधा है। यह सर्पदंश तथा कीटवंश के उपचार के लिए अत्यधिक प्रभावी हैं। इसकी जड़ो में रिसप्रिन नामक एल्कलोइड पाया जाता है जो उच्च रक्तचाप के लिए सर्वोत्तम औषधि है।

प्रश्न 1358. नर्सरी में सर्वाधिक लगने वाला रोग कौनसा है?

उत्तर – आद्रगलन रोग (डेम्पिंग ऑफ)। यह एक कवक जनित रोग हैं। इसके बचाव हेतु बीजो को कवकनाशी कैप्टेन या थायरम से 2 ग्राम/किलो की दर से उपचारित करना चाहिए।

प्रश्न 1359. पपीते की बौनी किस्म का नाम बताइए जो सघन बागवानी और गृह वाटिका के लिए उपयुक्त हैं?

उत्तर – पूसा नन्हा।

प्रश्न 1360. मूंगफली की फलियों का चपटा होना, फलियों में दानों का कम विकास, बिना बीज की फलियाँ किसकी कमी का लक्षण है?

उत्तर – कैल्शियम।

प्रश्न 1361. जीरे (*क्युमिनम सटाइवम* : एपिएसी) का उद्‌भव स्थल बताइए?

उत्तर – भूमध्य सागरीय क्षेत्र। एस–404, आर जेड–19, 209, 223, गुजरात क्युमिन–1, 2, 3, 4 आदि इसकी उन्नत किस्में हैं। राजस्थान में सबसे ज्यादा जीरे का उत्पादन होता है।

प्रश्न 1362. सतत् कृषि से क्या तात्पर्य हैं?

उत्तर – सतत् कृषि एक प्रकार की कृषि प्रणाली हैं जो बिना भूमि की उत्पादकता का विनाश किए या पर्यावरण को हानि पहुँचाये पर्याप्त मात्रा में खाद्यान उत्पादन करती हैं।

प्रश्न 1363. 'बेन तेल' किससे प्राप्त किया जाता है?

उत्तर – सहजन (*मोरिंगा ओलीफेरा* : मोरिन्गोसी) के बीजों को सुखाकर जो तेल प्राप्त किया जाता है उसे बैन तेल के नाम से जाना जाता है। इसका तेल साफ, मीठा और गंधहीन होता है जो कभी खराब नहीं होता है। इस तेल का इस्तेमाल इत्र बनाने में किया जाता है। सहजन का बहुत औषधीय उपयोग होता है एवं इसका हर भाग जैसे पत्ती, फल, फूल आदि गुणकारी हैं।

प्रश्न 1364. बरसीम (*ट्राईफोलियम एलेकजेन्ड्रम* : पोएसी) की बुवाई का समय बताइए?

उत्तर – बरसीम हरे चारे की फसल हैं जिसे अक्टूबर व नवम्बर माह में उगाया जाता है। 'वरदान' 'जेबी–1', 'बी.एल. 1,10,42', मस्कावी आदि इसकी उन्नत किस्में हैं।

प्रश्न 1365. शरद ऋतु में लगाए जाने वाले मौसमी फूलों के नाम बताइए?

उत्तर – पीटुनिया, पेनजी, डेहलिया, हॉलीहाक, गुलदाहुदी, गजानिया, केलेन्डुला आदि। इनको अक्टूबर माह में लगाया जाता है। इन्हें क्यारियों व गमलों में लगाकर घर की सुन्दरता को बढाया जा सकता है।

प्रश्न 1366. सौंफ की बीज दर बताइए?

उत्तर – सौंफ की बुवाई के लिए 10–12 किग्रा/हेक्टेयर बीज की आवश्यकता होती हैं।

प्रश्न 1367. पपीते की फसल में पर्ण कुंचन व मोजेक रोग की रोकथाम हेतु क्या करना चाहिए?

उत्तर – रोग रोधी किस्में लगायें। इसकी रोकथाम हेतु रोगग्रस्त पौधों को उखाड़ कर नष्ट कर देवें। रोग के प्रसार को रोकने के लिए डाईमिथोऐट 30 ई.सी. अथवा मिथाइल डिमेटोन 25 ई.सी. 1 मिली प्रति लीटर पानी की दर से छिडकाव करना चाहिए।

प्रश्न 1368. लाइव मल्चिंग क्या है?

उत्तर – लाइव मल्चिंग एक मल्चिंग की प्रक्रिया है जिससे खेत में एक साथ कई तरह के पौधें लगाए जाते हैं। यह सभी पौधें एक दूसरे को बढ़ने में मदद करते हैं। यह मिट्टी की नमी का संरक्षण व उसकी प्रजनन क्षमता को बनाए रखते हैं।

प्रश्न 1369. प्याज में बोल्टिंग का कारण बताइए?

उत्तर – तापमान की कमी या अधिकता की वजह से।

प्रश्न 1370. मटर की अगेती किस्मों के नाम बताइए?

उत्तर – 'अर्किल', हिसार हरित 'हरा बोना', 'जवाहर मटर–4', 'मटर अगेती–6' आदि मटर की अगेती लगाई जाने वाली उन्नत किस्में है।

प्रश्न 1371. खजूर (*Phoenix dactylifera* : Palmae) की तुड़ाई अवस्थाएँ बताओ?

उत्तर – 'गणडोर, डोका, डेंग व पिंड'। भारत में तुड़ाई डोका अवस्था में की जाती है। खजूर में 60–70% शर्करा तथा इसमें आयरन, कैल्शियम व प्रोटीन प्रचुर मात्रा में पाया जाता है।

प्रश्न 1372. किसे 'इन्टसटाइन ऑफ अर्थ' के नाम से जाना जाता है?

उत्तर – केंचुएँ को। इसे किसान का मित्र, प्रकृति का हलवाहा, मृदा उर्वरता का बैरोमीटर के नामो से भी जाना जाता है। यह भूमि में N, P, Ca, Mg तत्त्वों को बढ़ाता है जिससे भूमि की उर्वरता बढ़ जाती है व धनायन विनिमय क्षमता (Cation exchange capacity) और सरंचना को सुधारता है।

प्रश्न 1373. नेशनल इंस्टिट्यूट ऑफ एग्रीकल्चर मार्केटिंग (NIAM) ने कहाँ पर 8 अगस्त,1988 से कार्य करना शुरू किया?

उत्तर – जयपुर।

प्रश्न 1374. भूमि सुधारक से क्या तात्पर्य हैं?

उत्तर – भूमि सुधारक वे पदार्थ है जो भूमि के कुछ दोषों को दूर करके भूमि की दशा सुधार कर फसल उगाने की क्षमता में वृद्धि करते हैं। जैसे अम्लीय भूमि में चूने का तथा उसरीली (क्षारीय व लवणीय) मृदा में जिप्सम, पायराइट का प्रयोग।

प्रश्न 1375. अवरोध–परत खेती को परिभाषित करो?

उत्तर – खेती की वह प्रणाली जिसमें खेत में जीवांश अवशेषों को भूमि सतह पर ही छोड़ दिया जाता है। इसका उद्देश्य वाष्पीकरण को कम करना होता है।

प्रश्न 1376. लेंटाना (*लेंटाना केमेरा*) जो जमैका की उत्पति हैं, का कुल क्या है?

उत्तर – वरविनेसी। इसकी पत्तियों का अर्क मलेरिया, टिटनेस एवं गठिया रोगों में उपयोगी होता है। इसकी सूखी पत्तियों को जलाकर मच्छर को भगाया जा सकता है। इसकी शाखाओ में दीमकरोधी गुण भी पाया जाता है।

प्रश्न 1377. चुकंदर (*बीटा वल्गेरिस* : चीनोपोडीयेसी) की उन्नत किस्में बताइए?

उत्तर – 'क्रिमसन ग्लोब', 'डेन्ड्राइट डार्करेड', 'अर्ली वंडर', 'क्रॉसबाय इजीप्सीयन' आदि चुकंदर की उन्नत किस्में हैं। इसकी बुवाई अक्टूबर – नवम्बर माह में की जाती हैं।

प्रश्न 1378. पशुओ में टेक्सास ज्वर का कारक कौन हैं?

उत्तर – टेक्सास ज्वर को चिचड़ी ज्वर व किलनी ज्वर के नाम से भी जाना जाता है। यह रक्त प्रोटोजोआ परजीवी *बबेसिया वाइगेमिया* द्वारा फैलता है। इसके उपचार हेतु ट्राइपेन ब्लू 100 मिली लीटर 1–2% नार्मल सेलाइन का अन्तः शिरा इंजेक्शन लगाए।

प्रश्न 1379. सिडार नामक पेय किस फल से बनाया जाता है?

उत्तर – सेब (*मेलस डोमेस्टीका* : रोजेसी)।

प्रश्न 1380. जेम में शर्करा की मात्रा कितनी होनी चाहिए?

उत्तर – 68° ब्रिक्स। जेम फलों के गूदे व चीनी द्वारा बनाया गया एक गाढा, स्वादिष्ट, व अपारदर्शी व्यंजन हैं। यह सेब, आम, केला, पाइनेपल, नाशपाती आदि फलो से बनाया जाता है।

प्रश्न 1381. सब्जियों की खेती को कितने वर्गों में विभाजित किया जा सकता है?

उत्तर – सब्जियों की खेती को उसके उद्देश्य, उगाने के ढंग एवं बेचने के आधार पर विभिन्न वर्गो में विभाजित किया जा सकता है जैसे : रसोईघर के लिए खेती, मार्केट गार्डन, ट्रक गार्डन, संसाधन के लिए खेती, बल द्वारा सब्जी उगाना, बीज उत्पादन के लिए सब्जियों की खेती, तैरती हुई सब्जियों की खेती में।

प्रश्न 1382. किस तत्त्व की कमी के कारण पशुओ में 'गोइटर' रोग होता है?

उत्तर – आयोडीन।

प्रश्न 1383. चेती गुलाब का वानस्पतिक नाम बताइए?

उत्तर – *रोजा डेमासीयाना*। यह गुलाब विभिन्न उत्पाद जैसे परफ्यूम, गुलकन्द, गुलाब जल बनाने हेतु आदर्श हैं। इसके पुष्पन का समय मार्च माह हैं। इसके पौधें कटिंग से अक्टूबर में तैयार किए जाते हैं।

प्रश्न 1384. ज्वार के दाने में कितना प्रोटीन पाया जाता है?

उत्तर – 10–12%। इसका वानस्पतिक नाम *सोरघम बाईकलर* है व यह ग्रेमिनी कुल का पौधा है।

प्रश्न 1385. प्रकाश प्रदीप्तन काल किस यन्त्र से मापा जाता है?

उत्तर – सन शाइन रिकॉर्डर।

प्रश्न 1386. पर्लाइट क्या है?

उत्तर – यह एक ज्वालामुखी चट्टान है जिसे हाइड्रेशन द्वारा बनाया गया है। इसे मृदा रहित माध्यम के रूप में काम लिया जाता है।

प्रश्न 1387. पौधें में जस्ते की कमी के लक्षण बताइए?

उत्तर – जस्ते की कमी होने पर पौधों की वृद्धि रुक जाती है। पौधों की पत्तियां छोटी, नुकीली और मोटी हो जाती है। पत्तियों पर पीली धारियाँ पड़ जाती है और वह समय से पूर्व गिर जाती हैं।

प्रश्न 1388. गुलदाउदी का प्रवर्धन किस विधि से किया जाता है?

उत्तर – बहुवर्षीय गुलदाउदी का प्रवर्धन सकस/कलम/ग्राफ्टिंग द्वारा किया जा सकता है। जबकि एकवर्षीय गुलदाउदी किस्मों का प्रवर्धन बीज द्वारा किया जाता है।

प्रश्न 1389. स्थाई म्लानि बिंदु क्या है?

उत्तर – जब सिंचाई करने के बाद भी मुरझाहट समाप्त ना हो वह स्थाई म्लानि (Permanent Wilting Point) बिंदु कहलाती है जबकि मुरझाहट की वह अवस्था जो सिंचाई के तुरंत बाद समाप्त हो जाती है उसे अस्थायी म्लानि (Temporary Wilting Point) बिंदु कहते हैं।

प्रश्न 1390. किस खरपतवार को सेटेलाइट एवं गुल्ली–डंडा के नाम से जाना जाता है?

उत्तर –एवीना फटुआ (जंगली जई) एवं फेलेरिस माइनर। इसकी रोकथाम के लिए आइसोप्रोट्यूरॉन (2 किग्रा./हेक्टेयर) नामक खरपतवारनाशी का प्रयोग करते हैं। ये गेहूँ व जौ की फसल में पाए जाते हैं।

प्रश्न 1391. गेहूँ का करनाल बंट रोग का कारक बताइए?

उत्तर – यह रोग *निवोसिया इंडिका* नामक कवक द्वारा फैलता है। इस रोग से ग्रसित फसल के पास जाने पर सड़ी हुई मछली व अंडे के समान गंध आती है।

प्रश्न 1392. किस फसल को चारे वाली फसलों की रानी कहा जाता है?

उत्तर – रिजका (*Medicago sativa* : Fabaceae)। 'रिजका टाइप 9,8', 'चेतक', 'आनंद 2', 'आर एल 88', 'आनंद रिजका 3' आदि इसकी उन्नत किस्में हैं।

प्रश्न 1393. वाष्पोत्सर्जन से क्या तात्पर्य हैं?

उत्तर – पौधों के अनावरित वायविय भागों से जल का वाष्प रूप में ह्रास वाष्पोत्सर्जन कहलाता है। यह तीन प्रकार का होता है।

प्रश्न 1394. धनिये (*Coriandrum sativum* : Apiaceae) की उन्नत किस्मों के नाम बताइए?

उत्तर – आर सी आर. 41,20, 435, सी ओ 1,2,3 एसी आर. 1, हिसार सुगंध, कुंभराज, जीसी–1,2, पंत हरितमा आदि। इसकी बीज दर 15–20 क्विंटल/हेक्टेयर है।

प्रश्न 1395. फूलगोभी में ब्राउनिंग विकार किसकी कमी से होता है?

उत्तर – बोरॉन की कमी से। इसके नियंत्रण के लिए बोरेक्स 2 ग्राम प्रति लीटर पानी का छिड़काव करें।

प्रश्न 1396. ट्राईकोडर्मा क्या है?

उत्तर – यह एक मित्र फफूंदी है, जो फसल को नुकसान पहुँचाने वाले हानिकारक फफूंद को नष्ट करती है। इसके प्रयोग से मृदा जनित रोग जैसे उकठा, जड़ गलन, कॉलर सड़न आदि के प्रबन्धन के लिए विभिन्न प्रकार की दलहनी, तिलहनी, सब्जियों और कपास में प्रयोग करते हैं।

प्रश्न 1397. उत्परिवर्तन (Mutation) को परिभाषित कीजिए?

उत्तर – अनुवांशिकता में आकस्मिक परिवर्तन जो दृश्य रूप को प्रभावित करते हैं तथा जो कि विसंयोजन तथा पुनर्संयोगो द्वारा उत्पन्न नहीं होते हैं, उत्परिवर्तन कहलाते हैं।

प्रश्न 1398. शुद्ध आय (Net Income) से क्या तात्पर्य है?

उत्तर – किसी व्यवसाय की वह आय जो व्यवसाय के संचालन पर आने वाले व्ययों को घटाकर शेष बचे, उसे शुद्ध आय कहते हैं।

प्रश्न 1399. राष्ट्रीय कृषि दिवस कब मनाया जाता है?

उत्तर – हर वर्ष 1 जुलाई को।

प्रश्न 1400. C_3 पौधों के उदाहरण बताइए?

उत्तर – चावल, गेहूँ, जौ, जई, मूंग, सरसों आदि। ये वे पौधें हैं जिनमे जल उपयोग क्षमता एवं प्रकाश संश्लेषण दर दोनो ही कम हो लेकिन प्रकाश श्वसन अधिक हो।

प्रश्न 1401. पोषक तत्त्वों के आधार पर चारे की फसल को वर्गीकृत करें?

उत्तर – पोषक तत्त्वों के आधार पर चारे को दो भागों में वर्गीकृत किया जा सकता है। जैसे –

(1) प्रोटीन युक्त चारा – वे फसलें जिनमे प्रोटीन की मात्रा 9 प्रतिशत या इससे अधिक होती है। जैसे बरसीम, रिजका, मैथी, सैंजी आदि।

(2) ऊर्जा प्रदान करने वाली चारा फसलें – वे फसलें जिनमे प्रोटीन की मात्रा कम व ऊर्जा की मात्रा अधिक होती हैं। जैसे मक्का, ज्वार, बाजरा, जई, नैपियर घास आदि।

प्रश्न 1402. बैंगन की उन्नत किस्मों के नाम बताइए?

उत्तर – पूसा हाईब्रिड – 5, 6, 9, पूसा क्रांति, पूसा भैरव, पूसा पर्पल कलस्टर, एम डी यू – 1, पी के एम आदि बैंगन की उन्नत किस्में है। इनके फलों का आकार एवं रंग भी अलग–अलग होता है।

प्रश्न 1403. अरण्डी का उपयोग बताइए?

उत्तर – *रिसीनस कम्यूनिस* : यूफोरबियेसी। खरीफ की एक मुख्य व्यावसायिक फसल है। इसके तेल का उपयोग साबुन, रंग, वार्निश, कपडा रंगाई उद्योग, हाइड्रोलिक ब्रेक तेल, प्लास्टिक, चमड़ा उद्योग में होता है। इसकी पत्तियाँ रेशम के कीटों को पालने व हरी खाद बनाने में काम आती हैं।

प्रश्न 1404. खेजड़ी (*प्रोसोपिस सिनरेरिया* : फेबेसी) के औषधीय गुण बताइए?

उत्तर – खेजड़ी आँखों के दर्द, जलन, लालिमा, पेचिश, एनीमिया, गले के रोग आदि में उपयोगी है। इसका फूल 'मीझर' व फल 'सांगरी' कहलाता है जिसकी सब्जी बनाई जाती है। यह राजस्थान का राज्य वृक्ष भी हैं।

प्रश्न 1405. जीवद्रव्यकुंचन (Plasmolysis) से क्या तात्पर्य है?

उत्तर – यह एक जैविक प्रक्रिया है जिसमें बाह्य परासरण द्वारा कोशिका का जल बाहर की ओर विसरित होता है।

प्रश्न 1406. कृषि पारिस्थितिकी (Argo-Ecology) को परिभाषित किजिए?

उत्तर – कृषित फसलों और उनके वायुमंडलीय एवं पारिस्थितिक सम्बन्धों का अध्ययन करने वाला विज्ञान कृषि पारिस्थितिकी कहलाती है।

प्रश्न 1407. कदाचनिक रोग या छिटपुट रोग (Sporodiac disease) किसे कहते हैं?

उत्तर – वह रोग जो बहुत अनिश्चित या अनियमित अंतरालों में यदा कदा तथा दूर–दूर अनियमित स्थानों पर बहुत थोड़े उदाहरण के रूप में उत्पन्न होते हैं।

प्रश्न 1408. बकरी की सिरोही नस्ल का उत्पत्ति स्थान बताइए?

उत्तर – राजस्थान का सिरोही जिला इसका उत्पत्ति स्थान है। इस नस्ल के पशु उदयपुर व अजमेर जिले में भी पाए जाते हैं यह द्विपररियोजनी नस्ल है। यह अधिक दूध व माँस के लिए और किसानों के लिए आर्थिक लाभ हेतु उपयोगी है।

प्रश्न 1409. सुअर के माँस को क्या कहते हैं?

उत्तर – पोर्क। गाय के बीफ, भैंस के बफन व भेड़ के माँस को मटन कहते हैं

प्रश्न 1410. राजस्थान राज्य सहकारी क्रय–विक्रय संघ लिमिटेड (RAJFED) की स्थापना कब हुई?

उत्तर – 26 नवम्बर 1957। प्राथमिक क्रय–विक्रय, सहकारी समितियों के माध्यम से राज्य के किसानों को सही मूल्य पर विभिन्न कृषि आदान उपलब्ध करना तथा उनके कृषि उत्पादों की खरीद, बिक्री तथा प्रोसेसिंग की समुचित व्यवस्था का आवश्यक मार्गदर्शन उपलब्ध कराना है।

प्रश्न 1411. बोरोन पोषक तत्त्व का पौधों में प्रमुख कार्य बताइए?

उत्तर – बोरॉन दलहनी फसलों की जड़ ग्रंथियों के विकास में सहायक होता है। इसकी कमी होने पर नत्रजन का सही उपयोग नहीं हो

पाता है। यह पोटेशियम व कैल्शियम के अनुपात को भी नियंत्रित करता है।

प्रश्न 1412. फसल की जल माँग को कौनसे कारक प्रभावित करते हैं?

उत्तर – मौसम, भूमि, फसल की किस्म, फसल लगाने का समय, कृषि क्रियाएँ आदि फसल की जल माँग को प्रभावित करते हैं।

प्रश्न 1413. अपूर्ण पुष्प किसे कहते हैं?

उत्तर – एकलिंगी तथा द्विलिंगी पौधें में जब फूल में नर या मादा दोनों में से एक ही अंग उपस्थित होता है तो उसे अपूर्ण पुष्प कहते हैं जब नर व मादा पुष्प अलग–अलग पौधों पर पैदा होते हैं तो उन्हें एकलिंगी (Dioecious Plant) कहते हैं: जैसे – पालक, पपीता, स्ट्रॉबेरी, खजूर आदि तथा जब नर एवं मादा फूल एक ही पौधों पर पाए जाते हैं तो उसे द्विलिंगी (Monoecious Plant) पौधा कहा जाता है जैसे लौकी, तुरई, मक्का, अरंडी, केला, अखरोट आदि।

प्रश्न 1414. ईसबगोल (*प्लान्टेगो ओवेटा* : प्लानबेजिनेसी) का औषधीय उपयोग बताइए?

उत्तर – इसका उपयोग कब्ज, अल्सर, बवासीर, दस्त, आँत, पेचिस जैसी जटील बिमारियों के उपचार में किया जाता है। इसकी भूसी में पानी सोखने की क्षमता अधिक है। भूसी एवं बीज का अनुपात 25:75 रहता है।

प्रश्न 1415. किस फल को' इंडियन ब्लैक प्लम' के नाम से जाना जाता है?

उत्तर – जामुन। जामुन उत्पादन की दृष्टि से भारत का विश्व में द्वितीय स्थान है। जामुन में एथोसायनिन तथा फिनोलिक्स पाए जाते हैं, जिनमे प्रति ऑक्सीकारक क्षमता पाई जाती है। इसे मधुमेह, पेट दर्द, वात रोग, आँत एंठन, तिल्ली एवं दस्त रोगों में उपयोग किया जाता है। इसकी बीज, पत्ती तथा छाल सभी उपयोगी है।

प्रश्न 1416. आधारीय बीज पर कौनसे कलर का टैग लगाया जाता है?

उत्तर – सफेद। इस बीज का उत्पादन प्रजनक बीज से किया जाता है।

प्रश्न 1417. विश्व खाद्य संगठन के अनुसार जैविक खेती को परिभाषित करें?

उत्तर – जैविक खेती एक ऐसी अनूठी कृषि प्रबंधन प्रक्रिया है जो कृषि वातावरण का स्वास्थ्य, जैव विविधता, जैविक चक्र और मिट्टी की जैव प्रणाली का संरक्षण व पोषण करते हुए उत्पादन को सुनिश्चित करती है। इस प्रक्रिया में किसी भी प्रकार के संप्रेक्षित तथा रासायनिक आदानों के उपयोग के लिए कोई स्थान नहीं हैं।

प्रश्न 1418. डिनेवलिंग किसे कहते हैं?

उत्तर – केले में नर कलिका को हटाने की तकनीक को डिनेवलिंग कहते हैं

प्रश्न 1419. वैम (VAM) क्या है?

उत्तर – वैम एक माइको–राइजा सहजीवी (फंजाई) होती है, जो कृषि, बागवानी एवं वानिकी हेतु उपयोगी नत्रजन स्थिरीकरण एवं फॉस्फेट घोलक का कार्य करती हैं।

प्रश्न 1420. परिवर्ती लागत (Variable cost) को परिभाषित करें?

उत्तर – वे लागते, जो एक निश्चित समयावधि में निर्गत की मात्रा में परिवर्तन होने के साथ–साथ बदलती रहती है।

प्रश्न 1421. वर्मीकल्चर क्या है?

उत्तर – भूमि में केंचुओ को पालना वर्मीकल्चर कहलाता है। केंचुओं की मदद से जीवांश पदार्थ/फसल अवशेषों, रसोई के व्यर्थ पदार्थ आदि को उर्वरक खाद में बदला जाता है।

प्रश्न 1422. रतनजोत का उपयोगी भाग कौनसा है?

उतर – बीज व पत्ते। रतनजोत (*जेट्रोफा कर्कस*) यूफोरबीएसी कुल का पौधा है। इसके बीजों से प्राप्त तेल को दाद, खुजली, गठिया, लकवा आदि बीमारियों में उपयोग किया जाता है परन्तु खाने में उपयोग नहीं लेना चाहिए क्योंकि यह जहरीले होते हैं। इसके तेल से साबुन, वार्निश आदि भी बनाए जाते हैं एवं इसे बायोफ्यूल के रूप में भी काम लिया जाता है। इसके पत्तों के रस का उपयोग बवासीर तथा उदर संबंधी रोगों में होता है।

प्रश्न 1423. निम्बू का प्रवर्धन किस विधि द्वारा किया जाता है?

उत्तर – निम्बू का प्रवर्धन बीज, कलिकायन एवं गुट्टी विधि (एयर लेयरिंग) से किया जाता है। इसके बीजों में बहुभ्रूणता पाई जाती हैं, जिसके

कारण इसका व्यावसायिक प्रसारण बीज द्वारा ही अधिक किया जाता है।

प्रश्न 1424. जब वस्तु के मूल्य को मुद्रा के रूप से दर्शाया जाता है तो यह क्या कहलाता है?

उत्तर – कीमत।

प्रश्न 1425. राष्ट्रीय मशरूम (खुम्भ) अनुसंधान एवं प्रशिक्षण केंद्र कहाँ स्थित हैं?

उत्तर – चम्बाघाट, सोलन (हिमाचल प्रदेश) में।

प्रश्न 1426. भिन्डी की लाल रंग की किस्म का नाम बताइए?

उत्तर – काशी लालिमा। यह किस्म भारतीय सब्जी अनुसंधान संस्थान के वैज्ञानिकों द्वारा विकसित की गई हैं।

प्रश्न 1427. विश्व मधुमक्खी दिवस कब मनाया जाता है?

उत्तर – 20 मई। यह दिवस हमारे अस्तित्त्व हेतु मधुमक्खियों एवं परागणकों के महत्त्व, सतत विकास में उनके योगदान तथा उनके संरक्षण के बारे में जागरूकता बढ़ाने के लिए मनाया जाता है।

प्रश्न 1428. गुलमोहर का वानस्पतिक नाम क्या है?

उत्तर – गुलमोहर का वानस्पतिक नाम *"डेलोनिक्स रिजिया"* है। इसका मूल स्थान मैडागास्कर है। गुलमोहर के फूल मकरंद के अच्छे स्रोत हैं। शहद की मक्खियाँ फूलों पर खूब मँडराती हैं। मकरंद के साथ पराग भी इन्हें इन फूलों से प्राप्त होता है। सूखी कठोर भूमि पर खड़े फैली हुई शाखाओं वाले गुलमोहर पर पहला फूल निकलने के एक सप्ताह के भीतर ही पूरा वृक्ष गाढ़े लाल रंग के अंगारों जैसे फूलों से भर जाता है। बसंत से गर्मी तक यानी मार्च–अप्रैल से लेकर जून–जुलाई तक गुलमोहर अपने ऊपर लाल–नारंगी रंग के फूलों की चादर ओढ़े रहता है।

प्रश्न 1429. सजावटी पत्तीदार पौधों के नाम बताइए जो घर में लगाए जा सकते हैं?

उत्तर – मनीप्लांट, क्रोटोन, स्पाइडर प्लांट, मोरपंखी, अरेलिया, पेडीलेन्थस, ड्रेसिना, कोलियस, इंग्लिश आईवी, संसेविएरिया आदि।

प्रश्न 1430. ब्रायोफिलम एवं कलंचोए में प्रवर्धन किस विधि से किया जाता है?

उत्तर – पत्तियों पर उपस्थित अपस्तानिक कलिकाओ द्वारा।

प्रश्न 1431. जैविक खेती के लाभ बताइए?

उतर – जैविक खेती में जैविक खाद के उपयोग से भूमि की गुणवत्ता में सुधार, फसलों की उत्पादकता में वृद्धि, रासायनिक खाद के कम प्रयोग में आने से किसानों की लागत में कमी, भूमि की जलधारण क्षमता में वृद्धि, पर्यावरण दुष्प्रभावों में कमी होती हैं।

प्रश्न 1432. जीवामृत क्या है?

उत्तर – जीवामृत एक अत्यधिक प्रभावशाली खाद है जिसे गोबर, गोमूत्र, गुड़, दाल का आटा, मिट्टी व पानी मिलाकर तैयार किया जाता है। यह पौधों के विकास व वृद्धि में सहायक हैं। साथ ही यह पौधों की प्रतिरोधक क्षमता को बढ़ाकर विभिन्न रोगाणुओं से सुरक्षा प्रदान करता है।

प्रश्न 1433. गाजर में पर्ण अंगमारी रोग के लक्षण बताइए?

उत्तर – यह रोग सर्कोस्परा कवक द्वारा फैलता है। इस रोग के लक्षण पत्ती, पर्णवृन्त तथा फूल वाले भागों पर दिखाई देते हैं इस रोग में पत्तियाँ मुड़ जाती हैं तथा उसकी सतह तथा पर्णवृन्तों पर अर्ध गोलाकार, भूरे अथवा काले दाग बन जाते हैं। फूल वाला भाग बीज बनने से पहले ही सिकुड़कर खराब हो जाता है। इस रोग को नियंत्रित करने के लिए मैन्कोजेब या जायनेब का 2 ग्राम प्रति लीटर पानी के हिसाब से छिड़काव करें।

प्रश्न 1434. क्रोसीडोसिमा कीट किस खरपतवार के नियंत्रण हेतु उपयोग किया जाता है?

उत्तर – लेन्टाना (*Lantana camara* : Verbenaceae)।

प्रश्न 1435. विश्व के प्रथम बायोहर्बिसाइड का नाम बताइए?

उत्तर – डिवाइन। यह *फाइटोफ्थोरा पाल्मिवोरा* के बीजाणु का तरल मिश्रण है। इसे स्ट्रंग्लर वाइन नामक खरपतवार को नियंत्रण हेतु उपयोग में लिया जाता है।

प्रश्न 1436. वर्णात्मक शाकनाशी (Selective herbicide) किसे कहते हैं?

उत्तर – वे शाकनाशी जो खड़ी फसल में टारगेट पौधों (खरपतवार) को ही नष्ट करते हैं जैसे सीमाजीन, एट्राजीन, आदि। जबकि आवरणात्मक शाकनाशी (Non selective herbicide) ऐसे शाकनाशी है जो खरपतवार के साथ–साथ फसलों को भी नष्ट कर देते हैं। जैसे – डाईक्वाट, ग्लाइफोसेट, पेराक्वाट आदि।

प्रश्न 1437. सत्यानाशी खरपतवार का वैज्ञानिक नाम बताइए?

उत्तर – *आरजिमोन मेक्सिकाना*। यह एक द्विबीजपत्री (Dicot weed) या चौड़ी पत्ती वाला खरपतवार है जो मुख्यतः सरसों के फसल में उगता है।

प्रश्न 1438. ब्युटाक्लोर का व्यापारिक नाम बताइए?

उत्तर – मेचेटी। जबकि प्रोपेनिल का स्टाम्प F-34, बैन्थियोकार्ब का सैटर्न, पाइरेजोसल्फ्युरॉन का साथी व्यापारिक नाम है।

प्रश्न 1439. वह शाकनाशी जो खरपतवारों के सम्पर्क में आने पर उन्हें नष्ट कर देते हैं, को क्या कहते हैं?

उत्तर – सम्पर्क खरपतवारनाशी। जैसे – पेराक्वाट, प्रोपोनिल एवं डाईक्वाट।

प्रश्न 1440. जवासा कौनसी ऋतु का खरपतवार है?

उत्तर – रबी। इसका प्रसारण बीज द्वारा होता है। इसके नियंत्रण हेतु 2,4–डी, 2,4,5–टी या डिकम्बा उपयोग करना चाहिये।

प्रश्न 1441. मिथाइल ब्रोमाइड व मीथेन किस तरह के खरपतवारनाशी है?

उत्तर – मृदा धुमक शाकनाशी। इसका प्रभाव भूमि में कुछ समय तक ही रहता है।

प्रश्न 1442. खरपतवार नियंत्रण की कृषित (cultural) विधियाँ बताइए?

उत्तर – फसलों को छांट करके, फसलों की बुवाई का समय परिवर्तन करके, फसलों की बीज दर व आपसी दूरी में परिवर्तित करके, फसल बोने की दिशा में बदलाव करके या फसल चक्र अपनाकर।

प्रश्न 1443. मृदा व जलवायु के आधार पर खरपतवार को वर्गीकृत करें?

उत्तर – 1. जलमग्न भूमियों के खरपतवार। जैसे – जलकुंभी, पिस्टिला, हाइड्रिला आदि।

2. रेगिस्थानी खरपतवार। जैसे – नागफनी, बबुल, जवासा आदि।

3. कृषि क्षेत्रों के खरपतवार। जैसे – बथुआ, प्याजी, सेंजी, मोथा आदि।

4. अकृषित क्षेत्रों के खरपतवार। जैसे – लेंटाना, गाजर घास, गोखरू आदि।

प्रश्न 1444. ग्रेविओला क्या है?

उत्तर – ग्रेविओला को हिंदी में रामफल (*Annona reticulate* : Annonaceae) के नाम से जाना जाता है। यह एक औषधीय पेड़ हैं जो सीताफल जैसा होता है, लेकिन इसका बाहरी आवरण चिकना होता है। इसमें कैंसर रोग के कीटाणुओं को मारने की क्षमता है। यह कीमोथैरेपी से दस गुना अधिक प्रभावशाली हैं। इसकी जड़ मिर्गी से पीड़ित व्यक्ति को सुंघाने पर मिर्गी रुक जाती हैं।

प्रश्न 1445. चने (*Cicer arietinum* : Fabaceae) में कट वर्म (Agrotis ipsilon) को कैसे नियंत्रित किया जा सकता है?

उत्तर – इस कीट के नियंत्रण हेतु क्युनालफॉस 1.5 प्रतिशत की दर से आखिरी जुताई के साथ मिला कर उपचार करें। खड़ी फसल में 10 किग्रा. मैलाथियान 2% पाउडर प्रति एकड़ की दर से बुरकाव करें।

प्रश्न 1446. पौधों में जड़गाँठ सूत्रकृमि (*मेलोईडोगाइन इन्कोगनिटा*) की उपस्थिती के लक्षण बताइए?

उत्तर – जड़गाँठ सूत्रकृमि जब पौधों में उपस्थित होता है तो पौधों की मुख्य जड़ के साथ–साथ पोषण प्रदान करने वाली सहायक जड़ों में गांठे बन जाती हैं। प्रभावित पौधों में पोषण की कमी से पौधों की वृद्धि रुक जाती हैं। पौधों की पत्तियाँ पीली पड़ जाती है और कुछ समय बाद पानी की कमी के कारण जड़ने लगती हैं।

प्रश्न 1447. लाख से क्या तात्पर्य हैं?

उत्तर – लाख एक प्राकृतिक राल है जो शल्कीय मादा लाख कीट के शरीर से स्राव के गाढ़े होने के पश्चात् प्राप्त होती है। लाख कीट का

वैज्ञानिक नाम "कैरिया लेका कैर" है। यह लैसिफिरेडी परिवार का सदस्य है। लाख की दो किस्मे होती है जिन्हें 'रंगीन' और 'कुसुमी' कहते हैं सबसे अच्छी लाख कुसुमी फसल से पैदा होती है।

प्रश्न 1448. "पालम समृद्धि" 'पूसा के टी एस – 1', 'प्रीमियम क्रॉप', 'टोपर ग्रीन कोमट', 'क्राईटेरियन' आदि किसकी उन्नत किस्में हैं?

उत्तर – ब्रोकली (*Brassica oleracea* var *italica* : Brassicaceceae) की। यह आर्थिक एवं पौष्टिकता की दृष्टी से महत्त्वपूर्ण हैं। पाँच सितारा होटलों एवं पर्यटक स्थलों में इसकी बहुत माँग हैं। यह फूल गोभी जैसा ही होता है। इसके खाने वाले भाग छोटी–छोटी बहुत सारी हरे फूल कलिकाओ का गुच्छा होता है, जो फूल खिलने से पहले पौधों से काट लिया जाता है।

प्रश्न 1449. गुलदाउदी की बिना डंडी वाली किस्मों के नाम बताइएं?

उत्तर – 'बग्गी', 'बसंती', 'शांति', 'इंदिरा', 'राखी', 'रेड गोल्ड', 'बीरबल साहनी', 'मीरा' 'जया' आदि। गुलदाउदी को "जाड़े की रानी" भी कहते हैं। इसे माला बनाने, खुले फूलों के लिए, वेनी में लगाने आदि में इस्तेमाल करते हैं।

प्रश्न 1450. बथुए (*चेनोपोडियम एल्बम* : अमरएन्थेसी) के औषधीय गुण बताइए?

उत्तर – यह कब्ज, पेट के हर रोग, यकृत, तिल्ली, अजीर्ण गैस, कृमि, दर्द, अर्श, पथरी आदि में उपयोगी हैं। इसे 'चील' के नाम से भी जाना जाता है।

प्रश्न 1451. मैथी में खरपतवार नियंत्रण कैसे किया जा सकता है?

उत्तर – मैथी के उगने के 25 और 50 दिन बाद दो बार निराई–गुड़ाई करें। पेंडीमैथलिन 0.5–0.75 किलोग्राम प्रति हेक्टेयर 600 लीटर पानी में घोलकर मेथी की बुवाई के बाद मगर उगने से पहले छिड़काव करना चाहिए।

प्रश्न 1452. लैक्टोमीटर यन्त्र से क्या नापते हैं?

उत्तर – यह यन्त्र दूध का अपेक्षित घनत्व नापने के काम आता है।

प्रश्न 1453. बेर (*जिजिफस मारीसियाना* : रेमनेसी) का कौनसा भाग खाने योग्य हैं?

उत्तर – एपीकार्प और मिजोकार्प। इसे 'गरीब का सेब' या 'शुष्क फलों के राजा' के नाम से भी जाना जाता है। इसका वानस्पतिक प्रवर्धन टी या शील्ड कलिकायन द्वारा किया जाता है।

प्रश्न 1454. शीतोष्ण फल किसे कहते हैं?

उत्तर – वे फल जो ठन्डे क्षेत्रों में उगाये जाते हैं उन्हें 'शीतोष्ण फल' कहते हैं। इस क्षेत्र में उगने वाले फल सर्दियों में अपनी पत्तियाँ गिरा देते हैं और प्रसुप्त अवस्था में चले जाते हैं। जैसे – सेब, अलूचा, नाशपाती, बादाम आदि।

प्रश्न 1455. जीरे के तेल में सुगंध किस कारण से होती हैं?

उत्तर – जीरे (*क्यूमीनम साइमीनम* : अम्बेलीफेरी) में सुगंध 'क्यूमीनोल' के कारण होती हैं। इसका उत्पत्ति स्थान भूमध्य सागर क्षेत्र हैं। इसके पुष्पक्रम को छत्रक कहते हैं।

प्रश्न 1456. काजरी (Central Arid Zone Research Institute) कहाँ स्थित हैं?

उत्तर – जोधपुर, राजस्थान। इसकी स्थापना 1959 में मरुस्थल वनीकरण शोध केंद्र का पुनर्गठन कर केंद्र सरकार द्वारा की गयी। इसका मुख्य उद्देश्य शुष्क एवं अर्द्धशुष्क क्षेत्रो में वन संपदा व कृषि का विकास करने हेतु पेड़ पौधों, चरगाह, भूमि, मृदा तथा पानी के सम्बन्ध में अध्ययन करना है।

प्रश्न 1457. लाख के कीट का परभक्षी कौन है?

उत्तर – *युबलेम्मा अमाबेल्लिस*।

प्रश्न 1458. केस्कोग्राफ यन्त्र का कार्य बताइए?

उत्तर – यह पादप वृद्धि मापने के काम आता है।

प्रश्न 1459. दीर्घ दिवस या दीर्घ प्रकाशपेक्षी पौधों के उदाहरण बताइए?

उत्तर – गेहूँ, आलू, चुकंदर आदि। इस श्रेणी के पौधों के लिए 12–14 घंटे प्रकाश की जरुरत रहती हैं।

प्रश्न 1460. स्थिर व अगतिशील तत्त्वों की कमी पौधों में कहाँ दिखाई देती हैं?

उत्तर – इन पोषक तत्त्वों की कमी के लक्षण पौधें के ऊपरी कालिका अथवा नई पत्तियों पर दिखाई देते हैं। पौधों में इन तत्त्वों का संचालन एक भाग से दूसरे में बहुत कम होता है। उदाहरण : कैल्शियम, बोरान, ताँबा, मैंगनीज, गंधक व लोहा आदि।

प्रश्न 1461. हरी खाद की सीटू विधि क्या है?

उत्तर – इस विधि के अंतर्गत जिस खेत में हरी खाद की फसल उगाई जाती है, उसी खेत में उस फसल को दबा दिया जाता है। अधिक वर्षा वाले क्षेत्रों में इस विधि का उपयोग किया जाता है। यह मृदा की उर्वरा शक्ति बढाती हैं।

प्रश्न 1462. चुकंदर (*Beta vulgaris* : Amaranthaceae) चित्तीदार पीला रोग किसकी कमी से होता है?

उतर – मैंगनीज।

प्रश्न 1463. वाष्पोत्सर्जन अनुपात (Evaporation ratio) से क्या तात्पर्य हैं?

उत्तर – एक इकाई शुष्क पदार्थ पैदा करने के लिए पौधें को जितने जल की वाष्पोत्सर्जन क्रिया में आवश्यकता होती है, उसको वाष्पोत्सर्जन अनुपात कहते हैं

प्रश्न 1464. मुर्गियों में खुनी दस्त का कारक बताइए?

उत्तर – प्रोटोजोआ। इसकी रोकथाम के लिए आहार में काक्सीडियो प्रतिरोधक पदार्थ मिला कर देना चाहिए। चूजे को सल्फा मेथाजीन देना चाहिए।

प्रश्न 1465. बीजपत्र के आधार पर खरपतवारों का वर्गीकरण करें?

उत्तर – बीजपत्र के आधार पर खरपतवारों को दो वर्गों में विभाजित करते हैं। एक बिजपत्री – जैसे प्याजी, दूबघास, मौथा, जनखरा आदि और द्विबीजपत्री – जैसे कृष्णनील, मकोय, बथुआ, हिरनखुरी, सत्यनाशी आदि।

प्रश्न 1466. उड़द (Black gram) का वानस्पतिक नाम बताइए?

उत्तर – *विग्ना मुंगो*। यह लैग्युमिनेसी (फैबेसी) कुल का पौधा है। इसमें 24% प्रोटीन व अन्य दालों की तुलना में 5–10 गुना अधिक फोस्फोरिक अम्ल पाया जाता है। इसमें अति आवश्यक मेथीयोनीन अमीनो अम्ल अधिक मात्रा में पाया जाता है जो कि मनुष्य के पाचन तंत्र द्वारा नहीं बनाया जा सकता है।

प्रश्न 1467. संकर बीज को परिभाषित करें?

उत्तर – दो या दो से अधिक स्वपरागित फसलों या शुद्ध वंशक्रमों के संकरण से प्राप्त पहली पीढ़ी (Fl) के बीजों का प्रयोग फसल उत्पादन के लिए करते हैं, तो वह बीज संकर बीज कहलाता है। इस प्रकार के बीजों को प्रतिवर्ष बदलना पड़ता है।

प्रश्न 1468. अंगूर (*Vitis vinifera* : Vitaceae) का प्रवर्धन किस व्यावसयिक विधि द्वारा करते हैं?

उत्तर – सख्त काष्ट कटिंग (कलम) द्वारा। इसकी कलम जनवरी व जुलाई में लगाई जाती है। परलेट, ब्यूटीसीडलेस, पूसा सीडलेस, थोमसन सीडलेस, अनाब–ए–शाही, अर्कावती, अर्का हंस, पूसा नवरंग इसकी उपयोगी किस्में है।

प्रश्न 1469. तिलहनों के तेल का रंग पीला किसकी उपस्थिति के कारण होता है?

उत्तर – कैरोटिनाइज्ड (एलाइल आइसो थायोसाइनेट)।

प्रश्न 1470. मुरब्बा क्या है?

उत्तर – फलों को चीनी की गाढ़ी चाशनी में सुरक्षित रखने को मुरब्बा कहते हैं। इसमें 68° ब्रिक्स से ऊपर चीनी की मात्रा रखना आवश्यक है क्योंकि इस मात्रा में चीनी परिरक्षक का कार्य करती है। आमतौर पर यह आँवले का बनाया जाता है।

प्रश्न 1471. नेशनल रिसर्च सेंटर फॉर मखाना कहाँ स्थित हैं?

उत्तर – पटना (बिहार)।

प्रश्न 1472. जब वस्तु के मूल्य को मुद्रा के रूप से दर्शाया जाता है तो यह क्या कहलाता है?

उत्तर – कीमत।

प्रश्न 1473. मृदा सरंध्रता (Soil Porosity) को परिभाषित किजिये?

उत्तर – मृदा आयतन के भीतर ठोस पदार्थों से रहित जो रिक्त स्थान होता है, उसे मृदा रन्ध्र कहते हैं तथा मृदा के कुल आयतन का वह प्रतिशत भाग जो रिक्त होता है, मृदा सरंध्रता कहलाता है।

प्रश्न 1474. लवणीय तथा क्षारीय मृदा बनने के कारण बताइए?

उत्तर – शुष्क जलवायु, लवणीय जल से लगातार सिंचाई जल निकास की कमी, उच्च भौम स्तर, प्रोफाइल में कड़ी परत, मूल पदार्थों की प्रकृति, क्षारीय उर्वरकों का अधिक प्रयोग, समुद्री जल आदि लवणीय व क्षारीय मृदा बनने के प्रमुख कारण है।

प्रश्न 1475. पपीते (*Carica papaya* : Caricaceae) की एकलिंगास्रायी (डायोसियस) किस्मों के नाम बताइए?

उत्तर – पूसा जायंट, पूसा नन्हा, पूसा ड्वार्फ, CO–1,2,6, CO–5 आदि। पपीते का उत्पत्ति स्थान मैक्सिको हैं एवं इसके फल को बेरी कहते हैं। राजस्थान में यह प्रमुखता से झुंझुनु, कोटा, बांसवाडा, सीकर, चित्तौडगढ़, सिरोहीं, झालावाड़ व धौलपुर में लगाया जाता है।

प्रश्न 1476. खजूर (*Phoenix dactylifera* : Palmae) की प्रवर्धन विधि बताइए?

उत्तर – अंतः भुस्तारियों (off shoot) द्वारा। यह सर्वाधिक लवण व क्षार सहन करने वाली फसल हैं। इसके फल में 60–70% शर्करा तथा आयरन, कैल्शियम व प्रोटीन प्रचुर मात्रा में पाया जाता है अतः शक्तिवर्धक है।

प्रश्न 1477. आँवला (*Emblica officinalis* : Euphorbiaceae) में फूल कब आते हैं?

उतर – मार्च–अप्रैल में। इसके फल देने का समय नवम्बर–दिसम्बर हैं, इसे इंडियन गूजबेरी के नाम से भी जाना जाता है। इसका प्रवर्धन पेच कलिकायन द्वारा किया जाता है।

प्रश्न 1478. दलदली भैंस (Swamp buffalo) मुख्यतः किसके लिए प्रयोग की जाती हैं?

उत्तर – भारवाहन के लिए। यह मुख्यतया फिलीपाइन्स, मलेशिया, थाईलैंड, म्यांमार, चीन व कम्पूचिया में पाई जाती हैं। भारतीय भैसों को जल भैस के नाम से जाना जाता है।

प्रश्न 1479. दूध का निर्जमीकरण (Sterilization) क्या होता है?

उत्तर – दूध को 200–11°F /115–120°C ताप पर 30 मिनट तक गर्म करने को निर्जमीकरण कहते हैं। निर्जमीकृत दूध से पनीर नहीं बनाया जा सकता है।

प्रश्न 1480. घी बनाने की पूर्ण स्तरण विधि कहाँ विकसित की गई?

उत्तर – यह विधि राष्ट्रीय डेयरी अनुसंधान संस्थान, बैंगलोर द्वारा विकसित की गई हैं।

प्रश्न 1481. तिल का वानस्पतिक नाम बताइए?

उत्तर – *सिसेमम इंडिकम*। यह पैडीलियसी कुल का पौधा है। इसके बीजों में 50% तेल पाया जाता है। इसके तेल में सिसेमोल पदार्थ पाए जाने के कारण इसे लम्बे समय तक सुरक्षित रख सकते हैं।

प्रश्न 1482. ओवरलैपिंग खेती किसे कहते हैं?

उत्तर – इसमें एक ही वर्ष में 3–4 फसलें ली जाती है और एक फसल काटने से पहले ही दूसरी फसल खेत में बोई जाती हैं। जैसे मक्का, आलू, प्याज, भिन्डी।

प्रश्न 1483. जौ (*होरडीयम वलगेयर* : पोएसी) में ग्रे स्पाइक बीमारी किसकी कमी से होती हैं?

उत्तर – मैगनीज।

प्रश्न 1484. मूंगफली (*अरेकिस हाइपोजिया* : फेबेसी) के दानों में कितना प्रतिशत प्रोटीन पाया जाता है?

उत्तर – 26%। इसमें 45% तेल भी पाया जाता है। इसे पीनट, अर्थनट व मेकीनट नामों से भी जाना जाता है।

प्रश्न 1485. कुसुम (*कार्थेमस टिकटोरियम* : कम्पोजिटी) का उत्पत्ति स्थान बताइए?

उत्तर – एबिसिनिया व अफगानिस्तान। इसे रबी ऋतु में उगाया जाता है। कम पानी एवं कम उर्वरक भूमि में इसकी खेती सफलतापूर्वक की जा सकती हैं।

प्रश्न 1486. गेंदे में पत्ती धब्बा रोग को कैसे नियंत्रित किया जा सकता है?

उत्तर – इस रोग का कारक *ऑलटरनेरिया टैजैटिका* कवक है। इसकी रोकथाम के लिए बॉविस्टिन 2 ग्राम प्रति लीटर पानी में घोल बनाकर छिड़काव करें।

प्रश्न 1487. कद्दूवर्गीय सब्जियों की खेती कब की जाती हैं?

उत्तर – कद्दूवर्गीय सब्जियों की खेती गर्मी व वर्षा दोनों ऋतुओ में की जाती हैं। इस वर्ग के अंतर्गत तरबूज, खरबूजा, कद्दू, लोकी, तोरई, टिंडा, खीरा आदि प्रमुख सब्जियाँ हैं। इनकी बेलों की अच्छी वृद्धि 25–30°C तापमान पर होती हैं।

प्रश्न 1488. खजूर (*Phoneix dactylifera* : Palmae) में पुष्पन कब होता है?

उत्तर – विभिन्न क्षेत्रों की जलवायु के अनुसार खजूर में पुष्पन की प्रक्रिया फरवरी से अप्रैल तक जारी रहता है। चूँकि खजूर में नर और मादा पुष्पक्रम अलग अलग वृक्षों पर खिलते हैं। अतः मार्च से अप्रैल तक कृत्रिम परागण की क्रिया करना आवश्यक हैं।

प्रश्न 1489. लहसुन (*Allium sativum* : Alliaceae) में थ्रिप्स को कैसे नियंत्रित कर सकते हैं?

उत्तर – इसके प्रबन्धन के लिए कीटरोधी प्रजातियाँ उगानी चाहिए। कीट के अधिक प्रकोप की दशा में 150 मिली. इमिडाक्लोप्रीड 17.8 एस एल को 500–600 लीटर पानी में घोलकर प्रति हेक्टेयर की दर से छिड़काव करना चाहिए।

प्रश्न 1490. सुनहरी शकरकंद का महत्व बताइए?

उत्तर – यह विटामिन ए से भरपूर एक खास किस्म का शक्करकंद है। इसमें चार प्रकार की चीनी पायी जाती हैं। ग्लूकोज, फ्रुक्टोज, सुक्रोज व माल्टोज। इसमें सुक्रोज व फ्रुक्टोज की मात्रा न्यूनतम होती हैं और

फाइबर अधिकतम होता है। अतः मधुमेह के रोगी भी इसका सेवन कर सकते हैं। यह कैंसर व यकृत सम्बंधित बिमारियों को रोकने में मदद करता है।

प्रश्न 1491. केले (*Musa paradisica* : Musaceae) की प्रवर्धन विधि बताइए?

उत्तर – इसका प्रवर्धन मुख्य रूप से अंतः भूस्तारिकाओं द्वारा किया जाता है। केले के कंद से दो प्रकार के सकर्स निकलते हैं – तलवार व जलीय सकर्स। व्यावसायिक दृष्टिकोण से तलवार सकर्स सबसे उपयुक्त है। वर्तमान में इसका प्रवर्धन टिश्यू कल्चर या सूक्ष्म प्रवर्धन द्वारा भी किया जाता है।

प्रश्न 1492. टमाटर में ब्लोसम एंड रॉट किस तत्त्व की कमी से होता है?

उत्तर – कैल्शियम।

प्रश्न 1493. 'पूसा हाइब्रिड–5', 'पूसा हाइब्रिड–9', 'विजय हाइब्रिड', 'पूसा पर्पल लौंग', 'पूसा पर्पल क्लस्टर' आदि किसकी उन्नत किस्में हैं?

उत्तर – बैंगन की। इसकी बुवाई साल में तीन बार कर सकते हैं यानी सितम्बर–अक्टूबर, दिसम्बर–जनवरी एवं फरवरी–मार्च। इसकी बीज दर 400–500 ग्राम प्रति हेक्टेयर है।

प्रश्न 1494. मृदा परिच्छेदिका को परिभाषित किजिए?

उत्तर – मृदा की उपरी सतह से लेकर विभिन्न होरीजन्स से होकर मूल पदार्थ तक की ऊर्ध्वाधर कोट जहाँ पैतृक पदार्थ विद्यमान है, मृदा परिच्छेदिका कहलाती है।

प्रश्न 1495. स्थिर व अगतिशील तत्त्व की कमी के लक्षण पौधें में कहाँ दिखाई देते हैं?

उत्तर – इन पोषक तत्त्वों की कमी के लक्षण पौधें के उपरी कलिका अथवा नई पत्तियों पर दिखाई देते हैं पौधों में इन तत्त्वों का संचालन एक भाग से दूसरे भाग में बहुत कम होता है, उदाहरण – कैल्शियम, बोरॉन, तांबा, गंधक, लोह आदि।

प्रश्न 1496. मोलिब्डेनम तत्त्व के पौधों में प्रमुख कार्य बताइए?

उत्तर – दलहनी फसलों में नत्रजन स्थिरीकरण में योगदान, विटामिन सी एवं शर्करा के संश्लेषण में यह आवश्यक है।

प्रश्न 1497. नीम की खली में नाइट्रोजन की मात्रा कितनी होती हैं?

उत्तर – 5.22%। नीम की खली में अन्य खलियों की अपेक्षा सल्फर (1.07–1.30) अधिक होता है। यह एक शानदार उर्वरक एवं पोषक के रूप में काम करता है। सिर्फ ऑर्गनिक नाइट्रोजन के रूप में ही नहीं, नाइट्रीकरण निरोधक (नाइट्रोजन नियामक) के रूप में भी यह काम करता है।

प्रश्न 1498. रिलेटिव खरपतवार से क्या तात्पर्य है?

उत्तर – इस श्रेणी में फसलों के वे पौधें होते हैं जिन्हें कृषक खेत में बोते नहीं है तथा स्वयं ही उग आते हैं जैसे गेहूँ के खेत में चना, जौ व सरसों के पौधें उग आते हैं।

प्रश्न 1499. सूरजमुखी का वानस्पातिक नाम बताइए?

उत्तर – *हैलीएन्थस एन्नस*। यह कम्पोजिटी (एस्टेरेसी) कुल का पौधा है। इसमें 45–50% तेल पाया जाता है। इसके तेल में 64% तक लिनोलिक अम्ल पाया जाता है जो धमनियों में कॉलेस्ट्रोल को साफ करता है।

प्रश्न 1500. किस मृदा में ऊपरी सतह सुखने पर खेत में जगह जगह सफेद चकते उभर जाते हैं?

उत्तर – लवणीय मृदा में। इस तरह की मृदा की विद्युत चालकता 4 से अधिक, पी.एच. 8.5 से कम व विनिमयशील सोडियम 15 से कम होता है।

प्रश्न 1501. मूंगफली की खली में कितने प्रतिशत नत्रजन पाया जाता है?

उत्तर – मूंगफली *(एराकीस हाइपोजिया* : फैबेसी) की खली में 7.3 प्रतिशत नाइट्रोजन, 1.4 प्रतिशत फॉस्फोरस और 1.2 प्रतिशत पोटाश पाया जाता है।

प्रश्न 1502. स्वीट कॉर्न की उन्नत किस्में बताइए?

उत्तर – माधुरी, प्रिया, बिन ऑरेंज स्वीटकॉर्न, सुगर–75 विंटर स्वीट, ब्राइट जीन, एच एस सी–7 आदि स्वीटकॉर्न की उन्नत प्रजातियाँ हैं।

इसकी बीज दर 5–6 किलोग्राम मात्रा एक हेक्टेयर के लिए पर्याप्त होती है।

प्रश्न 1503. अरहर का वानस्पतिक नाम बताइए?

उत्तर – *कैजानस कजान।* यह फैबेसी कुल का पौधा है। इसका उत्पत्ति स्थान अफ्रीका है। इसमें अधोभूमिक प्रकार का अंकुरण पाया जाता है।

प्रश्न 1504. गेहूँ व जौ में मोल्या रोग कौनसे सुत्रकृमी द्वारा होता है?

उत्तर – गेहूँ व जौ में यह रोग धान्य पुट्टी, सूत्रकृमी (*हेटेरोडेरा ऐवेनी*) द्वारा होता है। सर्वप्रथम सन 1874 में कून ने जर्मनी में पुट्टीकारी सूत्रकृमियों को धान्य के परजीवी के रूप में पाया था।

प्रश्न 1505. मक्का (*जीया मेज* : पोएसी) का उद्‌भव स्थान बताइए?

उत्तर – मध्य अमेरिका व मेक्सिको। इसे अनाज की रानी भी कहते हैं। इसके फल का प्रकार केरियोप्सिस है। इसमें दो एमिनो अम्ल ट्रिपटोफेन व लाइसीन की कमी पाई जाती हैं।

प्रश्न 1506. भिन्डी (*Abelmoschus esculentus* : Malvaceae) की ग्रीष्मकालीन फसल की बीज दर बताइए?

उत्तर– 18–20 किलोग्राम/हेक्टेयर। ग्रीष्मकालीन फसल के लिए पंक्तियों और पौधों में क्रमशः 15 और 30 सेमी की दूरी रखनी चाहिए।

प्रश्न 1507. अधोभूमिक अंकुरण (Hypogeal germination) से क्या तात्पर्य हैं?

उत्तर – जिसमें बीज पत्र अंकुरण के समय जमीन में रह जाता है उसे अधोभूमिक अंकुरण कहते हैं। जैसे चना, मटर, मसुर आदि।

प्रश्न 1508. भारतीय दलहन अनुसंधान संस्थान कहाँ स्थित हैं?

उत्तर – कानपुर, उत्तरप्रदेश।

प्रश्न 1509. सरसों के छाछ्या रोग को कैसे नियंत्रित कर सकते हैं?

उत्तर – यह कवक जनित रोग हैं। इसके नियंत्रण के लिए खड़ी फसल में 20–25 किलोग्राम गंधक प्रति हेक्टेयर अथवा केराथेन – एलसी 1 ग्राम प्रति लीटर पानी में घोलकर बनाकर छिडकाव करना चाहिए।

प्रश्न 1510. निमीलित परागण किसे कहते हैं?

उत्तर – कुछ पौधों के पुष्प सदैव बंद रहते हैं तथा वे कभी नहीं खिलते हैं अतः इनमे हमेशा स्वपरागण होता है। जैसे खट्टी बुट्टी, ड्रोसिरा आदि।

प्रश्न 1511. सहलग्नता शब्द किसने दिया था?

उत्तर – मोरगन ने 1910 में। एक ही गुणसूत्र पर उपस्थित जब दो या दो से अधिक जीनो में वंशागति के दौरान साथ रहने की प्रवृत्ति पाई जाती है, उसे सहलग्नता कहते हैं।

प्रश्न 1512. अनार की तितली में किस तरह के मुखाँग पाए जाते हैं?

उत्तर – स्यफोनिंग। इस प्रकार के मुखाँग लेपिडोपटेरा गण के कीटों में पाए जाते हैं।

प्रश्न 1513. बल्ब द्वारा किन पौधा का प्रसारण करते हैं, नाम बताइए?

उत्तर – प्याज, लहसुन।

प्रश्न 1514 पिंचिग किन पौधों में की जाती है?

उत्तर – यह क्रिया गेंदा, गुलदाउदी, कारनेशन, आदि पौधों में की जाती है। पौधों के ऊपरी भाग को तोड़ना पिंचिग कहलाता है। यह पौधों में अग्रस्थ प्रभाव को कम करने के लिए किया जाता है। इससे पौधों में अधिक शाखायें निकलती है और फूलों की पैदावार बढ़ जाती है।

प्रश्न 1515. कम्पोस्ट क्या है?

उत्तर – कम्पोस्ट एक जैविक खाद है। इसको कूड़ा खाद भी कहा जाता है। पशुओं के गोबर आदि का जीवाणु द्वारा विशेष परिस्थिति में विच्छेदन होने से बनती है। इसे विभिन्न विधियों जैसे गड्ढा विधि, इंदौर विधि, ढेर विधि आदि द्वारा विकसित किया जाता है।

प्रश्न 1516. राजस्थान में कुल सिंचित क्षेत्रफल कितना है?

उत्तर – राजस्थान में कुल 38.60 लाख हेक्टेयर सिंचित क्षेत्र है। यहाँ 2018–19 में 231.25 लाख मैट्रिक टन व 2019–20 में 249.88 लाख मैट्रिक टन खाद्य उत्पादन आंकलित किया गया है।

प्रश्न 1517. जीरे का वानस्पतिक नाम बताइए?

उत्तर – *क्यूमिनम सायमिनम*। यह ऐपीएसी कुल का पौधा है। इसका उद्भव स्थान भूमध्य सागरीय क्षेत्र हैं। 'जी सी 4', 'आर जेड 19', 'आर जेड 209' आदि इसकी उन्नत किस्में हैं।

प्रश्न 1518. जायद मूंग की खेती के लिए बीज दर बताइए?

उत्तर – 15–20 किग्रा प्रति हेक्टेयर। मूंग में 25% प्रोटीन पाया जाता है। यह फेबेसी कुल का पौधा है।

प्रश्न 1519. राइजोबियम से मूंग के बीज उपचार की विधि बताइए?

उत्तर – इसके उपचार हेतु एक लीटर पानी और 250 ग्राम गुड़ को घोलकर गर्म करें। ठंडा होने पर 200 ग्राम के 3 पैकेट राइजोबियम कल्चर मिला देवें। इस मिश्रण की एक हेक्टेयर में बुवाई की जाने वाले बीजों पर भलीभाँति परत चढ़ा देवें। बीजों को छाया में सुखाकर बुवाई करें।

प्रश्न 1520. केन्द्रीय गन्ना अनुसंधान संस्थान कहाँ स्थित हैं?

उत्तर – लखनऊ, उत्तरप्रदेश।

प्रश्न 1521. हल्की कार्बनिक खाद (Light Organic Manure) के उदाहरण बताइए?

उत्तर – खलियाँ, सुखा रक्त, हड्डी का चूरा, मछली का खाद आदि। ये खाद वजन/आयतन में कम होती है लेकिन इनमें पोषक तत्त्वों की मात्रा अधिक होती है।

प्रश्न 1522. सिंचाई की अंगूठी विधि क्या है?

उत्तर – यह विधि फल वृक्षों की सिंचाई के लिए काम में ली जाती हैं। इस विधि से सिंचाई करने पर तने का जल से सीधा सम्बन्ध नहीं हो पाता और वृक्ष सुरक्षित रहता है। वृक्षों की दो पंक्तियों के बीच में एक नाली रहती है जिससे हर वृक्ष के घेरे का सम्बन्ध रहता है।

प्रश्न 1523. फसल में उखटा रोग किसके द्वारा होता है?

उत्तर – यह रोग कवक द्वारा फैलता है। यह रोग जड़ से फैलकर पूरे पौधें को सुखाकर नष्ट कर देता है। यह बैंगन, अरहर, चना, गन्ना आदि फसलों में होता है।

प्रश्न 1524. भूरी सरसों कि उन्नत किस्मों के नाम बताइए?

उत्तर – पूसा कल्याणी, लोटनी, सुफला, BS–2, BS–70 आदि।

प्रश्न 1525. सिंदूरी का औषधीय उपयोग बताइए?

उत्तर – इसकी पत्ती, छाल, बीज एवं जड़ उपयोगी हैं। यह गुर्दे सम्बन्धी विकार, रक्तविकार, वमननाशक, पितनाशक हैं। इसका सौंदर्य प्रसाधन बनाने में भी उपयोग किया जाता है।

प्रश्न 1526. पशुओं में खुरपका और मुहँपका बीमारी का कारक कौन हैं?

उत्तर – यह विषाणु जनित रोग हैं। इस बीमारी में जीभ, होठ और नाखूनों में छाले पड़ जाते हैं, पशु लंगड़ाता है तथा जमीन पर पैर पटकता है।

प्रश्न 1527. मुर्गी की प्लाई माउथ रॉक नस्ल का उत्पत्ति स्थान बताइए?

उत्तर – अमेरिका। इस नस्ल के पक्षी बड़े होते हैं एवं मादा पक्षियों के टखनों पर प्रायः काले धब्बे होते हैं। यह ब्रॉयलर उत्पादन हेतु प्रसिद्ध नस्ल हैं।

प्रश्न 1528. फल एवं सब्जी परिरक्षण के पिता कौन हैं?

उत्तर – निकोलस एपर्ट।

प्रश्न 1529. स्वपरागित (Self Pollinated) सब्जी की फसलों के नाम बताइए?

उत्तर – टमाटर, मिर्च, मटर, भिन्डी, आलू आदि स्वपरागित सब्जी की फसलें हैं। किसी फूल के परागकणों का उसी फूल के वर्तिकाग्र पर पहुँचना स्वपरागण कहलाता है।

प्रश्न 1530. आम (*Mangifera indica* : Anacardeaceae) में पत्ती जलना (Scorching) का कारण क्या है?

उत्तर – पोटेशियम एवं क्लोराइड की अधिकता के कारण आम की पत्तियाँ जल जाती हैं।

प्रश्न 1531. एजोला का उपयोग बताइए?

उत्तर – इसका मुख्यतया उपयोग पशुओं के हरे चारे के रूप में, भूमि की उर्वरा शक्ति बढ़ाने में, जैविक खाद के रूप में, मच्छर से बचने वाली क्रीम तथा बायो अपघटक के रूप में किया जाता है। यह पशुओ में

प्रजनन क्षमता और बछड़ी की वृद्धि दर बढ़ाता है। एजोला (Azolla) एक तैरती हुई फर्न है जो शैवाल से मिलती–जुलती है।

प्रश्न 1532. पुष्पक्रम (Inflorescence) से क्या तात्पर्य है?

उत्तर – पुष्पों का समूह अपनी पुष्पीय शाखा पर जिस क्रम में लगा रहता है उसे पुष्पक्रम कहते हैं।

प्रश्न 1533. रक्षक फसलें (Guard/Border crops) क्या है?

उत्तर – मुख्य फसल के चारों ओर लगाई जाने वाली (खेत की बाउन्ड्री पर) रक्षार्थ गौण फसल रक्षक फसल कहलाती है। जैसे गन्ने के चारों ओर ढेंचा उगाया जाता है।

प्रश्न 1534. पैगिंग डाउन प्रक्रिया किस फसल में पाई जाती है?

उत्तर – मूंगफली *(एरकिस हाईपोइजीया* : फेबेसी)।

प्रश्न 1535. फाइटोटोक्सिन को परिभाषित कीजिये?

उत्तर – वे पदार्थ जो पौधों के लिए जहरीले होते हैं उन्हें फाइटोटोक्सिन कहते हैं।

प्रश्न 1536. स्त्रीपूर्वता को परिभाषित कीजिये?

उत्तर – किसी फूल के परागकणों के परिपक्व होने के पूर्व ही उसके वर्तिकाग्र का परिपक्व होना स्त्रीपूर्वता कहलाता है। इसका उदाहरण बाजरा है।

प्रश्न 1537. विज्ञान की उस इकाई का नाम बताइए जिसमें पौधें के परागकणों का अध्ययन करते हैं?

उत्तर – पेलिनोलॉजी।

प्रश्न 1538. किसी तरल पदार्थ में एसिटिक अम्ल की मात्रा मापने के लिए कौनसा यंत्र काम में लिया जाता है?

उत्तर – एसीटोमीटर।

प्रश्न 1539. माइक्रो सिंचाई के दो उदाहरण बताइए?

उत्तर – (i) ड्रिप सिंचाई – इस विधि में बूंद–बूंद द्वारा पौधों की जड़ों में सिंचाई की जाती है जिससे 90% पानी की बचत होती है। (ii)

फुव्वारा सिंचाई – इस विधि द्वारा 25–33% जल की बचत की जा सकती है।

प्रश्न 1540. मोनलीफार्म एण्टिनी किस कीट में पाई जाती है?

उत्तर – दीमक मे।

प्रश्न 1541. भारत के प्रथम प्लांट प्रोटेक्शन एडवाइजर कौन थे?

उत्तर – डॉ. हेमसिंह प्रूथी।

प्रश्न 1542. राजस्थान के ऐग्रोक्लाइमेटिक जोन की संख्या बताइए?

उत्तर – 10। जबकि भारत के ऐग्रोक्लाइमेटिक जोन कुल 127 है (Acc to National Agricultural Research Projects)।

प्रश्न 1543. जल में अघुलनशील फोस्फेटिक उर्वरकों के नाम बताइए?

उत्तर – बोनमील, बल्डमील, फिशमील, फैदरमील आदि।

प्रश्न 1544. मादा टिड्डे के जनन उपांग उदर के किस खंड में स्थित होते हैं?

उत्तर – आठवें–नवें खंड में।

प्रश्न 1545. पायरिला किस मुल से सम्बन्धित है?

उत्तर – फलगोरिडी।

प्रश्न 1546. लालसुरही का वैज्ञानिक नाम क्या है?

उत्तर – *राइजोपर्था डोमिनिका*।

प्रश्न 1547. शल्कयुक्त पंख (स्केल्स) वाले कीट किस गण में आते हैं?

उत्तर – लैपिडोप्टेरा।

प्रश्न 1548. इम्स ने 1961 में कीटों के कितने वर्ग बताए थे?

उत्तर – 29।

प्रश्न 1549. कद्दू का लाल कीड़ा किस कुल से सम्बन्धित है?

उत्तर – क्राइसोमिलेडी।

प्रश्न 1550. गण हेमीप्टेरा के कीटों के मुखांग होते हैं?

उत्तर – चुभाने एवं चूसने वाले।

प्रश्न 1551. खरबूजे की उन्नत किस्मों के नाम बताइए?

उत्तर – 'अर्का जीत', 'अर्का राजकेस', 'दुर्गापुरा मधु', 'हिसार सारस', 'पूसा मधुरस', 'पुसा रसराज', 'हरा मधु' आदि। खरबूजे में पोषक तत्त्व पर्याप्त मात्रा में पाए जाते हैं। इसमें विटामिन ए, बी, सी प्रचुर मात्रा में पाए जाते हैं एवम् कैल्शियम, फोस्फोरस एवं लोह भी प्रचुर मात्रा में पाए जाते हैं।

प्रश्न 1552. कालमेघ क्या है?

उत्तर – कालमेघ एक बहुवर्षीय शाक जातीय पौधा है। इसका वानस्पतिक नाम *'एंडोग्रेफिस पैनिकुलटा'* है। इसकी पत्तियों में कालमेघीन नामक उपक्षार पाया जाता है। इसका उपयोग धीमे पाचन व आँत जलन में किया जाता है। यह चर्म रोग, स्कैबिज, बुखार, मलेरिया, पीलिया व अन्य लीवर सम्बन्धित विकारों में भी उपयोगी है।

प्रश्न 1553. टिड्डी का जीवन काल कितने दिन का होता है?

उत्तर – टिड्डी (डेजर्ट लोकस्ट) का वैज्ञानिक नाम *सिस्टोसिरा ग्रिगोरिया* है। इसका जीवनकाल 90 दिन का होता है। इसमें दुसरे कीट की तरह मेटामोर्फोसिस के दौरान प्यूपा अवस्था नहीं पाई जाती। अंडे से निम्फ निकलकर सीधा वयस्क टिड्डी में बदल जाते हैं।

प्रश्न 1554. ड्रेगन फल (*Hylocereus undatus*) के प्रवर्धन की विधि बताइए?

उत्तर – इसका साधारण नाम पिताया फल है। यह केकटेसी परिवार का सदस्य है। इसका व्यावसायिक प्रवर्धन कलम से किया जाता है। बीज के माध्यम से भी इसे उगाया जा सकता है परन्तु उसमे पौधा तैयार होने में ज्यादा समय लगता है।

प्रश्न 1555. 'सेलम', 'प्रगति' 'नरेन्द्र 1, 2, 3', 'कृष्णा' आदि किसकी उन्नत किस्मे हैं?

उत्तर – हल्दी (*Curcuma longa* : Zingiberaceae) की। इसकी बुवाई जून–जुलाई में की जाती गई। बुवाई के लिए बीज की मात्रा मदर राइजोम 12–14 क्विंटल या फिंगर 10–12 क्विंटल प्रति एकड़ है।

प्रश्न 1556. गुलाब (*रोजा इंडिका* : रोजेसी) में चूर्णिल आसिता (पाउडरी मिल्ड्यू) का कारक बताओ?

उत्तर – गुलाब में यह रोग फफुन्द *स्फरोथीका पेनोसा* द्वारा होता है। इस रोग में सफेद रंग का पाउडर और पत्तियों, तनों, कलियों एवं फूलों पर चकते दिखाई देता है।

प्रश्न 1557. अगेती फूलगोभी (*ब्रेसिका ऑलिरेसीया ब्रोट्राइटीस* : ब्रेसिकेसी) की फसल के लिए बीज दर बताइए?

उत्तर – 450–500 ग्राम प्रति हेक्टेयर। पूसा दिपाली' 'अर्ली कुआरी', 'पन्त गोभी–2', 'पन्त गोभी–3', 'पूसा कार्तिक', 'पूसा अर्ली सेन्थेटिक' आदि फूलगोभी की उन्नत किस्में है।

प्रश्न 1558. उन्नत बीज किसे कहा जायेगा?

उत्तर – भौतिक एवं आनुवंशिक रूप से शुद्ध और मानक अंकुरण क्षमता के बीज को उन्नत बीज कहते हैं।

प्रश्न 1559. आधार बीज (Foundation seed) पर कौनसे रंग का टेग लगाया जाता है?

उत्तर – आधार बीज की थैलियों पर सफेद रंग का प्रमाणीकरण टैग (लेबल) लगा होता है। यह बीज प्रजनक बीज की संतति होती है। जिसे बीज प्रमाणीकरण संस्था की देखरेख में निर्धारित मानकों पर पाए जाने पर प्रमाणित किया जाता है।

प्रश्न 1560. विश्व का सबसे बड़ा सोलर पार्क कहाँ स्थित हैं?

उत्तर – विश्व का सबसे बड़ा सोलर पार्क बंगलुरू (2018) में स्थित हैं। इसकी क्षमता 23379 मेगा वॉट हैं।

प्रश्न 1561. राजस्थान के उष्णकटिबंधीय कंटक वन में कौन–कौन से पेड़ पाए जाते हैं?

उत्तर – यह वन राजस्थान के जोधपुर, पाली, जालौर, बाड़मेर, चुरू, बीकानेर व सीकर में पाए जाते हैं। इन वनों में कैर (*अकेसिया केटचु*), खेजड़ी (*प्रोसोपीस सिनरेरीया*), कीकर (*अकेसिया मोटाई*), रोहिड़ा (*टिकोमेला अंड़यूलेटा*) आदि वृक्ष पाए जाते हैं।

प्रश्न 1562. वनों का आर्थिक महत्व बताइए?

उत्तर – वनों से हमे बाँस, गोंद, कत्था, लाख, घास, खस, महुआ एवं अनेक औषधियाँ प्राप्त होती हैं। इनसे हमे आँवला, कैर, बेर, शहद, मोम तथा अनेक कन्द भी प्राप्त होते हैं। वनों से ईमारती लकड़ी (सागवान, धोकडा, सालर, शीशम, बबूल आदि) तथा ईंधन हेतु लकडी और कोयला प्राप्त होता है।

प्रश्न 1563. द्रव्य खाद किसे कहते हैं?

उत्तर – पशुओं के पेशाब (urine), बिछावन से एवं गोबर के ढेर से निकलने वाले द्रव्य को द्रव्य खाद कहते हैं।

प्रश्न 1564. मक्का (*जिया मेज* : पोएसी) की क्रांतिक अवस्थाएँ बताइए?

उत्तर – मंजरी (tassling), मादा फूल निकलते समय, दाढ़ी बनने पर (silking), एवं कड़ा होने पर (dough stages)।

प्रश्न 1565. किस वृक्ष को फाउन्टेन वृक्ष के नाम से भी जाना जाता है?

उत्तर – *स्पेथोडिया कम्पेकुलेटा* (अफ्रीकन ट्यूलीप)। यह बिगनोनियेसी कुल का पौधा है। इसकी जड़, बीज, छाल, पत्तियाँ, फूलों का मलेरिया, एड्स, डायबिटिज, चर्मरोग, लिवर संबंधित रोग, कब्ज आदि बिमारियों में उपयोग किया जाता है।

प्रश्न 1566. सेरिकल्चर से क्या तात्पर्य हैं?

उत्तर – यह कृषि विज्ञान की वह शाखा है जिसमें रेशम कीट के पालन एवं रेशम उत्पादन का अध्ययन किया जाता है।

प्रश्न 1567. ओस नापने के लिए कौनसा यंत्र काम में लिया जाता है?

उत्तर – ड्रोसोमीटर। इसे ओटेली ड्यू गेज के नाम से भी जाना जाता है।

प्रश्न 1568. निर्मल ग्राम योजना क्या है?

उत्तर – गाँवों में कचरे का उपयोग कर कम्पोस्ट खाद तैयार करने हेतु यह योजना शुरू की गई हैं।

प्रश्न 1569. गुरुत्वाकर्षण जल को परिभाषित कीजिए?

उत्तर – मृदा के बड़े रन्ध्रों के बीच में उपस्थित जल अथवा क्षेत्र धारण क्षमता से अधिक जल जो गुरुत्वाकर्षण के कारण नीचे की सतहों में जाता है। उसे गुरुत्वाकर्षण जल कहते हैं इसका मान 1/3 बार से कम होता है।

प्रश्न 1570. सूक्ष्म पौषक तत्त्वों को परिभाषित कीजिए?

उत्तर – ऐसे पौषक तत्त्व जिनकी पौधों को 1000 पी पी एम से कम आवश्यकता होती हैं। उन्हें सूक्ष्म पौषक तत्त्व कहते हैं। जैसे – लोह, जिंक, कॉपर, मैग्निज आदि।

प्रश्न 1571. टिकाऊ खेती क्या है?

उत्तर – मृदा की उर्वरा शक्ति व परिस्थितिकी के संतुलन को बनाए रखते हुए लम्बे समय तक अधिक उत्पादन लेना टिकाऊ खेती कहलाता है।

प्रश्न 1572. विदेशी खरपतवारों के उदाहरण दिजिये?

उत्तर – पारथेनियम (गाजर घास), लेन्टाना, सत्यानाशी आदि। ये वो खरपतवार है जिनकी उत्पत्ति विदेश में हुई लेकिन वो किसी फसल के साथ अथवा किसी अन्य कारण से दुसरे देश में प्रवेश कर जाते हैं उन्हें विदेशी खरपतवार कहते हैं।

प्रश्न 1573. नेशनल सीड कॉपोरेशन की स्थापना कब हुई?

उत्तर – 7 मार्च 1963 में।

प्रश्न 1574. जौ (*Hordeum vulgare*) का उत्पत्ति स्थान बताइए?

उत्तर – एबीसिनिया या इथोपिया। जौ के फल को कैरयोप्सिस कहते हैं। इसमें 11% प्रोटीन पाया जाता है। यह एक स्वपरागित पौधा है।

प्रश्न 1575. मक्का (*Zea mays* : Poaceae) में लगने वाली छेदक मक्खी की कौनसी अवस्था हानिकारक है?

उत्तर – सूंडी (Maggot)।

प्रश्न 1576. उड़द (*Vigna mungo* : Fabaceae) में पीला मोजेक रोग का कारक बताइए?

उत्तर – यह एक वायरस जनित रोग है जो सफेद मक्खी द्वारा फैलता है।

प्रश्न 1577. मूंगफली (*Arachis hypogea* : Fabaceae) के दाने रहित पोड को क्या कहते हैं?

उत्तर – पोद। मूंगफली में पोपिंग कैल्शियम की कमी के कारण होता है।

प्रश्न 1578. आम की किस्म सिन्धु किसका संकरण है?

उत्तर – रत्ना x अल्फाजो का। यह आम की बीज रहित किस्म है। इसमें 96% गुद्दा पाया जाता है।

प्रश्न 1579. आँवले (*Emblica officinalis* : Euphorbiaceae) की वानस्पतिक प्रवर्धन विधि बताइए?

उत्तर – पेच कलिकायन द्वारा। 'बनारसी', 'चकैया', 'कंचन', 'अमृत', 'नीलम', 'बलवंत' आदि आँवले की उन्नत किस्में हैं।

प्रश्न 1580. पेरिल्ला क्या है?

उत्तर – पेरिल्ला (*पेरिल्ला फ्रूटसेन्स* : लेनियसी)। एक तिलहनी फसल है जिसका उत्पत्ति स्थल भारत और चीन के पहाड़ी क्षेत्र माना गया है। विश्व में इसकी दो किस्में हरी पत्ती व लाल पत्ती पाई जाती है। हरी पत्ती वाली किस्म को खेती के लिए एवं लाल पत्तों वाली को सजावटी पौधों के रूप में उगाया जाता है। इसके बीजों में 52 प्रतिशत खाद्य तेल पाया जाता है।

प्रश्न 1581. मेस्टा (लकरा) कौन से कुल का पौधा है?

उत्तर – मालवेसी। इसका वानस्पतिक नाम *हिबिस्कस सबहरिफा* है। इसकी खेती फाइबर के लिए की जाती है। इसकी ताजी पत्तियों का उपयोग सब्जी के रूप में किया जाता है। इसके सूखे एवं ताजा रेशे का उपायेग पेपर पल्प, थर्मोप्लास्टिक, जियोटेक्सस, पोटमिक्स एवं कृषि मल्च आदि में किया जाता है।

प्रश्न 1582. धान का झोंका रोग का कारक बताइए?

उत्तर – यह रोग *पायरीकुलेरिया ओराइजी* नामक फफूंद से होता है।

प्रश्न 1583. भारत के किस शहर को सैंडल वुड सिटी के नाम से जाना जाता है?

उत्तर – मैसूर, कर्नाटका।

प्रश्न 1584. सिमा क्या है?

उत्तर – सिमा भू–पर्पटी की निचली परत है। इस परत में मैग्निशियम सिलिकेट खनिजों की प्रधानता होती है। आमतौर पर जब सिमा सतह पर आती है तो वह 'बेसाल्ट परत' कहलाती है। जबकि सियाल भू–पर्पटी की ऊपरी परत है।

प्रश्न 1585. अवक्षेपण किसे कहते हैं?

उत्तर – क्ले, आयरन, एल्युमीनियम ऑक्साइड और कार्बनिक पदार्थ का पानी के साथ घुलकर निक्षालन द्वारा A संस्तर से B संस्तर में जाना अवक्षेपण कहलाता है।

प्रश्न 1586. शीर्ष दाब विधि से क्या तात्पर्य है?

उत्तर – पौधें की किसी निचली शाखा के शीर्ष को भूमि में दबा दिया जाता है जिससे कुछ समय बाद फूटन निकल जाता है। लगभग 1.5–2 महीने बाद इसे अलग करके नए पौधें के रूप में लगाया जाता है। जैसे रोज बैरी, ब्लैक बैरी आदि।

प्रश्न 1587. इथाइलिन की खोज किसने की?

उत्तर – इथाइलिन की खोज 1935 में रूस के वैज्ञानिक क्रोकर ने पादप हार्मोन के रूप में की थी।

प्रश्न 1588. ड्रेगन फल का पौधा बुवाई के कितने माह के बाद फल देना प्रारम्भ कर देता है?

उत्तर – 16–18 माह बाद। यह एक बार लगाने के बाद 15–20 वर्ष तक फल देता है। इसके फल का आकार 380 ग्राम से 450 ग्राम तक होता है। इसमे खनिज लवण, प्रोटीन, विटामिन कार्बोहाइड्रेट इत्यादि तत्त्व पाए जाते हैं इसके फल में लाइकोपीन की मात्रा पाई जाती है, जो प्रोस्टेट कैंसर से बचाता है।

प्रश्न 1589. उभयलिंगी पुष्प किसे कहते हैं?

उत्तर – ऐसे पुष्प जिनमें नर और मादा दोनों जननांग उपस्थित हो उन्हे उभयलिंगी पुष्प कहते हैं, जैसे – गुलाब, बैंगन, टमाटर आदि।

प्रश्न 1590. पपीते का उत्पत्ति स्थल बताइए?

उत्तर – उष्ण अमेरिका। इसका वानस्पतिक नाम *केरिका पपाया* है, जो केरीकेसी कुल का पौधा है। पपीते का पौधा अतिशीघ्र फल देने वाला पौधा है, यह एक वर्ष में फल देने लगता है। पपीते के कच्चे फलों में पेपेन नामक प्रोटीन होता है, जो उदर रोगों में बचाव हेतु उत्तम है।

प्रश्न 1591. जूट के रेशे सड़ाने के लिए पानी का तापमान कितना होना चाहिए?

उत्तर – 34 डिग्री सेंटीग्रेट। हमारे देश में जूट की दो जातियाँ *कोरकोरस कैटसूलेरिस* तथा *कोरकोरस औलिटोरियस* उगाई जाती है।

प्रश्न 1592. गन्ने (*सैकरम ऑफीसीनेरम्* : पोएसी) में सबसे अधिक पानी की आवश्यकता कब पड़ती है?

उत्तर – गन्ने में सबसे अधिक पानी की आवश्यकता कल्ले निकलते समय पड़ती है। गन्ना विश्व की मुख्य चीनी फसल है। विश्व में 60 प्रतिशत चीनी उत्पादन गन्ने से ही किया जाता है।

प्रश्न 1593. अरण्डी की उन्नत किस्मों के नाम बताइए?

उत्तर – जी सी एच 4, 5, 7, राजस्थान संकर अरण्डी–1, डीसी, स–9 (ज्योति) आदि। इसकी बुवाई के लिए 12–15 किलो बीज प्रति हेक्टेयर की आवश्यकता होती है। चौभ (Dibbling) कर बुवाई के लिए 6–8 किलो बीज प्रति हेक्टेयर पर्याप्त है। बुवाई से पूर्व बीजों को कार्बेन्डाजिम–2 ग्राम प्रति कि.ग्रा. से उपचारित करना चाहिए।

प्रश्न 1594. क्लाईमेक्ट्रिक फल किसे कहते हैं?

उत्तर – इस प्रकार के फलों में परिपक्वता के पश्चात श्वसन क्रिया की गति अचानक बढ़कर धीमी हो जाती है। ऐसे फलों को परिपक्व अवस्था पर तोड़ने के पश्चात् आसानी से पकाया जा सकता है। जैसे – आम, चीकू, केला, खजूर आदि।

प्रश्न 1595. ग्लेडियोलस शब्द किस भाषा से लिया गया है?

उत्तर – ग्लेडियोलस शब्द लेटिन भाषा के ग्लेडियस शब्द से लिया गया है, जिसका आशय "तलवार" से हैं इस पौधें की पत्तियाँ तलवार के आकार की होती है। यह एक बहुवर्षीय सजावटी पुष्पीय पौधा है। इसका प्रवर्धन कॉर्म (बन्डा) द्वारा किया जाता है।

प्रश्न 1596. बौछार क्षरण किसे कहते हैं?

उत्तर – मृदा क्षरण की आरम्भिक अवस्था जिसमे बौछार गिरने से मृदा कण तीतर–बीतर होकर गंदला पानी बनाते हैं तथा मृदा रन्ध्रावकाशों को बंद करने के कारण भूमि में जल प्रवेश क्षमता भी कम हो जाती है।

प्रश्न 1597. समन्वित पौषक तत्त्व प्रबन्धन से क्या तात्पर्य है?

उत्तर – समन्वित पौध पौषण प्रबन्धन से यह अभिप्राय है कि उर्वरको, गोबर की खाद, कम्पोस्ट, वर्मीकम्पोस्ट तथा जैविक खाद को ऐसे अनुपात में फसलों को उपलब्ध करवाया जाये जिससे सभी आवश्यक तत्त्व पौधों को सरलता से उपलब्ध हो जाये एवं भूमि की उत्पादकता व पर्यावरण को भी सुरक्षित रखा जा सके।

प्रश्न 1598. आम (*Mangifera indica* : Anacardeaceae) में ब्लेक टिप बिमारी किस कारण होती है?

उत्तर – बॉरोन (B) की कमी व ईंटों के भट्टों से निकलने वाले धुएँ से (SO_2)

प्रश्न 1599. सोडियम बोरेट (बोरेक्स) में बोरोन की मात्रा कितनी होती हैं?

उत्तर – 11.0 प्रतिशत। यह पौधों में बोरोन पोटेशियम–कैल्शियम के अनुपात को नियंत्रित करता है। दलहनी फसलों की जड ग्रंथियों के विकास में यह सहायक हैं। इसकी कमी से नत्रजन का सही उपयोग नहीं होता है।

प्रश्न 1600. अपसरण (seepage) से क्या तात्पर्य है?

उत्तर – भूमि में स्वतंत्र जल के धीरे–धीरे बगल की ओर बढ़ने की क्रिया को अपसरण कहते हैं अपसरण बलुई भूमि के अपेक्षाकृत चिकनी भूमि में कम होता है।

प्रश्न 1601. आलू की पछेती झुलसा रोग की प्रतिरोधक किस्मों के नाम बताओ?

उत्तर – 'कुफरी हिमालिनी', 'कुफरी नवीन', 'कुफरी जीवन', 'कुफरी बादशाह', 'कुफरी ज्योति' आदि। यह रोग आलू (*Solanum tuterosum* : Solanaceae) में *फाइटोफ्थोरा इन्फेस्टेंस* कवक द्वारा फैलता है।

प्रश्न 1602. परपोषी (Host) के आधार पर खरपतवार को वर्गीकृत कीजिए?

उत्तर – परपोषी के आधार पर इसे दो भागों में वर्गीकृत किया जा सकता है। (1) पूर्णतया पराश्रयी जैसे – अमरबेल (कसकुटा), स्ट्राइगा, ओरोबैंकी एवं (2) अपराश्रयी जैसे मोथा, दूबघास, रतुआ, बधुआ आदि।

प्रश्न 1603. अलसी का वानस्पतिक नाम बताइए?

उत्तर – *लाइनम यूसीटेटिसम*। यह लाइनेसी कुल का पौधा है। 'सुयोग', 'जवाहर अलसी', 'प्रताप 1,2,3', 'कोटा बारानी अलसी 3,4', 'मीरा' आदि इसकी उपयोगी किस्में है।

प्रश्न 1604. दुब (*Cynadon daclyton* : Poaceae) का प्रवर्धन किसके द्वारा किया जाता है?

उत्तर – यह उद्यान में लगाई जाने वाली सामान्य घास है। इसका वानस्पतिक प्रवर्धन भूस्तारी (Runner) द्वारा किया जाता है। इसे दुर्वा के नाम से भी जाना जाता है।

प्रश्न 1605. बेर (*Ziziphus mauritiana* : Rhamnaceae) में प्रुनिंग कब करते हैं?

उत्तर – अप्रेल–मई में। इसके फल का प्रकार ड्यूप (Dupe) हैं। गरीब का सेब भी कहा जाता है। इसमें विटामिन सी प्रचुर मात्रा में पाया जाता है।

प्रश्न 1606. ब्राह्मी (*Bacopa monnieri*) का औषधीय उपयोग बताइए?

उत्तर – इसका उपयोग रक्तशोधक, अल्सर, ट्यूमर, मिर्गी, अरक्तता, कब्ज, गठियावात, दमा, विष मारक आदि उपचार में किया जाता है। इसकी तासीर शीतल होती है। यह नाम उसके बुद्धिवर्धक होने के गुण के कारण दिया है।

प्रश्न 1607. भैंस की भदावरी नस्ल का उत्पत्ति स्थान बताइए?

उत्तर – यह मूलतः आगरा जिले के भदावरी क्षेत्र की नस्ल है जो इटावा व ग्वालियर के समीपवर्ती भागों में भी पाई जाती है।

प्रश्न 1608. कड़कनाथ किसकी नस्ल है?

उत्तर – कड़कनाथ जंगली काली मुर्गी की भारतीय नस्ल है। यह नस्ल वर्ष में लगभग 80 अण्डें देती है। इस नस्ल के चिकन देखने में काले

होते हैं और इनके द्वारा दिए जाने वाले अंडों का बाहरी रंग भूरा होता है जबकि इसके माँस का रंग भी काला होता है। इसमें लौह तत्त्व साधारण मुर्गे की तुलना में 10 गुना होता है।

प्रश्न 1609. आँवले (*Phyllanthus emblica* : Phyllanthaceae) की खेती कब करते हैं?

उत्तर – आँवले की बुवाई का उपयुक्त समय जुलाई से अक्टूबर माह तक हैं। इसका वानस्पति प्रवर्धन ढाल चश्मा द्वारा करते हैं।

प्रश्न 1610. तिल की बीज दर बताइए?

उत्तर – 2.2–5 किग्रा प्रति हेक्टेयर। इसकी बुवाई मानसून की प्रथम वर्षा के साथ जुलाई मध्य तक कर सकते हैं। इनमे पौधों की दूरी 45 सेमी से 10 सेमी रखी जाती हैं।

प्रश्न 1611. 'इलाहबाद सफेदा', 'अर्का मृदुला', 'अर्का किरण', 'हिसार सफेदा', 'हिसार सुर्खा' किसकी उन्नत किस्में है?

उत्तर – अमरूद की। अमरूद मिर्टेसी कुल का पौधा है। जिसका वानस्पतिक नाम *सिडियम ग्वाजावा* है। इसका उत्पत्ति स्थान उष्ण कटिबंधीय अमेरिका है। पोषक तत्त्वों से भरपूर होने के कारण इसे गरीब की सेब के नाम से भी जाना जाता है।

प्रश्न 1612. कैथ (*Limonia acidissima* : Rutaceae) की प्रर्वधन विधि बताइए?

उत्तर – कैथे (Wood Apple) का प्रवर्धन मुख्य रूप से बीज द्वारा किया जाता है। इसे यकृत और कार्डियक टॉनिक के रूप में बहुत उपयोग किया जाता है। दस्त, अतिसार रोकने में अस्थि, गले और मसूड़ों के रोगों के प्रभावी उपचार के लिए भी इसे उपयोग में लाया जाता है। इसकी पत्तियाँ, छाल, फल और जड़े सभी उपयोगी है।

प्रश्न 1613. बड़ी इलायची (*एमोमम सुबुलेटम* : जिंजिबेरेसी) में परागण किसके द्वारा होता है?

उत्तर – भौरें (बम्बल बी) द्वारा। बड़ी इलायची औषधीय एवं सुगन्धीत गुणों के कारण मसाले के रूप में प्रयोग की जाती है। इलायची को 'मसालों की रानी' भी कहा जाता है। इसके फलों का रंग गहरा

गुलाबी होता है तथा सूखने पर गुलाबी कत्थई हो जाता है। एक पुष्पगुच्छ में लगभग 10–12 फल लगते हैं।

प्रश्न 1614. चेफर बीटल (*Amphimallon majale*) को नियंत्रण करने की विधि बताइए?

उत्तर – इसका प्रकोप जून–जुलाई में अधिक होता है। इसके नियंत्रण के लिए क्यूनालफॉस 25 ई.सी 2 मि.ली, या कार्बोरिल 50 डब्ल्यूपी 4 ग्राम प्रति लीटर पानी में घोल बनाकर छिड़काव करें।

प्रश्न 1615. धनिया (*Coriandrum sativum* : Apiaceae) की बीज दर बताइए?

उत्तर – 15–20 कि.ग्रा/हेक्टेयर। दाने की फसल के लिए 15 अक्टूबर से 15 नवंबर तक इसकी बुवाई की जाती है। इसकी पत्तियों में प्रोटीन, शर्करा, विटामिन बी प्रचुर मात्रा में पाया जाता है।

प्रश्न 1616. राजस्थान का पहला पवन ऊर्जा संयंत्र कहाँ स्थापित किया गया?

उत्तर – जैसलमेर। राजस्थान की पहली पवन ऊर्जा परियोजना अमर सागर (जैसलमेर) में 21 अक्टूबर 1999 को स्थापित की गई। इसकी स्थापना राजस्थान स्टेट पावर कॉर्पोरेशन लिमिटेड द्वारा की गई।

प्रश्न 1617. हरे चारे को साइलेज में बदलने के फायदे बताइए?

उत्तर – जब हरे चारे की उपलब्धता कम हो जाती है तब साइलेज को हरे चारे के बदले में इस्तेमाल किया जा सकता है। साइलेज से पशुओं को बेहत्तर गुणवत्ता वाला चारा और बेहत्तर पाचन मिलता है। यह दुग्ध उत्पादन बढ़ाता है और हरे चारे की कमी वाले दिनों में दुग्ध के उच्च उत्पादन स्तर को बनाए रखता है। जैसे – बरसीम, नेपियर घास, जई, बाजरा, लोबिया आदि।

प्रश्न 1618. अड़साली फसल से क्या तात्पर्य है?

उत्तर – ऐसी फसल जिसकी अवधि लगभग 18 माह की हो उसे अड़साली फसल कहते हैं, जैसे – गन्ना।

प्रश्न 1619. कद्दू (*Cucurbita moschata* : Cucurbitaceae) के बीजों का उपयोग बताइए?

उत्तर – इसके बीज रोग प्रतिरोधी क्षमता बढ़ाते हैं, क्योंकि यह एन्टी ऑक्सीटेंड्स का भण्डार है जिसमें विटामिन ई, कैरोटीन, मेंगनीज, कॉपर एवं जिंक प्रमुख है।

प्रश्न 1620. पौधों में गन्धक (Sulphur) की कमी के लक्षण बताइए?

उत्तर – गन्धक की कमी से पौधों में बौनेपन और पीलेपन के लक्षण पाए जाते हैं, ऐसे पौधे देर से परिपक्व होते हैं तथा इसकी कमी से पौधों के तने कड़े हो जाते हैं तथा फसल की गुणवत्ता में भी कमी आ जाती है।

प्रश्न 1621. मेरीकल्चर को परिभाषित करें?

उत्तर – व्यापारिक उद्देश्यों की पूर्ति हेतु समुद्री जीवों के उत्पादन की क्रिया को मेरीकल्चर कहते हैं

प्रश्न 1622. गुडमार क्या है?

उत्तर – गुडमार (*जिमनिया सिलवेस्ट्री* : एस्कलपिडेसी) एक बहुवर्षीय औषधीय पौधा है। इसकी पत्तियों का उपयोग मुख्यतः मधुमेह में किया जाता है। पत्ती या छाल का रस पेट के कीड़े मारने में उपयोग करते हैं, इसकी जड़ो का उपयोग खाँसी, हृदय रोग, पुराने ज्वर, वात रोग तथा सफेद दाग के उपचार हेतु किया जाता है।

प्रश्न 1623. ब्रोकली (*Brassica oleracea* var *italica* : Brassicacaceae) का मृदुल आसिता रोग को कैसे नियंत्रण किया जा सकता है?

उत्तर – इस रोग के कारण पत्तियों पर काले या भूरे धब्बे दिखाई देते हैं इसके नियंत्रण हेतु मैंकोजेब 2.0 ग्राम प्रति लीटर पानी की दर से छिड़काव किया जाता है।

प्रश्न 1624. पशुओं में बधियाकरण (Castration) के लिए कौनसा औजार प्रयोग किया जाता है?

उत्तर – बुरडीजो कास्ट्रेटर।

प्रश्न 1625. शरण पट्टी (Shelter belt) से क्या तात्पर्य है?

उत्तर – वायु तोड़क के रूप में वृक्षों की कतार लगाना, ताकि भू–क्षरण कम हो एवं फसलें सुरक्षित रहे। जैसे – पोपलर, कोनोकारपस, जामुन आदि।

प्रश्न 1626. भारत का राष्ट्रीय सूत्रकृमि संग्रह (National Nematode Collection of India) कहाँ स्थित है?

उत्तर – नई दिल्ली में।

प्रश्न 1627. चेहरे पर हल्के भूरे निशान, बड़े व पत्तीनुमा कान किस भेड़ की नस्ल की विशेषता है?

उत्तर – नाली। इसका मूल स्थान बीकानेर, राजस्थान है। इससे प्राप्त की जाने वाली ऊन कालीन बनाने के लिए उपयुक्त है।

प्रश्न 1628. विदेशी गायों में सर्वाधिक दूध देने वाली नस्ल कौनसी है?

उत्तर – हॉलस्टीन फ्रीजियन। इसका मूल स्थान हॉलेण्ड है। पशु आकार में बड़े होते हैं एवं इनका रंग काला एवं सफेद संयुक्त होता है। इसका औसत दूध उत्पादन प्रति ब्यात 6000 ली. जिसमें 3.0–3.5 प्रतिशत वसा पाई जाती है। गिर, राठी, लाल सिंधी, साहीवाल, थारपारकर आदि भारत की स्थानीय देशी किस्में है।

प्रश्न 1629. भेड़ों की पूँछ क्यों काटी जाती है?

उत्तर – बारीक तथा लम्बी पूँछ वाली तथा अधिक उत्पादन वाली भेड़ों को ब्लोफ्लाई के आक्रमण से बचाने के लिए उनकी पूँछ काट दी जाती है। इस प्रक्रिया को डोकिंग कहते हैं। एक या दो सप्ताह की उम्र पूँछ काटने के लिए उपयुक्त होती है।

प्रश्न 1630. डहेलिया कौनसे कुल का पौधा है?

उत्तर – डहेलिया (*डहेलिया बेइएवलीस*) कम्पोजिटी कुल का पौधा है। इसका प्रर्वधन बीज, कलम एवं कंद द्वारा किया जाता है। इसको अक्टूबर–नवंबर माह में सजावटी सुन्दर पुष्पों के लिए उगाया जाता है।

प्रश्न 1631. युजी–फलाई किस लाभकारी कीट का परजीवी है?

उत्तर – रेशमकीट का। इसका वैज्ञानिक नाम *एकजोरिस्टा सोरबीलेंस* है। यह ट्रिक्नीडी कुल का कीट है। यह मक्खी रेशम कीट के लार्वा के ऊपर अण्डे दे देती है। इनसे योतक निकलकर लार्वा के शरीर को खाते हैं जिनसे उनकी मृत्यु हो जाती है।

प्रश्न 1632. किस वैज्ञानिक ने केंचुएँ को 'मृदा उर्वरता का बेरोमीटर' कहा है?

उत्तर – चार्ल्स डार्व ने। केंचुएँ द्वारा घर/फार्म के वेस्ट को खाकर निकालने वाले मल से तैयार खाद को वर्मीकम्पोस्ट कहते हैं यह भूमि में N, P, K, Ca, Mg तत्त्वों को बढ़ाता है एवं मृदा की संरचना में सुधार लाता है।

प्रश्न 1633. मृदा सुघट्यता (Soil Plasticity) को परिभाषित कीजिए?

उत्तर – मृदा सुघट्यता गीली मृदा का वह गुण है जिसमें बल लगाने पर मृदा किसी ऐच्छिक रूप में बदली जा सके और बल हटाने पर उसी अवस्था में बनी रहे।

प्रश्न 1634. किन जैविक तकनीकों द्वारा लवणीय एवं क्षारीय मृदाओं का सुधार किया जा सकता है?

उत्तर – शीरा (Molasses) एवं लदोई का प्रयोग, हरी खादो व फसल अवशेषों का प्रयोग, खरपतवार के प्रयोग से व अन्य वनस्पतियों के प्रयोग द्वारा लवणीय एवं क्षारीय मृदाओं को सुधारा जा सकता है।

प्रश्न 1635. चुकन्दर में कितने प्रतिशत शर्करा पाई जाती है?

उत्तर – 15–16 प्रतिशत। चुकन्दर का वानस्पतिक नाम *बीटा वल्गेरिस* है जो चिनोपोडिएसी कुल का पौधा है। यह एक द्विवर्षीय पौधा है जिसका प्रसारण बीज द्वारा किया जाता है। इसका औद्योगिक उपयोग शक्कर बनाने में किया जाता है। विश्व के ठण्डे प्रदेशो से लगभग 15–20 प्रतिशत तक इससे शक्कर बनाई जाती है। भारत में यह प्रतिशत लगभग 0.98 है।

प्रश्न 1636. विश्व में सर्वप्रथम हाइब्रिड धान किसने विकसित किया?

उत्तर – प्रोफेसर लोग पिंग यौन ने 1974 में हाइब्रिड धान चीन में विकसित किया था। इन्हें हाइब्रिड धान का जनक भी कहा जाता है।

प्रश्न 1637. बहुप्रभाविता (Pleiotrophy) क्या है?

उत्तर – जब एक अल्पजीन (Oligogene) एक से अधिक लक्षणों को प्रभावित करता है तो उसे बहुप्रभाविता तथा ऐसे अल्पजीन को बहुप्रभावी जीन कहा जाता है।

प्रश्न 1638. गुलाब (*रोजा इण्डिका* : रोजेसी) के फल को क्या कहते हैं?

उत्तर – हिप्स (Hips)। गुलाब का फल विटामिन ए, बी 3, सी, डी, और ई से भरपुर होता है। इसमें मौजूद विटामिन सी के कारण इसे

डायरिया के इलाज के लिए इस्तेमाल किया जाता है। इसके फल में फ्लेवेनोइडस, बायोफ्लेवेनोइडस, फ्रुक्टोज, मेलिक एसिड, टैनिन और जिंक भी होता है। गुलाब को फूलों का राजा कहते हैं। डॉ॰ बी॰पी॰ पाल गुलाब के प्रजननकर्ता थे। गुलाब में कटिंग द्वारा पौधे जून–जुलाई में और बडिंग द्वारा जनवरी–फरवरी में तैयार करते हैं।

प्रश्न 1639. खीरे (*कुकुमीस सटाइवास* : कुकरबीटेसी) में पिलो (Pillow) बीमारी किसकी कमी से होती है?

उत्तर – कैल्शियम की कमी। पूसा संयोग, जापानीज लोंग ग्रीन, पाइनसेटीया, बालम खीरा आदि इसकी उपयोगी किस्में हैं। यह एक नॉनक्लाईमेट्रीक सब्जी है। इसकी बीज दर 2.2–5 किग्रा. प्रति हेक्टेयर है।

प्रश्न 1640. बैंगन (*Solanum melongena* : Solanaceae) में फल एवं तना छेदक का नियंत्रण कैसे कर सकते हैं?

उत्तर – इस कीट के आक्रमण से शाखाएँ मुरझा कर नष्ट हो जाती है। फलों में छेद हो जाते हैं जिससे उनकी गुणवत्ता कम हो जाती है। नियंत्रण हेतु प्रभावित शाखाओं एवं फलों को तोड़कर नष्ट कर देना चाहिए। पौधो पर क्युनालफॉस 2 मिली लीटर या एसीफेट 75 एस पी 0–5 ग्राम प्रति लीटर पानी के हिसाब से छिड़कना चाहिए। आवश्यकतानुसार 15–20 दिन बाद छिड़काव को दोहराये। दवा छिड़कने व फल तोड़ने में 7–10 दिन का अंतर होना चाहिए।

प्रश्न 1641. गोभी की पछेती फसल की बुवाई कब करते हैं?

उत्तर – इसकी बुवाई सितम्बर से मध्य अक्टूबर तक की जाती है। स्नोबाल–16, पूसा स्नोबॉल के–1, हिसार–2 आदि फूलगोभी की पछेती किस्में है, जबकि मध्यवर्ती किस्मों जैसे पंत गोभी–4, पूसा हाइब्रिड–2, पूसा हिमज्योती आदि की बुवाई जुलाई से अगस्त तक की जाती है।

प्रश्न 1642. 'सुप्रभा', 'सुरूचि', 'वर्धा', 'हिमगिरी', 'कन्ड़ाघाट', 'मारन' आदि किसकी उपयोगी किस्में है?

उत्तर – अदरक (*जिंजिबर ऑफिसिनेल* : जिन्जिबरेसी)। अदरक में एंटीइनफलेमेटरी, एंटी बैक्टीरीयल और एंटीऑक्सीडेंट के गुण पाए

जाते हैं इसमे विटामिन–ए, विटामिन–डी, विटामिन–ई, आयरन और कैल्शियम भरपूर मात्रा में पाया जाता है। इसे औषधी के रूप में भी उपयोग किया जाता है।

प्रश्न 1643. पंचगव्य का उपयोग बताइए?

उत्तर – गाय के गोबर, दूध, मूत्र, दही और घी से बने मिश्रण को पंचगव्य कहते हैं इसका उपयोग करने से फसलों में रोग प्रतिरोधक क्षमता बढ़ जाती है और यह फसल उत्पादन में भी बहुत सहायक है।

प्रश्न 1644. उड़द में एन्थ्रेक्नोज रोग की नियंत्रण विधि बताइए?

उत्तर – यह एक कवक जनित रोग है। पादप अवशेष को एकल करके उन्हे नष्ट कर दे। मैन्कोजेब 2 ग्राम प्रति लीटर अथवा कार्बेन्डाजिन 1–2 ग्राम प्रति लीटर पानी में घोल बनाकर छिड़काव करे।

प्रश्न 1645. अश्वगंधा (*विथेनिया सोम्नीफेरा* : सोलेनेसी) की बीज दर बताइए?

उत्तर – यह एक बलवर्धक औषधीय फसल है जिसकी जड़ो का उपयोग कई अन्य रोगों में किया जाता है। इसकी बीज दर 8–10 किलो प्रति हेक्टेयर छिटकवा विधि एवं कतार विधि में 6–8 किलो है। इसकी बुवाई अगस्त के तीसरे सप्ताह से सितम्बर प्रथम सप्ताह में की जाती है। इसकी उन्नत किस्में पोषिता, जवाहर, असगंध–20, जवाहर असगंध–134।

प्रश्न 1646. शकरकंद की प्रवर्धन विधि बताइए?

उत्तर – शकरकंद (*Ipomoea batatas* : Convolvulaceae) को कटिंग द्वारा लगाते हैं। एक हेक्टेयर के लिए 40,000–45,000 कटिंग जिसमें 3–4 गांठ उपयुक्त है। इसकी रोपाई अगस्त–सितम्बर में करते हैं इसे लगाने के लिए पौध की दूरी 30 सेमी. व कतार की दूरी 60 सेमी. रखते हैं।

प्रश्न 1647. एकवास्कैपिंग से क्या तात्पर्य है?

उत्तर – एकवास्कैपिंग यानी एकवेरियम में पानी के नीचे बागवानी बनाना। इसमें जलीय पौधे, पत्थर, ड्रिफटवुड, चट्टान, लकड़ियो आदि को सही तकनीक से सजावट करना शामिल है जिससे यह आकर्षक दिखाई दे।

प्रश्न 1648. कांग्णी (Foxtail) का वानस्पतिक नाम बताइए?

उत्तर – सिटेरिया इटेलिका। यह पोएसी कुल का पौधा है। 'मीरा', एगवरी', 'प्रताप कांग्णी' आदि इसकी उन्नत किस्में है।

प्रश्न 1649. पौधों में कैल्शियम की कमी के लक्षण बताइए?

उत्तर – पौधो में कैल्शियम की कमी के लक्षण नई पत्तियों पर नजर आते हैं पत्तियों के किनारें मुड़ व सिकुड़ जाते हैं अग्रिम कलिका सूख जाती है। जड़ों का भी विकास कम होता है। फल व कलियाँ अपरिपक्व अवस्था में ही मुरझा जाती है।

प्रश्न 1650. किस वृक्ष को शमी के नाम से भी जाना जाता है?

उत्तर – खेजड़ी। यह राजस्थान का राज्य वृक्ष है। इसका वानस्पतिक नाम *प्रोसोपीस् सिनेरेरिया* है। इसके फूल को मींझर व फल को सांगरी कहते हैं। 'थार शोभा' इसकी किस्म है।

प्रश्न 1651. भारत में बटन मशरूम (*Agaricus bisporus* : Agaricaceae) उगाने का उपयुक्त समय बताइए?

उत्तर – अक्टूबर से मार्च। बटन मशरूम की फसल के लिए आरम्भ में 22–26 डिग्री सेंटीग्रेड ताप की आवश्यकता होती है। इसे गेहूँ/ धान के भुसे/पुआल पर उगाया जा सकता है।

प्रश्न 1652. चाइना एस्टर क्या है?

उत्तर – चाइना एस्टर (*Callesistephus chinensis* : Compositae) एक बहुत ही महत्त्वपूर्ण वार्षिक फूल है। वार्षिक फूलों (Annual Flowers) में गुलदाउदी एवं गेंदें के बाद यह तीसरे स्थान पर आता है। इसका उपयोग कट फ्लावर, लूज फ्लावर, धार्मिक उद्देश्य और आंतरिक सजावट में किया है। यह मुख्य रूप से सर्दियों में बीज द्वारा उगाया जाता है।

प्रश्न 1653. बायोचार की कृषि के क्षेत्र में उपयोगिता बताइए?

उत्तर – बायोचार उच्च कार्बन युक्त ठोस पदार्थ है जो कि एक बहुत ही प्रभावशाली उर्वरक है। इसे उपशिष्ट कार्बनिक पदार्थो की पायरोलिसिस प्रक्रिया द्वारा तैयार किया जाता है। यह उर्वरक शक्ति बढ़ाने के साथ–साथ फसल की उत्पादकता भी बढ़ाता है।

प्रश्न 1654. एकवाफोनिक्स से क्या तात्पर्य है?

उत्तर – एकवाफोनिक्स एक बायोसिस्टम विधि है जिसमें मछली पालन एवं जल कृषि के मिश्रण से सब्जी, फल व औषधी का उत्पादन होता है। इस प्रणाली में एक ही परिस्थिति तंत्र में मछलियाँ एवं पौधे वृद्धि करते हैं। मछलियों का मल पौधो को जैविक खाद उपलब्ध करवाता है और साथ ही पौधे मछलियों के लिए जल को शुद्ध करते हैं।

प्रश्न 1655. बायो फेनसिंग से क्या तात्पर्य है?

उत्तर – वन या खेत की सीमाओं पर लगाई गई पेड़ो या झाड़ियो की संकरी रेखा जो मवेशियों और वन्यजीवों के साथ–साथ हवा के झोंको से भी पौधों की रक्षा करती है बायो फेंनसिग कहते हैं जैसे– मधुमालती, जंगल जलेबी, करौंदा, थौर, बबुल, बोगनवेलीयाँ, बृजदन्ती आदि।

प्रश्न 1656. कपास के बीज से रेशे हटाने के लिए किससे उपचारित करना चाहिए?

उत्तर – कपास (*Gossypium hirsutum* : Malvaceae) के बीजों से रेशे हटाने के लिए गंधक के तेजाब से उपचारित करें। 10 किलो बीज के लिए एक लीटर गंधक का तेजाब पर्याप्त होता है।

प्रश्न 1657. शलजम की उन्नत किस्मों के नाम बताइए?

उत्तर – शलजम का वानस्पतिक नाम *ब्रेसिका रापा* है। यह ऐपीयेसी कुल का पौधा है। पंजाब सफेद 4, पूसा कंचन, पूसा चंद्रिका, पूसा स्वर्णिमा, गोल्डन बॉल, पूसा स्वेति इसकी उन्नत किस्में है।

प्रश्न 1658. अदरक (*जिजिंबर ऑफिसिनेलीस* : जिजीबरेसी) में कौन–कौनसे पौषक तत्त्व पाए जाते हैं?

उत्तर – अदरक में कई महत्त्वपूर्ण पौषक तत्त्व : जैसे – विटामिन सी, कैल्शियम, फॉस्फोरस, आयरन जिंक, कॉपर, मैंगनीज और क्रोमियम पाए जाते हैं इसमें बैक्टीरिया और वायरस से लड़ने की अद्धभूत क्षमता होती है। इसका नियमित सेवन गले के संक्रमण से बचाता है। यह शरीर के मेटाबॉलिज्म बढ़ाने के साथ खून भी साफ करता है।

प्रश्न 1659. दलहनी फसलों में मोयला, हरा तेला और सफेद मक्खी को कैसे नियंत्रित कर सकते हैं?

उत्तर – मैलाथियान 5 प्रतिशत चूर्ण 25 किलो प्रति हेक्टेयर की दर से राख में मिलाकर भुरकाव अथवा मैलाथियम 50 ईसी अथवा डायमिथोएट 30 ईसी एक लीटर प्रति हेक्टेयर की दर से छिड़काव करें।

प्रश्न 1660. जापानी पुदीने का वानस्पतिक नाम बताइए?

उत्तर – *मेंथा आरवेन्सीज*। यह लेमीएसी कुल का पौधा है। इसे मुख्यतः सर्दी–खाँसी, पित्तनाशक, मेन्थाल सौन्दर्य प्रसाधन एवं खाद्य पदार्थ में उपयोग किया जाता है।

प्रश्न 1661. कंदीय फसलो के उदाहरण बताइए?

उत्तर – आलू, कसावा, शकरकंद, रतालू, अरवी आदि कंदीय फसलों के उदाहरण है। ये फसले स्टार्चयुक्त भंडारण अवयव के रूप में संशोधित जड़ अथवा तने के साथ पौधों का एक समूह बनाती है।

प्रश्न 1662. जैवकीटनाशी क्या है?

उत्तर – जैवकीटनाशी एक प्रबंधन ऐजन्ट और प्राकृतिक स्रोतों जैसे बैक्टीरिया, कवक, वायरस, पौधों जानवरों और खनिजों से प्राप्त रसायन है। जैसे – *बेसिलस थूरेन्जेंसीस*, ट्राइकोडर्मा।

प्रश्न 1663. नीमास्त्र का उपयोग बताइए?

उत्तर – इसे रस चूसने वाले कीट एवं छोटी सुंडी, इल्लियों आदि के नियंत्रण के लिए किया जाता है। इसे बनाने हेतू नीम की निम्बोली, पत्तियां, गौमूत्र, गोबर एवं पानी का उपयोग किया जाता है।

प्रश्न 1664. लहसून (*Allium sativum* : Alliaceae) की प्रवर्धन विधि बताइए?

उत्तर – लहसून को क्लोव द्वारा प्रचारित किया जाता है। एक हेक्टेयर रोपण के लिए 150–250 किलोग्राम बल्ब की आवश्यकता होती है। प्रत्येक कलिका से एक पौधा तैयार होता है।

प्रश्न 1665. बीज प्राइमिंग क्या है?

उत्तर – बीज प्राइमिंग, बीजोपचार की सस्ती और आसान प्रक्रिया है, जिसमें बीजों को एक निश्चित समय के लिए पानी या केमीकल (एथिलीन, पोटेशियम नाइट्रेट, आदि) में भिगोया जाता है। यह बीजों

की अंकुरण क्षमता को बढ़ाता है। इस प्रक्रिया से पौधों और जड़ों का विकास भी अच्छा होता है। हाइड्रो प्राइमिंग, ओस्मों प्राइमिंग, हेलो प्राइमिंग, सोलिड मैट्रिक्स प्राइमिंग इसकी विभिन्न विधियाँ हैं। धान, चना, मूंग, गेहूँ, मक्का, सरसों, कपास, आदि फसलों में बीज प्राइमिंग कर अधिक उत्पादन प्राप्त किया जा सकता है।

प्रश्न 1666. गोभी में काला सड़न रोग का कारक बताइए?

उत्तर – यह रोग गोभी में *जेन्थोमोनास कम्पेस्ट्रिस* नामक जीवाणु के कारण होता है। इसकी रोकथाम के लिए बीजों को बुवाई से पूर्व स्ट्रेप्टोसाइक्लिन 250 मि.ग्रा. प्रति लीटर पानी से उपचारित करें। पौधों पर स्ट्रेप्टोसाइक्लिन 1 ग्राम प्रति 10 लीटर पानी का छिड़काव करें। प्रतिरोधी किस्मों को लगाएँ।

प्रश्न 1667. केंज लेयर फटीग क्या है?

उत्तर – यह पिंजरे में पाली जाने वाली पॉल्ट्री जैसे मुर्गी, बतख एवं टर्की में होने वाली पोषण सम्बन्धी बीमारी है। जिसमें पैर की हड्डियाँ मुलायम और कमजोर हो जाती है।

प्रश्न 1668. किस फल को गरीबों का संतरा कहा जाता है?

उत्तर– गागर निम्बू। जिसे प्यूमेलो भी कहते हैं इसका वैज्ञानिक नाम *साइट्रस मैक्सिमा* है। साइट्रस जाति का यह सबसे बड़ा फल है। संतरे की तुलना में इसमें दुगुना विटामिन C तथा तिगुना विटामिन I पाया जाता है। यह एंटीऑक्सीडेंट का उत्कृष्ट स्रोत है।

प्रश्न 1669. निर्मल ग्राम पुरस्कार – सपूंर्ण स्वच्छता अभियान क्या है?

उत्तर – निर्मल ग्राम पुरस्कार की स्थापना केन्द्रीय सरकार द्वारा जून, 2003 में की गई थी। इस पुरस्कार का लक्ष्य सम्पूर्ण स्वच्छता अभियान को बल प्रदान करना है। पुरस्कार राशि के निर्णय का एक आधार पंचायत की आबादी है। पुरस्कार देने का निर्णय सिर्फ पंचायत द्वारा किए गये दावे के आधार पर नहीं होता। ग्रामीण विकास मंत्रालय के अधिकारी मौके पर जाकर दावों का सत्यापन करते हैं।

प्रश्न 1670. सौंफ के बीज से कौनसा तेल निकाला जाता है और सौंफ का औषधीय उपयोग बताएँ?

उत्तर – ओलेटाइल तेल (*Foeniculum vulgare* : Apiaceae) सौंफ की खेती मसाले के रूप में की जाती है। इसके बीज में 0.7–1.2 प्रतिशत यह तेल पाया जाता है। इस तेल का उपयोग साबुन, शैम्पू और मिठाई बनाने में किया जाता है। सौंफ पेट फुलना, दस्त, कब्ज, पेट दर्द और श्वास की बीमारी में उपयोगी है। इससे बच्चों को दर्द में दिया जाने वाला सिरप 'ग्राइफ वॉटर' भी बनाया जाता है।

प्रश्न 1671. मिर्च (*Capsicum annum* : Solanaceae) में श्यामवर्ण या एन्थ्रेकनोज रोग का नियंत्रण कैसे किया जाता है?

उत्तर – मिर्च में यह रोग *कॉलेटोट्राइकम केप्सिकी* कवक द्वारा फैलता है। इसके नियंत्रण के लिए मैन्कोजेब 2 ग्राम प्रति लीटर पानी में घोल बनाकर 15 दिन के अंतराल पर 2–3 छिड़काव करें।

प्रश्न 1672. मटर (*Pisum sativum* : Fabaceae) की अगेती किस्मों के नाम बताइए?

उत्तर – ओर्कल, पंजाब अगेती–6, अर्ली वैजर, बोनविल, असौजी, अर्ली दिसम्बर, पन्त उपहार आदि। इसकी बीज दर 100–125 किग्रा. प्रति हेक्टेयर है। अगेती किस्मों की बुवाई सितम्बर मध्य में कर देनी चाहिए।

प्रश्न 1673. किसान क्रेडिट कार्ड योजना कब शुरू की गई?

उत्तर – किसान क्रेडिट कार्ड योजना 1998–99 में शुरू की थी। यह किसानों को कृषि संबंधी गतिविधियों के लिए पर्याप्त और समय पर ऋण उपलब्ध कराने की अग्रणी ऋण वितरण प्रणाली है।

प्रश्न 1674. जियोलाट्स क्या है?

उत्तर – जियोलाट्स क्रिस्टलीय क्षार (सोडियम अथवा पोटैशियम) औस पृथ्वी के क्षारीय घनायनों (कैल्शियम अथवा मैग्निशियम) के हाइड्रेटेड एल्युमिनों सिलिकेट होते हैं इन्हें दूषित मृदा के लिए मृदा कंडीशनर, उर्वरक और सुधारक के रूप में प्रयोग किया जाता है।

प्रश्न 1675. अमरूद (*Psidium guajava* : Myrtaceae) के औषधीय उपयोग बताइए?

उत्तर – अमरूद में विटामिन सी, विटामिन ए, कैल्शियम, आयरन जैसे सभी जरूरी पौषक तत्त्व पाए जाते हैं इसके फल व पत्तियाँ कब्ज,

मधुमेह, ह्रदय की दुर्बलता, बवासीर, आधाशीशी, मलेरिया, गठिया, दस्त, सूखी खाँसी आदि रोगों में उपयोगी है।

प्रश्न 1676. इसबगोल का कुल बताइए?

उत्तर – इसबगोल (*प्लान्टेगो ओवेटा*) प्लान्टेजिनेसी कुल में आता है। प्लान्टेगो ओवेटा शब्द पार्सियन भाषा से लिया गया है। इसका शाब्दिक अर्थ होर्स फ्लॉवर है। भारत इसके उत्पादन व निर्यात में प्रथम है। इसकी बुवाई अक्टुबर में की जाती है। वल्लभ इसबगोल–1, निहारिका, गुजरात इसबगोल–2,4, जवाहर इसबगोल आदि इसकी उन्नत किस्में हैं।

प्रश्न 1677. अनन्नास का वानस्पतिक नाम बताइए?

उत्तर – *अनानास कोमोसस्*। यह एनेनोसी कुल का पौधा है। यह मूलतः पैराग्वे एवं दक्षिणी ब्राजील का फल है। यह बहुवर्षीय एक बीजपत्री पौधा है। जायन्ट क्यू, क्वीन, मारिशस, रैड स्पैनिश इसकी उपयोगी किस्में हैं। इसका प्रर्वधन सकर, क्राउन, स्लिप द्वारा किया जाता है।

प्रश्न 1678. आलू (*Solanum tuberosum* : Solanaceae) की लाल छिलके की किस्मों के नाम बताइए?

उत्तर – 'कुफरी रेड', 'कुफरी सिन्दूरी', 'कुफरी लालिमा', 'कुफरी कंचन', 'कुफरी अरूण', 'कुफरी ललित' आदि। भारत में बिहार व पूर्वी–उत्तरप्रदेश में लाल आलू की खेती की जाती है। इनमें एंटीऑक्सीडेंट एंथोसायनिन पिग्मेंट प्रचुर मात्रा में पाया जाता है।

प्रश्न 1679. फसल विविधिकरण क्या है?

उत्तर – जलवायु परिस्थितियों को ध्यान में रखते हुए एवं प्रकृति संसाधनों की उपलब्धता, समय की माँग के अनुसार कम पैदावार और अटिकाऊ फसल अथवा फसल प्रणाली में बदलाव या परिवर्तन लाना ही विविधिकरण कहलाता है।

प्रश्न 1680. गाय की किस नस्ल के कान पत्ती के समान होते हैं?

उत्तर – गिर। यह दक्षिण काठियावाड़ में पायी जाती है। सींग पीछे की और मुड़े रहते हैं। इसका रंग सफेद, गहरा लाल या चॉकलेट भूरे रंग

के धब्बे के साथ या कभी चमकदार लाल होता है। इसकी एक बियात में औसत दुग्ध उत्पादन 1590 कि.ग्रा. है।

प्रश्न 1681. किस वृक्ष को 'बौधी ट्री' के नाम से जाना जाता है?

उत्तर – पीपल। इसका वानस्पतिक नाम *फाइकस रिलीज्योसा* है। यह मोरेसी कुल का पौधा है। अनेक पर्वो पर इसकी पूजा की जाती है। पीलिया, रतौंधी, मलेरिया, खाँसी, दमा, सिरदर्द में इसकी टहनी, पत्तियों, कोंपलों का उपयोग किया जाता है। यह वृक्ष 24 घंटे ऑक्सीजन देता है।

प्रश्न 1682. यूरिया में मिलावट की त्वरित जाँच कैसे करें?

उत्तर – प्राय यूरिया में साधारण नमक की मिलावट की जाती है। त्वरित जाँच के लिए एक ग्राम यूरिया सूखी परखनली में लेकर गर्म करें, यदि दानें सम्पूर्ण पिघल जाते हैं तो यूरिया शुद्ध है।

प्रश्न 1683. एग्रीगेट फल को परिभाषित करें?

उत्तर – यदि एक फूल से अनेक फलों का निर्माण होता है तो उसे एग्रीगेट फल कहते हैं। जैसे : रास्पबेरी, स्ट्रॉबेरी आदि।

प्रश्न 1684. अधिक आर्थिक लाभ के लिए संकर गाय या भैंस में से किसे पालना चाहिए?

उत्तर – संकर गाय के एक किलो दूध की लागत भैंस से कम होती है। संकर गाय प्रति वर्ष ब्याती है, कम उम्र में बच्चा पैदा करती है तथा दूध भी भैंस से अधिक देती है। अतः संकर गाय पालना भैंस की अपेक्षा आर्थिक दृष्टि से अधिक लाभकारी है।

प्रश्न 1685. पॉलू बीटल (*Longitarsus nigripenis*) किसका कीट है?

उत्तर – काली मिर्च (*Piper nigrum*)। यह पेपीरेसी कुल का पौधा है। इसकी बेल बारहमासी है। इसका प्रवर्धन कलम द्वारा किया जाता है। इसका एक पौधा 25–30 साल तक फलता–फूलता है।

प्रश्न 1686. तम्बाकू की क्रांतिक अवस्थाएँ बताइए?

उत्तर – तम्बाकू (*निकोटियाना स्पेसीज* : सोलेनेसी) की दो क्रांतिक अवस्थाएँ है : फूल आने से पहले व छंटाई के समय।

प्रश्न 1687. अस्थायी म्लानी बिन्दु (Temprorary wilting point) को परिभाषित करिए?

उत्तर – मृदा जल की वह मात्रा जिससे पुनः सिंचाई करने पर पौधें ठीक हो जाते हैं या अपनी प्रारम्भिक अवस्था में आ जाते हैं तो उसे अस्थाई म्लानी बिंदु कहते हैं।

प्रश्न 1688. क्यूमेक (Cumec) से क्या तात्पर्य है?

उत्तर – घन फुट प्रति मिनट यह पानी के बहाव को मापने की इकाई है। एक क्यूमेक = 1000 लीटर पानी होता है।

प्रश्न 1689. पर्पीते (*Carica papaya* : Caricaceae) की उभयलिंगी किस्मों के नाम बताइए?

उत्तर – रेड लेडी, कुर्ग हनीड्यू, पूसा डेलिशियस, पूसा मैजेस्टिक आदि। पपीते का प्रवर्धन बीज द्वारा किया जाता है। इसमे विटामिन A,B,C प्रचुर मात्रा में पाया जाता है। कच्चे पपीते में पेपेन नामक प्रोटिन पाया जाता है जो उदर रोगों से बचाव हेतु उत्तम है। पपीते की पत्तियाँ रक्त में प्लेटलेट्स बढ़ाने में उपयोगी है।

प्रश्न 1690. सूरजमुखी में किस प्रकार का अंकुरण पाया जाता है?

उत्तर – उपरिभूमिक (epigeal)। सूरजमुखी एक दिवस निष्प्रभावी पौधा है। इसका तेल हृदय रोगियों के लिए अच्छा माना जाता है क्योकि इसमें असृप्त वसीयो अम्लो (लिनोलिक अम्ल) की मात्रा अधिक होती हैं। यह धमनियों में कॉलेस्ट्रोल को साफ करता है।

प्रश्न 1691. लोबिया का वानस्पतिक क्या है?

उत्तर – *विग्ना साइनेसीस*। यह फेबेसी कुल का पौधा है। इसे चंवला या काऊ पी भी कहते हैं। इसमें 23 प्रतिशत प्रोटिन पाया जाता है। 'पूसा फालगुनी', 'पूसा बरसाती' 'पूसा दो फसली', 'काशी गोरी', 'पूसा कोमल', 'काशी सुधा' इसकी सब्जी के लिए उन्नत किस्में हैं।

प्रश्न 1692. परगोला क्या है?

उत्तर – बेलों को संघाई करके दरवाजों और दिवारों पर सजावटी आकार देना परगोला कहलाता है।

प्रश्न 1693. ब्रीज ग्राफ्टिंग किसे कहते हैं?

उत्तर – कभी कभी प्रतिकुल स्थिति में पौधों का मुख्य तना क्षतिग्रस्त हो जाता है जिससे पौधों में पोषण की क्रिया रुक जाती है। इस क्षति के निवारण के लिए क्षतिग्रस्त वाले भाग को ऊपर व नीचे वाली शाखाओ को ग्राफ्टिंग द्वारा जोड दिया जाता है। जिससे की फल वृक्ष के मुख्य तने में भोजन की क्रिया सुचारु रुप से होने लगती है।

प्रश्न 1694. ऑपरेशन खेजड़ा कार्यक्रम की शुरुआत कब की गई?

उत्तर – 1991।

प्रश्न 1695. सौंफ की बुवाई कब करते हैं?

उत्तर – सौंफ (*Foeniculum vulgare* : Apiaceae) की बुवाई मध्य सितम्बर से मध्य अक्टुबर तक करते हैं इसकी बीज दर 10–12 किग्रा. प्रति हेक्टेयर है।

प्रश्न 1696. चीकू (*Achrus zapota* : Sapotaceae) के फल का प्रकार बताइए?

उत्तर – बेरी। चीकू की खेती फल उत्पादन तथा लेटेक्स उत्पादन के लिए की जाती है। चीकू के लेटेक्स उत्पादन का उपयोग च्यूंगम तैयार करने के लिए किया जाता है। इसमें विटामिन ए, ग्लूकोज, टेनिन जैसे तत्त्व पाए जाते हैं जो कब्ज, एनिमिया, तनाव, बवासिर और जख्म ठीक करने के लिए सहायक है।

प्रश्न 1697. 'खजवा', 'स्वर्ण मनोहर', 'स्वर्ण पूर्ति', 'रूद्रासी', 'सिंगापुर' आदि किसकी उन्नत किस्में है?

उत्तर – कटहल (*Artocarpus heteropyllus* : Moraceace)। इसका प्रसारण अधिकतर बीज द्वारा किया जाता है। इसका वानस्पतिक प्रवर्धन बडिंग, इनर्चिंग व गुटी द्वारा किया जाता है।

प्रश्न 1698. रोशा या पामारोजा घास का उपयोग बताइए?

उत्तर – पामारोजा एक बहुवर्षीय सुगंधित घास है, जिसका वानस्पतिक नाम *सिम्बोपोगान मार्टिनाई* प्रजाति मोतिया है। यह पोएसी कुल के अर्न्तगत आती है। इसका तेल इत्र, सौंदर्य प्रसाधन, मच्छर से बचाने

वाली क्रीम, दर्द निवारक तेल आदि में उपयोगी है। इसके मुख्य घटक जिरेनियाल और जिरेनाइल एसीटेट है।

प्रश्न 1699. सौंफ की उन्नत किस्मों के नाम बताइए?

उत्तर – गुजरात फेनल–1,2, पी.एफ.–35, हिसार स्वरूप, आजाद सौंफ, आर.एफ. 101, 125 आदि इसकी उन्नत किस्में है।

प्रश्न 1700. जैली के पकने या तैयार होने का अन्तिम तापमान बिन्दू कितना होता है?

उत्तर – 105°C। यह फलों के निष्कर्षन में चीनी व अम्ल मिलाकर बनायी जाती है। फलों में उपस्थित एक घुलनशील पदार्थ पेक्टीन जैली बनाने के उपयोग में लाया है जो अम्ल की उपस्थिति में 105°C तापमान पर गर्म करने पर एक अर्द्ध ठोस 'जैली' बना देती है। अमरूद, सेब, आम, कैथ, रसभरी, पपीता, करौंदा आदि फलों को इसे बनाने में उपयोग किया जाता है।

प्रश्न 1701. बाजरे (*Pennisetum glaucum* : Poaceae) में रूट बग को कैसे नियंत्रित करते हैं?

उत्तर – इसके नियंत्रण हेतु फ्यूरोडॉन 20–25 किलो प्रति हेक्टेयर की दर से भुरकाव करें।

प्रश्न 1702. किस फसल को Pseudo cereal के नाम से भी जाना जाता है?

उत्तर – बक व्हीट (Buck Wheat)। इसे सामान्य भाषा में कूटू के नाम से जाना जाता है। यह गेहूँ की तरह एक अनाज है। इसका वानस्पतिक नाम *फैगोपाइरम एस्कुलेंटम* है। यह पौषक तत्त्वों का भण्डार है। इसमें लोहा, मैग्नीशियम, फाइबर और प्रोटीन भरपूर मात्रा में पाया जाता है। इसमें सभी आवश्यक आठ अमीनो एसिड भी पाए जाते हैं।

प्रश्न 1703. अन्तरराष्ट्रीय धान अनुसंधान केन्द्र कहाँ स्थित है?

उत्तर – मनिला, फिलिपिन्स। इसकी स्थापना 1960 में हुई।

प्रश्न 1704. ग्लूकोसाइड एमोराइन' किस पौधे के फूल से निकाला जाता है?

उत्तर – करी पत्ता। इसका वानस्पतिक नाम *मौराया कोईनीगी* (*Murraya koenigii*) है। यह रूटेसी (Rutaceae) कुल का पौधा है। जिसका उद्‌भव स्थान भारत है। इसमें ऐंटीऑक्सीटेंट, ऐंटीमाइक्रोबियल, ऐंटीइन्फ्लेमेटरी इत्यादि गुण पाए जाते हैं, इसका प्रर्वधन बीज द्वारा किया जाता है।

प्रश्न 1705. सलाद (*Lactuca sativa* : Asteraceae) में ब्लैक हार्ट बीमारी किसकी कमी से होती है?

उत्तर – कैल्शियम की कमी। यह ऐसटरेसी कुल का पौधा है। इसका सेवन कच्चे रूप में किया जाता है। इस फसल को अधिकतर व्यावसायिक रूप से पैदा करते हैं यह विटामिन ए का मुख्य स्त्रोत है। इसके अतिरिक्त इसमें प्रोटीन, कार्बोहाइड्रेट्स, कैल्शियम, विटामिन सी भी पाया जाता है।

प्रश्न 1706. प्रमाणित बीज (Certified Seed) पर कौनसा टेग लगाते हैं?

उत्तर – नीला। ये आधार बीज से तैयार किए जाते हैं। इसका उत्पादन किसी सरकारी बीज निगम द्वारा किया जाता है। इसकी आनुवंशिकी शुद्धता 100 प्रतिशत व भौतिक शुद्धता 98 प्रतिशत है।

प्रश्न 1707. ट्रिटिकेल में कितने प्रतिशत प्रोटीन पाया जाता है?

उत्तर – 20 प्रतिशत। यह गेहूँ व राईं का संकर है। इसे रीम्पू (RIMPO) ने सन् 1896 में विकसित किया है।

प्रश्न 1708. चने (*Cicer arietinum* : Fabaceae) की उन्नत किस्मों के नाम बताइए?

उत्तर – अपर्णा, मरूधर, गणगौर, आर एस जी–991, 896, आभार, अप्रिता आदि। इसकी बीज दर 75–80 कि.ग्रा./हेक्टेयर है।

प्रश्न 1709. कलम में जड़ो की फूटान के लिए कौनसा हार्मोन उपयोग में लिया जाता है?

उत्तर – इण्डोल ब्यूटाइरिक एसिड (IBA)।

प्रश्न 1710. सन्तरे (*Citrus sinensis* : Rutaceae) का प्रर्वधन किस विधि द्वारा किया जाता है?

उत्तर – कालिकायन। इसे मेण्डेरीन या ढीली छाल सन्तरा भी कहते हैं खासी संतरा, किन्नो, दार्जिलिंग, पंजाब देशी आदि इसकी उन्नत किस्में है। विश्व का सर्वोतम संतरा नागपुर, महाराष्ट्र में उगाया जाता है।

प्रश्न 1711. आम (*Mangifera indica* : Anacardiaceae) की बहुभ्रूणता वाली किस्मों के नाम बताइए?

उत्तर – चन्द्रा, किरण, गोवा, सेलम, बेलारी आदि। एक बीज से अनेक पौधे उत्पन्न होना बहुभ्रूणता कहलाता है।

प्रश्न 1712. फ्रीजियन व थारपारकर से गाय की कौन सी संकर नस्ल पैदा की गई है?

उत्तर – जर–सिन्ध।

प्रश्न 1713. बकरी में फड़किया रोग का कारक बताइए?

उत्तर – यह रोग *क्लोस्ट्रीडियम परफिजेंन्स* नामक जीवाणु से होता है। साधारणतः इस बिमारी में आफरा आ जाता है। बकरी के अंगों में फड़कन दिखाई देती है। इसी कारण इसे फड़किया रोग कहते हैं लक्षण प्रकट होने के 3–4 घन्टे में ही बकरी मर जाती है।

प्रश्न 1714. कीवी फल का वैज्ञानिक नाम बताइए?

उत्तर – *एक्टिनीडिया चाईनैंसिस* (*Actinidia deliciosa* : Actinidiaceae)। इसे चाइनीज गूज़बेरी भी कहते हैं। यह एक बहुवर्षीय बेल वाला पौधा है। इसके फल में विटामिन ए, विटामिन सी, कैल्शियम, पोटैशियम, प्रोटीन आदि प्रचुर मात्रा में पाया जाता है। एबट, एलिसन, ब्रूनो हेवर्ड, मोंटी आदि इसकी उन्नत किस्में है।

प्रश्न 1715. गांठ गोभी (*Brassica oleracea* var. *gongylodes* : Brassicaceae) की उन्नत किस्मों के नाम बताइए?

उत्तर – लार्ज ग्रीन, किंग ऑफ नार्थ, पालम टैन्डरनोब, अर्ली पर्पल वियना, पूसा विराट आदि। यह गोभीवर्गीय सब्जी है जिसमें गाँठें जमीन की सतह के ऊपर (शलजम की फूली हुई जड़ की तरह) तने के फूलने से बनती है। इसे सब्जी एवं सलाद के रूप में इस्तेमाल किया जाता है।

प्रश्न 1716. तरबूज (*Citrullus lanatus* : Cucurbitaceae) की नांरगी रंग की किस्म का नाम बताये?

उत्तर – वी.आर.डब्ल्यू–10। इसमें बीटा–कैरोटीन प्रचुर मात्रा में पाया जाता है। तरबूज की अन्य किस्मों दुर्गापुरा केसर व वी.आर.डब्लू. 14–1 के गूदे व ऊपरी छिलके का रंग पीला होता है। इसमें ल्यूटी–जेंथिन और वायोला जेथिन नामक कैरोटीनोइड प्रचुर मात्रा में पाया जाता है।

प्रश्न 1717. मसूर (*Lens culinaris* : Fabaceae) की बीज दर बताइए?

उत्तर – 40 किग्रा/हेक्टेयर। इसकी बुवाई अक्टूबर से लेकर 15 नवम्बर तक की जाती है। एल एच 84–8, पंत एल–4, पुसा वैभव, पंत मसुर–406 इसकी उन्नत किस्में हैं।

प्रश्न 1718. अदरक (*Zingiber officinale* : Zingiberaceae) में पीलिया रोग को नियंत्रण कैसे करे?

उत्तर – यह रोग जीवाणु से फैलता है। मैन्कोजेब (0–2 प्रतिशत) और कार्बेण्डाजिम (0–1) के घोल से 6 लीटर प्रति वर्ग मीटर की दर से सिंचाई करें। दीर्घकालीन फसल चक्र अपनाने से इस मृदा जनित रोग को कम किया जा सकता है।

प्रश्न 1719. नेशनल रिसर्च सेन्टर फॉर आर्किड कहाँ स्थित है?

उत्तर – सिक्किम।

प्रश्न 1720. न्यून लवण सहिष्णु क्षेत्र फसलों के नाम बताइए?

उत्तर – सनई, उर्द, मूंग, मटर, चना। जबकि जौ, ढैंचा, चुकन्दर, तम्बाकु, सरसों एवं कपास उच्च लवण सहिष्णु फसलें है।

प्रश्न 1721. सतह सर्पण मृदा परिवहन क्या है?

उत्तर – मृदा कण जिनका व्यास 0–5 मिमी. से अधिक होता है, वे कण सतह पर रेंगकर एक स्थान से दूसरे स्थान पर स्थानान्तरित हो जाते हैं उसे सतह सर्पण मृदा परिवहन कहते हैं।

प्रश्न 1722. पौधों में कार्बोहाइड्रेट के संवहन में सहायक तत्त्व कौनसा है?

उत्तर – मैग्नीशियम। यह तत्त्व क्रोमोसोम व क्लोरोफिल का अनिवार्य अंग है। पौधो में प्रोटीन, विटामिन, कार्बोहाइड्रेट एवं वसा के निर्माण में यह सहायक है। यह चारे की फसलों के लिए बहुत महत्त्वपूर्ण है।

प्रश्न 1723. अन्तःस्त्रवण या निथार को परिभाषित करें?

उत्तर – अन्तः स्पन्दन की क्रिया में भूमि में जल घुसने के बाद भूमि की प्रोफाइल में होकर जल के गति करने की क्रिया को निथार या अन्तः स्त्रवण कहते हैं।

प्रश्न 1724. रोगयू से क्या तात्पर्य है?

उत्तर – जब किसी फसल की अन्य अनिश्चित जाति का पौधा बिना बोये खेत में उग आये तो उसे रोगयू कहते हैं। इन अवांछित पौधो को खेत से उखाड़ने की प्रक्रिया को रोगिंग कहते हैं।

प्रश्न 1725. सन् 2020 का विश्व खाद्य पुरस्कार किसे दिया गया?

उत्तर – मृदा वैज्ञानिक डॉ॰ रतन लाल को। उन्हें मिट्टी की गुणवत्ता में सुधार करने के लिए छोटे किसानों की मदद कर वैश्विक खाद्य आपूर्ति को बढ़ाने में योगदान देने हेतू इस पुरस्कार से सम्मानित किया गया।

प्रश्न 1726. एफ.पी.ओ. (FPO) का पूरा नाम बताइए?

उत्तर – कृषक उत्पादक संगठन (Farmer Producer Organisations)। यह किसानों का एक समूह है जो कृषि उत्पादन कार्य में लगा हो और कृषि से जुड़ी व्यावसायिक गतिविधियाँ चलाएगा। इससे जुड़े किसान को न सिर्फ अपनी उपज का बाजार मिलेगा बल्कि बीज, दवाईयाँ और कृषि उपकरण खरीदना भी आसान है। इनका रजिस्ट्रेशन कंपनी एकट के तहत होता है। भारत सरकार ने दस हजार एफ.पी.ओ. बनाने का निश्चय किया है।

प्रश्न 1727. उद्यानों में अफलन से क्या तात्पर्य है?

उत्तर – कभी–कभी उद्यानों में बहुत कम फल लगना, कभी एक ओर फलना, फूल व फल लगने के बाद झड़ जाना, कभी बिल्कुल नहीं लगना आदि स्वाभाविक क्रियाएँ 'अफलन' कहलाती है। यह बाह्य या आन्तरिक कारणों से होता है।

प्रश्न 1728. पेठा/एश गार्ड से कौन सी प्रसिद्ध मिठाई बनती है?

उत्तर – आगरे का पेठा। यह एक कद्दूवर्गीय सब्जी है जिसका वानस्पतिक नाम *बेनिनकासा हेस्पीडा* है। इसका उद्‌भव स्थान जावा, जापान है।

प्रश्न 1729. कीटनाशक की बॉटल या डब्बे पर ब्लू रंग का लेबल क्या दर्शाता है?

उत्तर – मामूली रूप से विषाक्त। कीटनाशकों पर लाल व पीला रंग अत्यन्त विषैलेपन को दर्शाता है। हरा रंग जैविक उत्पाद को दर्शाता है।

प्रश्न 1730. जीरे में उखटा रोग की रोकथाम कैसे कर सकते हैं?

उत्तर – इस रोग के नियंत्रण के लिए 1 ग्राम जिम काबेन्डा 50 डब्लू पी अथवा 6 ग्राम टाइकोडर्मा वीरिडी किलो बीज की दर से बीजोपचार करे।

प्रश्न 1731. गन्ने में प्लासी कीट कैसे नियंत्रित करे?

उत्तर – इस कीट की रोकथाम के लिए एमिडाक्लोप्रीड एस एल दवा को 1 मि.ली. मात्रा में 1 लीटर पानी में मिलाकर छिड़काव करें। 15 दिन बाद इसे फिर दोहराए। यदि समय पर इस कीट को नियंत्रित नही किया जाए तो गन्ना उत्पादन में 30–40 प्रतिशत हानि होती है।

प्रश्न 1732. जौ (*Hordeum vulgare* : Poaceae) की बीज दर बताइए?

उत्तर – 150 किलोग्राम प्रति हेक्टेयर। जौ का उपयोग खाद्य पदार्थ (आटा, दलिया, सत्तू व पेय पदार्थ), पशु आहार एवं इसके अर्क व सीरप का प्रयोग व्यावसायिक रूप से तैयार किए गये खाद्य पदार्थ पेय पदार्थ में स्वाद, रंग व मिठास जोड़ने के लिए किया जाता है।

प्रश्न 1733. मूली (*Raphanus sativus* : Brassicaceae) की उन्नत किस्मों के नाम बताइए?

उत्तर – पूसा रश्मि, पूसा देशी, जापानीज व्हाईट, पंजाब पसंद, पूसा, हिमानी, पूसा चेतकी आदि। मूली का उपयोग सलाद के रूप में किया जाता है। इसमें सल्फर तत्त्व की उपस्थिती के कारण गंध आती है।

प्रश्न 1734. टमाटर (*Solanum lycopersicum* : Solanaceae) की बुवाई का समय बताइए?

उत्तर – टमाटर की खेती पूरे वर्ष भर की जा सकती है। शीतकालीन फसल के लिए जुलाई से सितम्बर, बसंत या ग्रीष्मकालीन फसल के

लिए नवम्बर से दिसम्बर तथा पहाड़ी क्षेत्रों में मार्च से अप्रैल महीने में बुवाई की जाती है।

प्रश्न 1735. क्लाउड सीडिंग क्या है?

उत्तर – क्लाउड सीडिंग एक मौसम संशोधन तकनीक है जो क्लाउड (वर्षा या बर्फ) का उत्पादन करने के लिए बादल की क्षमता को बढ़ाती है। यह कृत्रिम रूप से वायुमंडल में संघानन नाभिक को जोड़कर बर्फ के टुकड़े या बारिश की बूंदों के लिए आधार प्रदान करने के लिए किया जाता है।

प्रश्न 1736. फादर ऑफ इंडियन मैट्रोलोजी कौन है?

उत्तर – एल॰ए॰ रामदास।

प्रश्न 1737. पामारोजा घास का वानस्पतिक नाम बताइए?

उत्तर – *सिम्बेपोगन मारटीनी*। यह पोएसी कुल का पौधा है।

प्रश्न 1738. मधुमक्खी पालन में उपयोग होने वाले उपकरणों के नाम बताइए?

उत्तर – लैगस्ट्रॉथ मोनपेटिक, मधु निस्कासन यंत्र, आधार हत्ता बनाने वाली मशीन, वाहन, बक्सा, रानी पिंजरा, रानी अवरोधक, वकहूट थैला, नकाब, धुआँकार आदि उपकरण मधुमक्खी पालन में उपयोगी है।

प्रश्न 1739. A1 और B2 दूध क्या है?

उत्तर – दूध में लगभग 85 प्रतिशत पानी होता है। शेष 15 प्रतिशत लेक्टोज, प्रोटीन, वसा और खनिज होते हैं। बीटाकेसिन दूध में कुल प्रोटीन सामग्री का लगभग 30 प्रतिशत होता है। बीटाकेसिन दो प्रकार का होता है A1 बीटाकेसिन और B2 बीटाकेसिन। B2 दूध वह होता है जिसमें केवल B2 बीटाकेसिन होता है जबकि A1 दूध में सिर्फ A1 बीटाकेसिन होता है। संकरित और यूरोपीय नस्लों की गायों में A1 प्रकार का दूध पाया जाता है। B2 दूध मूल रूप से देसी गायों और भैंसो में पाया जाता है।

प्रश्न 1740. मोरिंगा (*Moringa oleifera*) के मूल्य सवंर्धित उत्पाद के बारे में बताइए?

उत्तर – यह मोरिंगेसी कुल का पौधा है जिसके सभी भागों को पोषण सम्पन्न माना गया है। इसकी पत्तियों व फलियों में प्रोटीन विटामिन, खनिज व अनेक पोषक तत्त्व पाए जाते हैं इससे लींफ पाउडर, गोलियाँ, कैप्सूल, तेल, फ्लेवर्ड चाय, एनर्जी बार, वंडर मिक्स, गोंद पाउडर, सूप, शेक, हनी, वायो बूस्टर, केक, चिप्स आदि बनाए जाते हैं।

प्रश्न 1741. ट्राइवेक टीका क्या है?

उत्तर – पशुओं में मुँहपका, खुरपका, गलघोंटू एवं लंगड़ा बुखार की रोकथाम हेतु ट्राइवेक का टीका लगवाते हैं।

प्रश्न 1742. सावा या सामा क्या होता है?

उत्तर – इसे अंग्रेजी में बार्नयार्ड मिलेट के नाम से जाना जाता है। यह पोष्टिकता से भरपूर एक छोटा खाद्यान्न है, जिसमें प्रोटीन, उच्च फाइबर एवं उपयोगी मिनरलस प्रचुर मात्रा में पाए जाते हैं।

प्रश्न 1743. स्ट्रॉबेरी किस जाति का पौधा है?

उत्तर – *स्ट्रॉबेरी फ्रेगेरिया* जाति का पौधा है। इसका स्वाद हल्का खट्टा–मीठा होता है। इसे ताजा फल के रूप में खाया जाता है। यह एंटीऑक्सिडेंट, विटामीन सी, विटामीन बी। बी–2 प्रोटीन, खनिजो का एक अच्छा प्राकृतिक स्रोत है जो मिनरल्स से भरपूर है। कैमारोजा, आफर ओसो बैन्ड, चैंडलर, स्वीट चार्ली इसकी उन्नत किस्में है।

प्रश्न 1744. जामुन का वानस्पतिक प्रर्वधन किस विधि से किया जाता है?

उत्तर – जामुन (*Syzygium cumini* : Myrtaceae) का वानस्पतिक प्रवर्धन कलम या चश्मा विधि से किया जा सकता है। इसे बीज द्वारा भी उगाया जा सकता है। इसको जावा प्लम, काला प्लम, जमबोलन, जमबुल आदि नामो से भी जाना जाता है।

प्रश्न 1745. विश्व मृदा दिवस 2020 की अवधारणा क्या थी?

उत्तर – विश्व मृदा दिवस प्रत्येक वर्ष 5 दिसम्बर को मनाया जाता है। इस वर्ष की अवधारणा "मिट्टी को जीवित रखने एवं मृदा जैव विविधता संरक्षण" थी।

प्रश्न 1746. कृषि पद्धत्तियाँ क्या है?

उत्तर – फसल को उगाने से लेकर तैयार करने और भण्डारण किए जाने वाले कार्यों को फसल पद्धत्तियाँ या कृषि पद्धत्तियाँ कहते हैं।

प्रश्न 1747. शगुन', श्रृगारिका', 'सुचित्रा', 'अर्का सुवर्ण', 'गोल्डन', 'ज्योत्सना' किसकी उन्नत किस्में है?

उत्तर – ग्लेडियोलस की। यह भारत का एक प्रमुख कट फ्लावर है जिसका वानस्पतिक नाम *ग्लेडयोलस ग्रेंडिफ्लोरस* है। यह इरीडेसी कुल का पौधा है। इसका उत्पति स्थान अफ्रीका है। इसका प्रवर्धन कंद द्वारा किया जाता है। अक्टूबर से नवम्बर तक इसके कंद की बुवाई की जाती है।

प्रश्न 1748. नीबू में डाईबैक रोग किस तत्त्व की कमी के कारण होता है?

उत्तर – कॉपर। जबकि इसमें येलो स्पोट डिसऑडर मॉलीब्डेनम तत्त्व की कमी से होता है।

प्रश्न 1749. चौलाई क्या है?

उत्तर – *ऐमरेन्थस* स्पीशीज। यह ऐमरेन्थेसी कुल का पौधा है। यह गर्मी व बरसात में उगाई जाने वाली पत्तेदार सब्जी है। इसकी पत्तियों में प्रोटीन, खनिज, विटामीन ए, सी प्रचुर मात्रा में पाए जाते हैं यह एनीमिया में भी लाभदायक है।

प्रश्न 1750. स्थानान्तरित शाकनाशी के उदाहरण दीजिए?

उत्तर – एमीट्रोल, डेलापान, 2,4–D, 2,4,5–T आदि। वे रसायन जो खरपतवारों के नष्ट करने में प्रयोग किए जाते हैं उन्हें शाकनाशी कहते हैं।

प्रश्न 1751. राष्ट्रीय मरू उद्यान कहाँ है?

उत्तर – जैसलमेर, राजस्थान।

प्रश्न 1752. खुटाई या निपिंग प्रक्रिया क्या है?

उत्तर – चने की फसल में फूल आने से पूर्व तक शाखाओं एवं उपज में वृद्धि हेतु पौधे के शीर्ष की तुड़ाई करते हैं, इस तुड़ाई को निपिंग कहा जाता है।

प्रश्न 1753. एपीफाइट किसे कहते हैं?

उत्तर – एक पौधा जो किसी दुसरे पौधे पर उग आता है उसे एपीफाइट कहते हैं। यह पौधा नमी तथा खनिज या तो हवा से लेता है या उस परपोषी पौधे से लेता है। जैसे – ब्रोमिलियाड एवं आर्किड।

प्रश्न 1754. भारत के किस शहर को 'मिर्च के शहर' के नाम से जाना जाता है?

उत्तर – गुंटूर (आंध्र प्रदेश)।

प्रश्न 1755. गेहूँ (*ट्रिटिकम अस्टिवम* : पोएसी) की देर से बोई जाने वाली किस्मों के नाम बताइए?

उत्तर – राज–3765, 3077, 3777 एवं 4037 राजस्थान के लिए तथा त्रिवेणी के. 8020, सोनाली एच पी. 1633, नरेन्द्र गेहूँ 2036, 1076 आदि गेहूँ की देर से बोई जाने वाली अन्य किस्में हैं।

प्रश्न 1756. किस फल को 'बटर फ्रूट' के नाम से भी जाना जाता है?

उत्तर – एवोकैडो (*Persca americana* : Lauraceae)। यह फाइबर, विटामिन ए, सी, ई और पोटेशियम से भरा एक पोष्टिक फल है। इसमें विटामिन बी की प्रचुरता के कारण यह तनाव से लड़ने में मदद करता है।

प्रश्न 1757. प्रति जैविक पदार्थ (Antibiotic) क्या है?

उत्तर – वे पदार्थ जो सूक्ष्म जीवियों के उपापचय द्वारा उत्पन्न होते हैं तथा यह दूसरे अन्य रोग जनक सूक्ष्म जीवियों के ऊपर विषैला प्रभाव छोड़ते हैं उन्हें प्रति जैविक पदार्थ कहते हैं।

प्रश्न 1758. भारत में पाई जाने वाली मधुमक्खियों की प्रजातियाँ बताइए?

उत्तर – सारंग (*Apis dorsata*), मौना (*Apis indica*), भृंगा (*Apis florae*) और डम्पर (Melipona species)।

प्रश्न 1759. बकरी की किस नस्ल को जर्सी भी कहा जाता है?

उत्तर – एंग्लो न्यूबियन। यह बकरी की विदेशी नस्ल है जिसे दुध एवं मांसोत्पादन के लिए पाला ज़ाता है।

प्रश्न 1760. पिक्नोमीटर यंत्र का कार्य बताइए?

उत्तर – यह यंत्र मृदा घनत्व को ज्ञात करता है।

प्रश्न 1761. आम (*मेंन्जीफेरा इण्डिका* : एनाकार्डिएसी) की संकर किस्म 'रत्ना' किसका संकरण है?

उत्तर – नीलम x अल्फांसो। आम का उत्पत्ति स्थान भारत, बर्मा क्षेत्र है। इसमे विटामिन, प्रचुर मात्रा में पाया जाता है। इसकी बीज रहित किस्म 'सिन्धु' है जो 'रत्ना' और 'अल्फांसो का संकरण है।

प्रश्न 1762. विधि प्रदर्शन (Method demonstration) की अवधारणा किसने दी?

उत्तर – एस॰ए॰ नैप।

प्रश्न 1763. अंकुरण पूर्व शाकनाशी (Pre-emergence Herbicide) को परिभाषित करो?

उत्तर – वो शाकनाशी जिन्हें खरपतवार अंकुरण से पूर्व अर्थात् बीज की बुवाई के बाद लेकिन फसल उगने से पूर्व प्रयोग किए जाते हैं, उन्हें अंकुरण पूर्व शाकनाशी कहते हैं।

प्रश्न 1764. मूली (*रेफेनस सैटाइवस* : क्रूसीफेरी) में कौन से पोषक तत्त्व पाए जाते हैं?

उत्तर – मूली विटामिन बी6, कैल्शियम, कॉपर, मैग्नीशियम और रिबोफलेबिन का मुख्य स्रोत है। इसमे एसकॉर्बिक एसिड, और पोटैशियम, भी भरपूर मात्रा में पाया जाता है। 'पूसा हिमानी', 'पूसा चेतकी', 'पूसा रेशमी', 'पंजाब सफेद', 'अर्का निशान्त' आदि इसकी उन्नत किस्मे हैं।

प्रश्न 1765. पशुओं को फॉस्फोरस कहाँ से मिलता है?

उत्तर – चारा फसलों और अनाजों के छिलकों में फॉस्फोरस बहुतायत में पाया जाता है या फिर रातिब मिश्रण में मिलाया जाने वाला विटामिन मिनरल मिक्सचर इसका अच्छा स्रोत है। इसकी कमी होने पर पशु दीवार चाट कर, मिट्टी खा कर या पास पड़ा कपड़ा, थैला, जूता कुछ भी चबाने लगते हैं।

प्रश्न 1766. प्रीकिंग क्या है?

उत्तर – मातृ क्यारियों से पौधों को स्थान्तरित करना प्रीकिंग कहलाता है।

प्रश्न 1767. जौ में ग्रे स्पैक्स बीमारी किस तत्त्व की कमी से होती है?

उत्तर – मैंग्नीज की कमी के कारण। इसी तत्त्व की कमी के कारण मटर में मार्श रोग, फलीदार व पत्तियों वाली सब्जियों में हरितिमा हीनता, चुकन्दर में चित्तीदार पाहिक रोग होता है।

प्रश्न 1768. तिल में पुष्प गुच्छ रोग का कारक बताइए?

उत्तर – यह एक माइकोप्लाज्मा जनित रोग है। इसके नियंत्रण के लिए लक्षण दिखते ही पौधा उखाड़ कर नष्ट कर देवे। पुष्प आने पर 1 ग्राम टेट्रासाइक्लिन एंटीबायोटिक प्रति 5 लीटर पानी में छिड़काव करे। इस रोग का फैलाव फुदके कीट द्वारा होता है।

प्रश्न 1769. पीले ट्रेप से क्या तात्पर्य है?

उत्तर – किसी भी टिन के डिब्बे पर पीला रंग करके उस पर ग्रीस या अरण्डी का तेल लगाकर खेतो में लकड़ी गाड़कर फसल से 1.1–5 फुट ऊँचा उलटा लटका दें। अनेक कीट जैसे सफेद मक्खी, मोयला आदि पीले रंग से आकर्षित होकर ट्रेप के पास आते हैं और चिपककर मर जाते हैं।

प्रश्न 1770. जलकुंभी का वानस्पतिक नाम बताइए?

उत्तर – *आइकोरनीया क्रेसीपीस*। यह पॉन्टिडिरिएसी कुल का पौधा है। यह एक बहुवर्षीय स्वतंत्र तैरने वाला चौड़ी पत्ती का खरपतवार है जो जल की सतह पर चटाई सी बना देता है और सिंघाड़ा कमल आदि फसलों को प्रभावित करता है।

प्रश्न 1771. शून्य ऊर्जा शीत गृह की उपयोगिता बताइए?

उत्तर – इसमें तेज गर्मियों में पत्तेदार सब्जियों को 3 दिन व अन्य फल सब्जियों को एक सप्ताह तक बिना किसी गुणवत्ता ह्रास के सुरक्षित रखी जा सकती है। इसी प्रकार सर्दियों में पत्तेदार सब्जियाँ 8–10 दिन और अन्य सब्जियाँ डेढ़ से दो सप्ताह तक बिना नुकसान के उनके मूल स्वरूप को बनाए रखते हुए ताजा रखी जा सकती है। इसके निर्माण में कच्ची ईटें, रेती, बाँस, खसखस की टाटी और एक प्लास्टिक की चद्दर की आवश्यकता होती है।

प्रश्न 1772. इन्टरनेशनल इंस्टिट्यूट ऑफ ट्रापिकल एग्रीकल्चर (CITA) कहाँ स्थित है?

उत्तर – कैली (कोलम्बिया)। इसकी स्थापना 1967 में हुई थी।

प्रश्न 1773. ट्राइकोग्रामा को अण्ड परजीव्याभ (Egg parasitoid) क्यों कहते हैं?

उत्तर – यह हाइमेनोप्टेरा गण का कीट है। जो लेपिड़ोप्टेरा गण के हानिकारक कीटों जैसे – चने, कपास आदि की लटों के अण्डे में अपने अण्डे देता है इसलिए इसे अंड परजीव्याम कहते हैं।

प्रश्न 1774. पशुओं का पालन पोषण देखभाल, ब्रीडिंग व उपयोग का विज्ञान क्या कहलाता है?

उत्तर – एनीमल हस्बैंड्री।

प्रश्न 1775. शीतोष्ण फलों (Temperate fruits) के उदाहरण बताइए?

उत्तर – सेव {Apple (*Malus domestica* : Rosaceae)}, नाशपती {Pear (*Pyrus communis* : Rosaceae)}, आलुबुखारा {Plum (*Prunus domestics* sub prunus : Rosaceae)}, अखरोट {walnut (*Juglans* sp. : Juglanaceae)} आदि।

प्रश्न 1776. आँवला (*Phyllanthus emblica* : Phyllanthaceae) में फूल से फल बनने में कितना समय लगता है?

उत्तर – 8–10 माह। आँवले को 'अमृत फल', 'पंचरसा', 'इण्डियन गुज़बेरी' आदि नामों से भी जाना जाता है। इसका वानस्पतिक प्रवर्धन पेच चश्मा (Patch budding) से किया जाता है।

प्रश्न 1777. भिण्डी (*Abelmoschus esculentus* : Malvaceae) के फल का प्रकार बताइए?

उत्तर – केप्सूल। जबकि गाजर, धनिया, जीरा, सौंफ के फल को 'साइजोकार्प' एवं आलू, टमाटर, बैंगन, मिर्च के फल को 'बैरी' कहते हैं।

प्रश्न 1778. बैलों की सर्वोत्तम नस्ल का नाम बताइए?

उत्तर – नागौरी। इसका उत्पत्ति स्थान नागौर का समीपवर्ती क्षेत्र है।

प्रश्न 1779. राजस्थान की बकरी की किस नस्ल के सींग नहीं होती है?

उत्तर – शेखावटी। इस नस्ल को काजरी (केन्द्रीय शुष्क क्षेत्र अनुसंधान संस्थान) ने इसको विकसित किया है।

प्रश्न 1780. मृदा के ए, बी तथा सी संस्तरों को संयुक्त रूप से क्या कहते हैं?

उत्तर – रिगोलिथ। जबकि मृदा के अविभक्त संस्तरों को रिगोसॉल कहते हैं

प्रश्न 1781. प्राप्य जल या उपलब्ध जल को परिभाषित कीजिए?

उत्तर – मुरझान गुणांक (Welting coefficient) एवं क्षेत्र क्षमता (Field capacity) के बीच जो जल की मात्रा होती है वह प्राप्य जल (Available water) कहलाता है। यह म्लानी बिन्दू (15 ATM) व क्षेत्र क्षमता (1/3 ATM) के बीच उपलब्ध रहता है।

प्रश्न 1782. रिजका (*Medicago sativa* : Fabaceae) की उन्नत किस्में बताइए?

उत्तर – आनंद, आर.एल. 88, आनंद रिजका 3।

प्रश्न 1783. किस सब्जी को 'वेजीटेबल मीट' के नाम से जाना जाता है?

उत्तर – चँवला। इसका वानस्पतिक नाम *विग्ना अंग्वीक्यूलेटा* है। यह फेबेसी कुल का पौधा है जिसका उद्‌भव स्थान सेन्ट्रल अफ्रीका है। इसमें 23–40 प्रतिशत प्रोटीन पाया जाता है। अर्का गरिमा, पूसा रीतूराज पूसा बरसाती, पूसा दो फसली, पूसा फाल्गुनी आदि इसकी उपयोगी किस्में है।

प्रश्न 1784. मेस्टा का वानस्पतिक नाम बताइए?

उत्तर – *हिबिस्कस कैनेबिनस*। यह मालवेसी कुल का पौधा है। यह रेशे, रस्सियों, कागज, तेल, औषधी आदि बनाने में काम आता है। जिसका मूल स्थान दक्षिण एशिया है।

प्रश्न 1785. किस फल को 'मिरेकल फ्रूट ऑफ चाइना' के नाम से जाना जाता है?

उत्तर – किवी (*एक्टिनीड़िया चाईनैसिस*)। यह एक बहुवर्षीय बेल वाला पौधा है जिसमें नर व मादा अलग–अलग होते हैं 'एबट', 'एलिसन',

'ब्रूनो', 'हेवर्ड', 'मोटी', 'तुमोरी' आदि इसकी उन्नत किस्में है। इसके पौधे का प्रसारण कटिंग, ग्राफ्टिंग एवं लेयरिंग द्वारा किया जाता है।

प्रश्न 1786. रतालू (*डाइआस्कोरिआ ऐलेटा* : डाइआस्कोरिएसी) का औषधीय उपयोग बताइए?

उत्तर – रतालू जमीन में होने वाले कंद होते हैं जिनकी पीला, सफेद और जामूनी रंग की कई उन्नत किस्में होती है। इन्हे अर्श या पाइल्स, मधुमेह, कुष्ट, पेट में कृमि, लैंगिग दुर्बलता में उपयोगी है। इसमें बीटा कैरोटीन, विटामिन बी6 और एंटीऑक्सिडेंट प्रचुर मात्रा में पाया जाता है।

प्रश्न 1787 पादम ऊत्तक संवर्धन से क्या तात्पर्य है?

उत्तर – पादक ऊत्तक संवर्धन में विभिन्न तकनीकों का उपयोग करते हुए पादक अंगों को निर्जर्मित अवस्था में पोषक माध्यम पर उगाया जाता है। इसें विशेष रूप से अच्छे फूल फल उत्पादन या अन्य वांछनीय लक्षण के पौधों के क्लोन का उत्पादन किया जाता है।

प्रश्न 1788. विश्व में भारत का दुग्ध उत्पादन में कौनसा स्थान है?

उत्तर – प्रथम। भारत में 196–198 मिलियन टन दूध का उत्पादन होता है जो राष्ट्रीय कृषि अर्थव्यवस्था में 25–26 प्रतिशत योगदान रखता है।

प्रश्न 1789. फूलगोभी (*ब्रेसिका ऑलिरेसीया* वार *बोट्राइटीस*) में काला सड़न रोग का उपचार बताइए?

उत्तर – स्ट्रप्टोसाइंक्लीन 250 मिली ग्राम अथवा कार्बेण्डाजिम एक ग्राम प्रति लीटर पानी में घोलकर छिड़काव करे।

प्रश्न 1790. काचरी का वानस्पतिक नाम बताइए?

उत्तर – काचरी कुष्मांड कुल (Cucurbitaceae) का बेलदार पौधा है। इसका वानस्पतिक नाम *कुकुमिस केलोसस* है। इसे चित्र, चित्रफला व मृगावृक्षी नामों से भी जाना जाता है।

प्रश्न 1791. कोको (*थियोबोमा काकाओ*) क्या है?

उत्तर – कोको, कॉफी, चाय एवं रबड़ की तरह ही एक बागवानी फसल है। इसे मिठाई, पेय पदार्थों और चॉकलेट में खूब इस्तेमाल किया जाता है। पश्चिमी अफ्रीकी देश आइवरी कोस्ट में इसकी खेती की जाती है। भारत में इसे केरल, कर्नाटक, तमिलनाडु एवं आंध्रप्रदेश में उगाया जाता है।

प्रश्न 1792. विश्व दुग्ध दिवस कब मनाया जाता है?

उत्तर – 1 जून को। जबकि 'राष्ट्रीय दुग्ध दिवस' डॉ॰ वर्गीज कुरियन जिन्हें भारत में श्वेत क्रांति का जनक कहा जाता है के जन्म दिवस 26 नवम्बर को मनाया जाता है।

प्रश्न 1793. जर्मन चमेली के औषधीय उपयोग बताइए?

उत्तर – इसका वानस्पतिक नाम *मैट्रीकेरिया चमोमिला* है। यह मूलतः दक्षिणी एवं पूर्वी यूरोप का पौधा है। इसके फूलों से भाप आसवन द्वारा नीला तेल तैयार होता है जिसमें कैमेलुलीन प्रचुर मात्रा में पाया जाता है। इस तेल में आर्थोपरोधी, एलर्जीरोधी तथा शक्तिरोधी गुण पाए जाते हैं इसे क्रीम तथा शेम्पू में उपयोग किया जाता है। इसे औषधि के रूप में भूख बढ़ाने, पेट के अल्सर, ताकत बढ़ाने, जुकाम, आदि में काम लिया जाता है।

प्रश्न 1794. किस खुंभी को 'काला कान' के नाम से भी जाना जाता है?

उत्तर – आरीकुलेरिया स्पी.। उत्पादन दृष्टी से आरिकुलेरिया खुंभी का चौथा स्थान है। इसका आकार कान के समान होता है और खाने में गूदेदार एवं चिमडा होता है। इसका गले के रोग, एनिमिया, बवासीर रोग में दवाई के रूप में इस्तेमाल होता है।

प्रश्न 1795. प्रकन्द (Rhizome) क्या है?

उत्तर – यह एक विशेष प्रकार का माँसल भूमिगत तना है। यह भूमि की ऊपरी सतह के समानान्तर या ठीक नीचे क्षैतिज दिशा में वृद्धि करता है। इसे केला, अदरक, हल्दी आदि पौधों के वानस्पतिक प्रवर्धन के लिए उपयोग लिया जाता है।

प्रश्न 1796. अनार (*प्यूनिका ग्रनेटम* : प्युनिकेसी) की शुष्क व अर्द्धशुष्क क्षेत्रों के लिए प्रमुख किस्में बताइए?

उत्तर – जालौर सीडलेस, भगवा, जी–137, मृदुला आदि। अनार के उच्च पोषक मूल्य, एंटी ऑक्सिडेंट क्षमता, जैव सक्रिय यौगिक तथा रसायन निवारण गुणों के कारण इसे 'सुपर फूड' या 'औषधीय भोजन' भी कहा जाता है।

प्रश्न 1797. पक्षियों व मुर्गियों के पैरों में प्लास्टिक के छल्ले बाँधने की प्रक्रिया क्या कहलाती है?

उत्तर – टैगिंग (Tagging)। इस टेग पर नस्ल आदि की जानकारी अंकित करते हैं।

प्रश्न 1798. बंध पशु आवास क्या है?

उत्तर – इस विधि में पशु को एक जगह बाँधकर रखा जाता है तथा पशु इधर–उधर घूम नहीं सकते हैं, जिस स्थान पर पशु बाँधा जाता है उसे स्टेचीयन बॉन (Stachien Bone) कहते हैं। यह शहरी क्षेत्रों में प्रचलित है। यह दो प्रकार की होती है (1) मुँह से मुँह व (2) पूँछ विधि।

प्रश्न 1799. ओराजेनिन प्रोटीन कौनसी फसल में पाया जाता है?

उत्तर – धान। इसका वानस्पतिक नाम *औराइजा सटाइवा* है जो पोएसी कुल का पौधा है। धान में खुशबु डाई–अस्टाईल 1 प्रोपेनिन के कारण होती है।

प्रश्न 1800. धान में भूरा धब्बा रोग (Brown leaf spot) का कारक बताइए?

उत्तर – यह रोग *हेलिमन्थोस्पोरियम ओराइजी* नामक कवक से होता है इससे 1943 में बंगाल में भारी अकाल पड़ गया था।

प्रश्न 1801. किस फसल को दलहन का राजा कहा जाता है?

उत्तर – चना (*साईसर ऐरेटिनम* : फेबेसी) जबकि मटर (*पाइसम सटाइवम* : फेबेसी) को दलहन की रानी कहा जाता है।

प्रश्न 1802. अरहर का उत्पत्ति स्थान बताइए?

उत्तर – अफ्रीका। इसे 'लाल चना' व 'पीजन पी' के नाम से भी जाना जाता है। इसका वानस्पतिक नाम *कजानस कजान* है। इसमें अधोभुमिक प्रकार का अंकुरण पाया जाता है।

प्रश्न 1803. बंची टॉप किस फसल से सम्बंधित है?

उत्तर – केला (*मूसा पेराडिसिका* : मुसेसी)। यह बीमारी वाइरस जनित है। इसका वाहक *पेन्टोलोनिया नाईग्रोनारवासा* नामक माहू (एफिड) है।

प्रश्न 1804. सदाबहार (*कैथेरेन्थस रोजस* : एपोसाइनेसी) में कौनसे महत्त्वपूर्ण अव्यय पाए जाते हैं?

उत्तर – अजमालीन, वीनक्रिस्टिन एवं वीनब्लास्टीन। यह डाईबिटीज, मलेरिया, कैंसर रोगों आदि में उपयोगी है।

प्रश्न 1805. गुलदाउदी में माइट्स की रोकथाम के लिए क्या करना चाहिए?

उत्तर – ये बहुत ही छोटे बिंदु जैसे लाल रंग के कीट है, जो पत्तियों की निचली सतह पर मुख्यतः गर्मियों में दिखाई देते हैं। इसकी रोकथाम के लिए 15 दिनों के अन्तराल पर डाइकोफॉल (5 लीटर/10 लीटर पानी) या वर्टीमैक (5 मिली लीटर/10 लीटर पानी) का छिड़काव करना चाहिए।

प्रश्न 1806. मुलहठी क्या है?

उत्तर – मुलहठी एक औषधीय पौधा है जिसका प्रयोग खांसी, ब्रोंकाईटिस, कब्ज, आंतों के अल्सर, गुर्दे यकृत व फेफड़ो के रोगों तथा हाजमा ठीक करने के लिए किया जाता है। यह विटामिन 'बी' व 'ई' का अच्छा स्रोत है। इसमें फॉस्फोरस, सिलिकॉन, जिंक, कैल्शियम, आयरन, मैग्निशियम, पोटेशियम और सिलेनियम जैसे तत्त्व पाए जाते हैं।

प्रश्न 1807. तम्बाकू (*Nicotiana tabacam* : Solanaceae) की चेरूट बनाने की किस्मों के नाम बताइए?

उत्तर – एस–27, भवानी स्पेशल, लंका स्पेशल, कृष्णा आदि।

प्रश्न 1808. किस फल को 'स्टार एप्पल' के नाम से जाना जाता है?

उत्तर – कमरख (*Averrhoa carambola*)। ये फिलिफिन्स, मलेशिया और इंडोनेशिया का मूल निवासी है। यह आक्जेलीडेसी कुल का पौधा है। इसका प्रवर्धन कलम, दाब लगाना, ठाल चश्मा आदि वानस्पतिक विधियों से किया जाता है।

प्रश्न 1809. मिर्च (*कैप्सीकम एनम* : सोलेनकसी) का लाल रंग किस वर्णक के कारण होता है?

उत्तर – 'कैप्सेन्थिन' एवं इसमें चरपराहट 'कैप्सेसिन' एल्केलॉइड के कारण होती है।

प्रश्न 1810. 'हे' में शुष्क पदार्थ व नमी की मात्रा कितनी होनी चाहिए?

उत्तर – 'हे' में 85 प्रतिशत शुष्क पदार्थ एवं 15% नमी होनी चाहिए।

प्रश्न 1811. मुर्गी (*गैलस डोमेस्टीकस* : फैजिएलिडी) की भारतीय नस्लो का नाम बताइए?

उत्तर – असील, कड़कनाथ, चटगांव (मलाया) आदि।

प्रश्न 1812. आलू (*सोलेनम टयूबरोसम* : सोलनेसी) की सुसुप्त अवस्था तोड़ने के लिए कौन से रसायन का उपयोग करते हैं?

उत्तर – पोटेशियम नाइट्रेट (0.2%), जी.ए. 3500 पी.पी.एम. और थायोयूरिया (0.5%)।

प्रश्न 1813. केन्द्रीय चावल अनुसंधान संस्थान कहाँ स्थित है?

उत्तर – कटक (उड़ीसा)। इसकी स्थापना 1945 में की गई।

प्रश्न 1814. चावल (*ओराइजा सटाइवा* : पोएसी) की क्रान्तिक अवस्थाओ के नाम बताइए?

उत्तर – जमाव अवस्था (Booting stage) व कल्ले फूटते समय 1 किलो चावल उत्पादन के लिए 5000 लीटर पानी की आवश्यकता होती है।

प्रश्न 1815. धान (*ऑराइजा सटाइवा* : पोएसी) का सफेद रोग किस तत्त्व की कमी के कारण होता है?

उत्तर – लोहे की कमी। ऐसी अवस्था में खड़ी फसल में 0.5 प्रतिशत फेरस सल्फेट का छिड़काव करें।

प्रश्न 1816. स्पिरोलिना क्या है?

उत्तर – स्पिरोलिना, एक नील हरित शैवाल है। यह एक पौष्टिक प्रोटीन आहार पूरक है। इसका उपयोग कई दवाईयों के निर्माण और सौन्दर्य प्रसाधनों में किया जाता है। इसमें एंटीऑक्सीडेंट्स, कई विटामिन व खनिज प्रचुर मात्रा में पाए जाते हैं। इसे सुपर फूड भी कहा जाता है।

प्रश्न 1817. गेलार्डिया की बीज दर बताइए?

उत्तर – गेलार्डिया (*Gaillardia pulchella* : Asteraceae) एक मौसमी पुष्प है जिसे पूरे साल उगाया जा सकता है। इसकी बुवाई फरवरी–मार्च, मई–जून तथा सितम्बर–अक्टूबर में बुवाई की जाती है। इसकी बीज दर 500–600 ग्राम प्रति हेक्टेयर है।

प्रश्न 1818. अतः फसलीय पद्धति क्या है?

उत्तर – जब दो फसल साथ–साथ एक निश्चितबन्ध कतार में बोई जाती है उसे अतः फसलीय पद्धति कहते हैं। जैसे – पटसन व मूंग।

प्रश्न 1819. 'एफ पी–1,3,4', 'स्वर्ण आलौकिक', 'स्वर्ण रेखा' किसकी किस्में है?

उत्तर – परवल (*ट्राइकोसेन्थेस डियोका* : कुकुरबीटेसी)। इसका प्रसारण बीज व तना कलम द्वारा करते हैं।

प्रश्न 1820. लहसुन (*एलियम सटाइवा* : एलिएसी) में झुलसे रोग को कैसे नियंत्रण कर सकते हैं?

उत्तर – इसके नियंत्रण के लिए मैन्कोजेब 2 ग्राम अथवा रिडोमिल, एम जेड 2 ग्राम प्रति लीटर पानी में घोल बनाकर छिड़काव करें।

प्रश्न 1821. फलों के पौधे को मिलीबग कीट के प्रकोप से कैसे बचाया जा सकता है?

उत्तर – फलों की फसल में मिलीबग से नियंत्रण हेतु क्यूनालफाँस 1.5 प्रतिशत चूर्ण 50 से 100 ग्राम प्रति पेड़ की दर से थाले में 10–15 से. मी. की गहराई पर मिलाये।

प्रश्न 1822. जेट्रोफा के औषधीय उपयोग बताइए?

उत्तर – इसमें विद्यमान जैट्रोफिन तत्त्व कैंसर वाली दवा में प्रयोग होता है इसका तेल दस्तावर होता है जो कब्ज और चर्म रोग को दूर करता है। इसके दूध के उपयोग से जख्म ठीक होते हैं इसका उपयोग गठिया और लकवा के उपचार में भी किया जाता है।

प्रश्न 1823. चौड़ी पत्ती वाले खरपतवार के उदाहरण बताइए?

उत्तर – बथुआ, कटिली, हिरनखुरी, कृष्णनील, वनसोया आदि।

प्रश्न 1824. किस खाद्यान्न को 'भगर के चावल' के नाम से भी जाना जाता है?

उत्तर – कोदो (*Paspalum scrobiculatum*) को। यह एक प्रकार का उपेक्षित अनाज है जो कम वर्षा में भी उगाया जा सकता है। इसके दानों में 8.3 प्रतिशत प्रोटीन, 1.4 प्रतिशत वसा तथा 65–69 प्रतिशत कार्बोहाइड्रेट पाई जाती है। यह मधुमेह नियंत्रण, यकृत एवं मुत्राशय संबंधित बिमारियों में लाभदायक है।

प्रश्न 1825. कोशिका में सर्वप्रथम केन्द्रक की खोज किसने की?

उत्तर – राबर्ट ब्राउन (1831) में। केन्द्रक ही कोशिकाओं की सभी गतिविधिगों का नियंत्रण करता है।

प्रश्न 1826. किन विज्ञानिकों ने कोशिका सिद्धान्त प्रस्तुत किया गया?

उत्तर – श्लीडन (1838) व 'श्वान (1839) में।

प्रश्न 1827. बिन्दुस्त्राव (Guttation) किसे कहते हैं?

उत्तर – पौधे की पर्ण उपान्तों से जल का छोटी–छोटी बूंदों के रूप में स्त्राव बिन्दुस्त्राव कहलाता है।

प्रश्न 1828. फिनाइल माइक्यूरिक एसीटेट (PMA) क्या है?

उत्तर – इसका उपयोग प्रतिवाष्पोत्सर्जक के रूप में किया जाता है। पौधों पर इसका छिड़काव करने पर रन्द्र आंशिक रूप से खुलते हैं।

प्रश्न 1829. पौधो में सल्फर की कमीं के लक्षण बताइए?

उत्तर – सल्फर की कमी के कारण पौधे की पत्तियाँ हरिमाहीनता के कारण पीली पड़ जाती है। इसकी कमी से सल्फरयुक्त प्रोटीनों की कमी हो जाती है। शीर्ष वृद्धि कम हो जाती है जिसके कारण पौधे स्तंभित रह जाते हैं इसकी कमी से पौधों में विस्तृत मूलतन्त्र तथा कठोर काष्ठीय स्तम्भ बनते हैं।

प्रश्न 1830. जड़ों द्वारा फॉस्फोरस का अवशोषण किस रूप में होता है?

उत्तर – जड़ों द्वारा फॉस्फोरस का अवशोषण घुलनशील अर्काबनिक फास्फेट आयन $H_2PO_2^-$ व HPO_4^- के रूप में होता है।

प्रश्न 1831. वर्मीकुलाइट से क्या तात्पर्य है?

उत्तर – वर्मीकुलाइट एक खनिज पदार्थ है जिसे मृदा रहित माध्यम के रूप में प्रयोग किया जाता है। यह अपने भार से 4–5 गुना अधिक जल अवशोषित कर सकता है। ढ़ीली बनावट के कारण मूलतन्त्र का विकास आसानी से होता है। यह उष्मारोधी होने के कारण जड़तन्त्र को गर्मी में ठण्डा व सर्दी में गर्म रखता है एवं आसानी से विघटन न होने के कारण फसल उगाने के लिए पुनः चक्रित कर सकते हैं।

प्रश्न 1832. ग्रूमिंग को परिभाषित करे?

उत्तर – पशुओं के बालों व त्वचा को ब्रश से साफ करने को खुरहरा या ग्रूमिंग कहते हैं।

प्रश्न 1833. गौ पशु में नाड़ी निरीक्षण का स्थान बताइए?

उत्तर – पूँछ की कॉक्सीजियल धमनी। इनका तापमान निरीक्षण स्थान गुदा व श्वास निरीक्षण स्थान थूथन है।

प्रश्न 1834. किस फल को 'फलों की रानी' नाम से जाना जाता है?

उत्तर – मैंगोस्टीन। इसका वैज्ञानिक नाम *गार्सिनिया मैंगोस्टाना* है जो उष्णकटिबंधीय फल है। इसका स्वाद थोड़ा खट्टा होता है। इसे कैंसर, ब्लडप्रेशर, कैंसर व कोलेस्ट्रॉल नियंत्रित करने के लिए प्रयोग किया जाता है।

प्रश्न 1835. किसने अर्थशास्त्र को धन का विज्ञान के रूप में परिभाषित किया है?

उत्तर – एडम स्मिथ।

प्रश्न 1836. किसी वस्तु की आवश्यकता को सन्तुष्ट करने की शक्ति को कहते हैं?

उत्तर – यूटिलिटी (उपयोगिता)।

प्रश्न 1837. माँग के नियम में माँगवक्र का ढ़ाल किस तरह का होता है?

उत्तर – ऋणात्मक।

प्रश्न 1838. शुद्ध राष्ट्रीय उत्पाद का क्या अर्थ हैं?

उत्तर – सकल राष्ट्रीय उत्पादन मूल्य ह्रास।

प्रश्न 1839. किसी वस्तु के मूल्य में 2 का परिवर्तन होने पर यदि उसकी माँग में 10 का परिवर्तन होता है तो उस वस्तु की माँग की लोच होगी?

उत्तर – 5.0।

प्रश्न 1840. मैग्मा के ठण्डे होने पर कौनसी चट्टान का निर्माण होता है?

उत्तर – आग्नेय या प्राथमिक चट्टानों का।

प्रश्न 1841. ब्लिस्टर बीटिल से कौनसा रसायन प्राप्त होता है?

उत्तर – कैन्थ्रीडीन।

प्रश्न 1842. वनस्पति संरक्षण, संक्रमण वनस्पति निषिद्ध एवं गोदाम निदेशालय का मुख्यालय कहाँ है?

उत्तर – फरीदाबाद।

प्रश्न 1843. भारतीय कीटों का सर्वप्रथम उल्लेख किस वैज्ञानिक द्वारा किया गया?

उत्तर – लीनियस।

प्रश्न 1844. बंगाल की एशियाड सोसाइटी की स्थापना कब हुई?

उत्तर – 1785।

प्रश्न 1845. बाम्बे नेचुरल हिस्ट्री सोसाइटी की स्थापना कब हुई?

उत्तर – 1883।

प्रश्न 1846. Indian Insect Pests के लेखक है?

उत्तर – मैक्सवेल लेफरोय।

प्रश्न 1847. एण्टोमोलोजीकल सोसाइटी ऑफ इन्डिया की स्थापना किस वर्ष में हुई?

उत्तर – 1938।

प्रश्न 1848. इन्डोसल्फान किस ग्रुप का कीटनाशी है?

उत्तर – क्लोरीनेटिड हाइड्रोकार्बन।

प्रश्न 1849. कीटों के नियंत्रण में प्रयोग होने वाले किन्हीं दो सेक्स फीरोमोन के नाम बताइए?

उत्तर – जिप्टाल, डिसपैल्योर।

प्रश्न 1850. काटनी कुशन स्केल का परभक्षी कौन है?

उत्तर – *रोडोलिया कार्डीनेलिस*।

प्रश्न 1851. जापानीज बीटिल की मिल्की बीमारी किसके द्वारा होती है?

उत्तर – *बेसिलस पोपली*।

प्रश्न 1852. एकीकृत काशी जीव प्रबन्धन को सर्वप्रथम किसने प्रतिपादित किया?

उत्तर – गियरवंध क्लार्क।

प्रश्न 1853. नील गाय का वैज्ञानिक नाम क्या है?

उत्तर – *बोसीलेफस ट्रेगोकेमडस*।

प्रश्न 1854. माइट्स के निम्फ में कितनी टाँगें पाई जाती हैं?

उत्तर – 3 जोड़ी।

प्रश्न 1855. माइट्स में श्वसन किससे होता है?

उत्तर – ट्रेकिया।

प्रश्न 1856. ब्रोमोडिओलोन क्या है?

उत्तर – मूषकनाशी।

प्रश्न 1857. एटीडियान क्या है?

उत्तर – अष्टपदनाशी।

प्रश्न 1858. ग्लोबोडेरा रोस्टोकाइनेनसिस सूत्रकृमी किसमें क्षति पहुँचाता है?

उत्तर – आलू।

प्रश्न 1859. *मस मसकुलस* का हिन्दी नाम क्या है?

उत्तर – घरेलू मूषक या चुहियाँ।

प्रश्न 1860. दुग्ध की शर्करा क्या कहलाती है?

उत्तर – लेक्टोज।

प्रश्न 1861. गाय की करणस्विस नस्ल किन दो नस्लों के बीच क्रोस से तैयार की गई है?

उत्तर – ब्राउन स्विस x साहीवाल।

प्रश्न 1862. बलदेव पशु मैला कहाँ आयोजित किया जाता है?

उत्तर – मेड़ता (नागौर)।

प्रश्न 1863. भारत की सबसे भारी मुर्गी की नस्ल कौनसी है?

उत्तर – असील।

प्रश्न 1864. स्टैन्डर्ड दुध में वसा व वसा रहित ठोस न्यूनतम कितना होना चाहिए?

उत्तर – 4.5, 8.5 प्रतिशत।

प्रश्न 1865. भैंस के दुध में औसतन वसा प्रतिशत कितना होता है?

उत्तर – 7 प्रतिशत।

प्रश्न 1866. जमुनापारी नस्ल की बकरी का उत्पत्ति स्थान कहाँ है?

उत्तर – ईटावा जिला (उत्तर प्रदेश)।

प्रश्न 1867. बकरी की वह कौनसी नस्ल है जिसकी जाँघों पर लम्बे घने बाल व रोमन नाक होती है?

उत्तर – जमुनापारी।

प्रश्न 1868. पशुओं में लंगड़ी रोग का रोगकारक क्या है?

उत्तर – *क्लोस्ट्रीडियम शोवियाई*।

प्रश्न 1869. अधिक खाने से भेड़ों में कौनसा रोग होता है?

उत्तर – फड़किया।

प्रश्न 1870. पशुओं में सींग पर पहला छल्ला किस उम्र में बनता है?

उत्तर – तीन साल बाद।

प्रश्न 1871. शरीर का सफेद रंग, रोमन नाक, लटकते कान, जाँघों पर लम्बे बाल बकरी की कौनसी नस्ल की विशेषता है?

उत्तर – जमुनापारी।

प्रश्न 1872. अंडे देने वाली मुर्गियों को क्या कहा जाता है?

उत्तर – लेयर्स।

प्रश्न 1873. मुर्गीघर की बिछावन (मी.) की मोटाई कितनी रखनी चाहिए?

उत्तर – 4–6 इंच।

प्रश्न 1874. बकरी में सबसे ज्यादा दुध उत्पादन किस ब्यात में होता है?

उत्तर – द्वितीय।

प्रश्न 1875. चूजों को अण्डे से निकलने के बाद निश्चित ताप पर रखने की क्रिया क्या कहलाती है?

उत्तर – ब्रुडिंग।

प्रश्न 1876. दुध की वसा का मुख्य योगिक है?

उत्तर – ट्राई गिलसराइड्स।

प्रश्न 1877. ट्रोकार कैन्यूला कौनसे रोग से सम्बन्ध रखता है?

उत्तर – टिम्पेनाइट्स।

प्रश्न 1878. बकरी का दुध किस कारण से सुपाच्य होता है?

उत्तर – वसा गोलिकाएँ छोटी–छोटी होने के कारण।

प्रश्न 1879. गाय के दुध में औसतन वसा प्रतिशत कितना पाया जाता है?

उत्तर – 3.5 प्रतिशत।

प्रश्न 1880. वह कौनसा रोग है जिसमें पशु की बिना लक्षण प्रकट किए हुए ही अचानक मृत्यु हो जाती है?

उत्तर – एन्थ्रेक्स।

प्रश्न 1881. सुअर को चिन्हित करने की सही विधि कौनसी है?

उत्तर – कान काटना।

प्रश्न 1882. कौनसे तेल से पशुओं की मालिश की जाती है?

उत्तर – तारपीन, सरसों, तिल, आदि।

प्रश्न 1883. जरबेरा का प्रसारण किस विधि द्वारा करते हैं?

उत्तर – जरबेरा का प्रसारण बीज एवं वानस्पतिक विधि द्वारा किया जाता है। बीज से प्रसारण में फूलों की गुणवत्ता में परिवर्तन होने के कारण इसका प्रसारण वानस्पतिक विधि के विभाजन, कर्त्तन या ऊत्तक संवर्धन से करने पर मातृ पौधें जैसे फूलों का उत्पादन होता है।

प्रश्न 1884. कीट विज्ञान कौनसी भाषा का शब्द है?

उत्तर – कीट विज्ञान ग्रीक भाषा के शब्दों से मिलकर बना है, जिसमें Entomon का अर्थ Insect (कीट) तथा Logos का अर्थ Knowledge (ज्ञान) हैं।

प्रश्न 1885. आकारिकी किसे कहते हैं?

उत्तर – कीट के शरीर की रचना के अध्ययन को आकारिकी अथवा आकृति–विज्ञान कहते हैं।

प्रश्न 1886. चबाने–चाटने वाले मुखाँग किन कीटो में पाए जाते हैं?

उत्तर – इस प्रकार के मुखाँग हायमेनोप्टेरा गण के कीटों में मिलते हैं, जिसके उदाहरण मधुमक्खियाँ तथा बर्र (Wasps) आदि हैं। ये फूलों का रस चाटने तथा छत्ता आदि बनाने के लिए प्रयोग किए जाते हैं।

प्रश्न 1887. चुभाने–चूसाने वाले मुखाँग किन कीटो में पाए जाते हैं?

उत्तर – ये विशेष प्रकार के मुखाँग है, जिनको कार्य के अनुसार दो भागों में विभाजित कर सकते हैं–

(क) मत्कुणाकार – इस प्रकार के मुखाँग हेमीप्टेरा गण के कीटों में पाए जाते हैं, जो पौधों के कोमल भागों में रस चूसाने के लिए प्रयोग किए जाते हैं।

(ख) मच्छराकार – इस प्रकार के मुखाँग गण डिप्टेरा के कीटों मुख्यतः मादा मच्छरों तथा कुछ पिस्सुओं में मिलते हैं।

प्रश्न 1888. स्पंजाकार मुखाँग किसमें पाए जाते हैं?

उत्तर – इस प्रकार के मुखाँग गण डिप्टेरा के कुछ कीटों में पाए जाते हैं तथा इसका सबसे अच्छा उदाहरण घरेलू मक्खी है।

प्रश्न 1889. साइफनाकार मुखाँग किसमें पाए जाते हैं?

उत्तर – इस प्रकार के मुखाँग, तितलियों तथा मोथ, जो गण लैपिडोप्टेरा में आते हैं, पाए जाते हैं।

प्रश्न 1890. नींबू की तितली का वैज्ञानिक नाम बताइए?

उत्तर – *पेपीलिओ डेमोलेयस* लिन (*Papilio demoleus* Linn.) तथा यह लेपिडोप्टरा (Lepidoptera) कुल का कीट है।

प्रश्न 1891. मधुमक्खी में एकरीन बिमारी किसके कारण होती है?

उत्तर – यह बीमारी एक सूक्ष्म मकड़ी *Acarapis woodi* के कारण होती हैं।

प्रश्न 1892. चपड़ा लाख किसे कहते हैं?

उत्तर – दाना–लाख तथा धूल–लाख गर्म करके पपड़ी के रूप में जमा लिए जाने पर चपड़ा लाख कहलाती हैं।

प्रश्न 1893. परभक्षी कीट क्या है?

उत्तर – ये कीट अपने जीवन की प्रत्येक अवस्था में स्वतंत्र रहते हैं तथा अपने परपोषी अथवा शिकार की अपेक्षा बड़े होते हैं। ये शिकार को पकड़कर उसको खा लेते हैं अथवा उसके शरीर का सत्व चूस लेते हैं।

प्रश्न 1894. बहुहारी परभक्षी किसे कहते हैं?

उत्तर – इस प्रकार के परभक्षी कई प्रकार के परपोषियों का भक्षण करते हैं, उदाहरण – मैण्टिस, लेसविंग आदि।

प्रश्न 1895. सीमितहारी परभक्षी किसे कहते हैं?

उत्तर – इस प्रकार के परभक्षी कुछ सीमित परपोषियों का ही भक्षण करते हैं, जैसे – कोक्सीनेलिडस एवं सिरफिड्स।

प्रश्न 1896. एकाहारी परभक्षी किसे कहते हैं?

उत्तर – इस प्रकार के परभक्षी एक विशिष्ट अथवा अत्याधिक सम्बन्धी परपोषी का भक्षण करते हैं, जैसे – रोडोलिया कार्डीनेलिस, काटनी कुशन स्केल का भक्षण करता है।

प्रश्न 1897. ऐकेरीसाइड क्या है?

उत्तर – माइट्स और टिक्स को मारने का विष है।

प्रश्न 1898. सहजन का प्रवर्धन किस विधि द्वारा करते हैं?

उत्तर – बीज द्वारा। एक हेक्टेयर के लिए 500 ग्राम बीज पर्याप्त है। बीजाई का समय फरवरी–मार्च एवम् जुलाई–अगस्त है।

प्रश्न 1899. मिर्जापुरी, पन्त उर्वशी, पन्त अपर्णा, पन्त शिवानी गोमा याशी किसकी उन्नत किस्मे हैं?

उत्तर – बेल की। इसका वानस्पतिक नाम *एगेल मारमीलोस* है। यह रूटेसी कुल का पौधा है।

प्रश्न 1900. केले (*मूसा पेराडीसिका*) की सब्जी के रूप में खाने वाली किस्मों के नाम बताइए?

उत्तर – पूवन एवं नेन्द्रान।

प्रश्न 1901. अमरुद की किस्म कोहिर सफेदा किसका संकरण है?

उत्तर – कोहिर x इलाहाबाद सफेदा। जबकि सफेद जाम इलाहाबाद सफेदा और कोहिर का संकरण है।

प्रश्न 1902. चिरौंजी (*Buchanania lanzan*) क्या है?

उत्तर – चिरौंजी या चारोली, पयार या पयाल नामक वृक्ष के फलों के बीज की गिरी है जो खाने में बहुत स्वादिष्ट होती है। इसका प्रयोग भारतीय पकवानों, मिठाइयों और खीर व सैंवई इत्यादि में किया जाता है।

प्रश्न 1903. पॉलीहाउस में टमाटर का कितना उत्पादन होता है?

उत्तर – 8–10 किलोग्राम प्रति वर्ग मीटर। यह लगभग 2–3 किलो प्रति पौधा होता है।

प्रश्न 1904. मिर्च की किस्में बताइए जिनसे केप्सैसिन का निष्कर्षण किया जाता है?

उत्तर – पंजाब लाल, अपर्णा आदि।

प्रश्न 1905. कुहासा घर (मिस्ट हाउस) से क्या तात्पर्य है?

उत्तर – यह विधि बार बार पानी छिडकाव करने का संशोधित रूप है। इसमे पत्तियों के पास कुहासे के रूप में पानी का छिडकाव होता है।

प्रश्न 1906. खरीफ के खरपतवार के उदाहरण बताएँ?

उत्तर – हजार दाना, जंगली चोलाई, कंटीली, सावा घास, आदि।

प्रश्न 1907. रबी के खरपतवार के उदाहरण बताए?

उत्तर – बन्दर बन्दरी, गेहूँ का मामा, बथुआ, प्याजी, हिरनखुरी, कृष्णनील आदि।

प्रश्न 1908. बारहमासी खरपतवार के उदाहरण बताएँ?

उत्तर – वरु, मोथा, कान्स, दूब घास आदि।

प्रश्न 1909. खरपतवार से सबसे अधिक हानि कब होती है?

उत्तर – बुवाई के 20–40 दिनों के बीच मे।

प्रश्न 1910. रासायनिक खाद किसे कहते हैं?

उत्तर – यह खाद कारखानों में रासायनिक क्रियाओं द्वारा बनाई जाती है, जिनमें प्रमुख रूप से नत्रजन, फॉस्फोरस एवं पोटाश तत्त्व उपलब्ध होते हैं जैसे यूरिया, कैल्शियम अमोनियम नाइट्रेट, आदि।

प्रश्न 1911. बीज उपचार के लिए कौनसे फफूंदनासक काम में लेते हैं?

उत्तर – कप्तान, थाईरम, बाविस्टिन आदि।

प्रश्न 1912. विलायती पोदीने का वानस्पतिक नाम बताए?

उत्तर – *मेंथा पिपरिटा*। जबकि जापानी पोदीने का वानस्पतिक नाम मेंथा आर्वेन्सीस है।

प्रश्न 1913. कोसी एकुशाल, शिवालिक हिमालय, आदि किसकी उन्नत किस्मे हैं?

उत्तर – पोदीने की।

प्रश्न 1914. उर्वरको में शस्य दक्षता (Agronomic effeciency) से क्या तात्पर्य है?

उत्तर – इसका अर्थ प्रति किलोग्राम दिये गए तत्त्व से अतिरिक्त फसल उत्पादन से हैं आम तौर पर AE घटती है यदि तत्त्व प्रदानता में बढ़ोतरी की जाये।

प्रश्न 1915. पुंज फल किसे कहते हैं?

उत्तर – एक फूल से दो या दो से अधिक कार्पल एवं तनाअक्ष का बना फल जैसे : ब्लूबेरी, ब्लैकबेरी, स्ट्रॉबेरी।

प्रश्न 1916. स्वयुग्मन से क्या तात्पर्य है?

उत्तर – स्वपरागण द्वारा निषेचित फूल।

प्रश्न 1917. स्वजीविता क्या है?

उत्तर – वे पोधे जो अपना भोजन स्वयं बनाते हैं।

प्रश्न 1918. एजोस्पिरीलम क्या है?

उत्तर – यह एक स्वतंत्र जीवित नत्रजन स्थिरीकारक है जो बीजोपचार में प्रयोग होता है और 15–20 किलो नत्रजन प्रति हेक्टेयर के बराबर नत्रजन देता है।

प्रश्न 1919. केसर का प्रवर्धन किस विधि से करते हैं?

उत्तर – प्रकन्द (corm)। अरवी, ग्लेडियोलस का प्रवर्धन भी प्रकन्द द्वारा करते हैं जबकि केले व गुलदाउदी का प्रवर्धन अधो भुस्तारी (suckers) द्वारा करते हैं।

प्रश्न 1920. कलिकायन द्वारा किन पौधों का प्रवर्धन करते हैं?

उत्तर – बेर, अखरोट, जामुन संतरा, आँवले का प्रवर्धन कलिकायन द्वारा करते हैं, जबकि आम, सेब, नाशपाती का प्रवर्धन उपरोपण द्वारा करते हैं।

प्रश्न 1921. डहलिया (*Dahlia pinnata* : Compositae) कि उन्नत किस्मों के नाम बताए?

उत्तर – स्वामी विद्यानन्द, ज्योत्सना, लार्ड बुद्धा, भिक्कुस मदर, स्वामी लोकेश्वरानंद, डॉ॰ बी॰पी॰ पाल, ब्रोदर सम्पिलीसियस आदि। इसका प्रवर्धन बीज, कंदों और कलम द्वारा करते हैं।

प्रश्न 1922. भारतीय खाद्य निगम की स्थापना कब हुई ?

उत्तर – 1964।

प्रश्न 1923. मारथेनडम योजना किसके द्वारा शुरू की गई?

उत्तर – स्पेनसर हैच ने 1928 में यह योजना शुरू की।

प्रश्न 1924. श्रीनिकेतन योजना किसके द्वारा प्रारम्भ की गई?

उत्तर – रवीन्द्रनाथ टैगोर (1908)।

प्रश्न 1925. तिलहनी फसलों की रानी किसे कहते हैं?

उत्तर – तिल। जबकि सरसों को तिलहनी फसलों का राजा कहते हैं।

प्रश्न 1926. किस अनाज को गरीबों का भोजन कहते हैं?

उत्तर – बाजरा। जबकि आलू को गरीबों का दोस्त कहते हैं।

प्रश्न 1927. किस फल के पेड़ को कल्पवृक्ष कहा जाता है?

उत्तर – नारियल। जबकि पीपल को बोधी ट्री, केले को एप्पल ऑफ पैराडाइस, खजुर को सेन्चूरी प्लांट कहते हैं

प्रश्न 1928. किस गाय कि नस्ल को लोला भी कहते हैं?

उत्तर – साहिवाल।

प्रश्न 1929. रामफल का वानस्पतिक नाम बताइए?

उत्तर – *अन्नोना रेटिकुलेटा*। इसे सीताफल के मूलतंत्र के रूप में उपयोग किया जाता है।

प्रश्न 1930. चीकू कि PKM–3 किसका संकरण है?

उत्तर – काली पत्ती x क्रिकेट बॉल। किरथी भारती, मुरभा, सी ओ–2, PKM–1 अन्य उपयोगी किस्मे हैं।

प्रश्न 1931. पाइनेपल किस तरह का पौधा है?

उत्तर – यह मोनोकार्पिक पौधा है जो जीवन में सिर्फ एक बार ही फल देता है। इसका प्रवर्धन स्लिप्स और सकर्स द्वारा होता है। मादा पुष्पो कि संख्या बढ़ाने के लिए इथलिन हर्मोने का उपयोग किया जाता है।

प्रश्न 1932. आम की एप्पल आकार के फल की किस्म का नाम बताइए?

उत्तर – रूमानी। जबकि 'चौसा' सबसे मीठी, 'फजली' देरी से पकने वाली, 'लाल सिंदूरी' चूर्ण असिता रोधी किस्म है।

प्रश्न 1933. केले में डीस्करिंग प्रक्रिया कब करते हैं?

उत्तर – हर 45 दिन में।

प्रश्न 1934. आम की संकरित किस्मों के नाम बताइए?

उत्तर – आम्रपाली, मल्लिका, रतना, अर्का पुनीत, अर्का अरुणा, अर्का अनमोल पूसा सूर्या, आदि।

प्रश्न 1935. मन्ड्रिन (*साइट्रस रेटीकुलेटा* : रूटेसी) की बीज रहित किस्म का नाम क्या है?

उत्तर – सात्सुमा। कुर्ग, खासी, नागपुर, सुतवाल (नेपाल से लाई गई) इसकी अन्य किस्मे हैं।

प्रश्न 1936. कमरख का उद्भव स्थान क्या है?

उत्तर – मलेशिया। इसका प्रवर्धन बीज द्वारा करते हैं। इसे स्टार फल भी कहते हैं।

प्रश्न 1937. गुलाबी, चंपा, हजारी, मुट्टम वरिका, मंकी जैक किसकी उन्नत किस्मे हैं?

उत्तर – कटहल (*Artocarpus heterophyllus* : Moraceae)। इसके फल को सोरोसिस कहते हैं।

प्रश्न 1938. लीची (*Litchi chinensis* : Sapindaceae) का प्रवर्धन कब करना चाहिए?

उत्तर – जुलाई–अक्टूबर। इसका प्रवर्धन गूटी द्वारा किया जाता है। अर्ली बेदाना, रोज सेंटेड, गुलाबी, शाही, देहरादून, पुरबी इसकी उपयोगी किस्मे हैं।

प्रश्न 1939. बायोडायनेमिक खेती की विचारधारा का प्रतिपादन किसने किया था?

उत्तर – बायोडायनेमिक खेती की विचारधारा का प्रतिपादन रुडोल्फ स्टेनर ने किया था।

प्रश्न 1940. कृषि पंचांग मूलतः किस पर आधारित है?

उत्तर – कृषि पंचांग चंद्रमा की गति पर आधारित है।

प्रश्न 1941. धान की फसल में कौनसी गैस निकलती है?

उत्तर – मीथेन।

प्रश्न 1942. तंबाकू की फसल में कौनसा परजीवी लगता है?

उत्तर – औरोबंकी।

प्रश्न 1943. पेड़ी रखना एक रूटीन क्रिया की तरह किस फसल में किया जाता है?

उत्तर – गन्ने और नेपियर ग्रास में।

प्रश्न 1944. टर्मिनेटर जीन क्या है?

उत्तर – वह जीन जिसको किसी फसल के बीज में डालने पर उसकी प्रजनन क्षमता अगली पीढ़ी में बंद हो जाती है उसे टर्मिनेटर जीन कहते हैं। इस जीन को डेल्टा एंड पाइनलैंड कंपनी ने खोजा था।

प्रश्न 1945. राजस्थान के किस जिले को अंडे की टोकरी कहते हैं?

उत्तर – अजमेर। यहाँ पर संकर नस्ल की मुर्गियाँ पाई जाती है।

प्रश्न 1946. जोरिया किसे कहते हैं?

उत्तर – मारवाड़ी नस्ल की भेड़ की ऊन को यूरोपीय देशों में जोरिया कहा जाता है।

प्रश्न 1947. मेहसाना नस्ल किसका संकरण है?

उत्तर – मेहसाना नस्ल मुर्रा और सुर्ती के संकरण से बनी है।

प्रश्न 1948. खाल वाली बकरी की नस्लें कौनसी है?

उत्तर – अंगोरा, मराडी, नूबेन आदि।

प्रश्न 1949. किसका फल "पेपो" कहलाता है?

उत्तर – कद्दू, तरबूज।

प्रश्न 1950. संतरे के फल को क्या कहते हैं?

उत्तर – हेसपेरीडीयम।

प्रश्न 1951. आलू के खेत और भंडारण दोनों में कौनसा कीट हानि पहुँचाता है?

उत्तर – पोटैटो ट्यूबर मोथ।

प्रश्न 1952. महोगनी क्या है?

उत्तर – कठोर लकड़ी का एक लंबा वृक्ष है जो इमारती सामान बनाने के लिए काम आता है।

प्रश्न 1953. रूपांतरित चट्टानें किसे कहते हैं?

उत्तर – आग्नेय तथा परतदार चट्टानों के मूल स्वरूप में परिवर्तन से बनी चट्टानों को रूपांतरित चट्टानें कहते हैं।

प्रश्न 1954. कवक मूल या मैकोराहिजा किसे कहते हैं ?

उत्तर – मृदा में उपस्थित अनेक कवक प्रजातियाँ, उच्च वर्गीय पौधों की जड़ों के साथ एक सहजीवी गठबन्धन स्थापित करती है और इनको लाभान्वित करती है। जैसे –

(i) एक्टो ट्राफिक – जब फफूंद हय्फी (कवक तंतु) जड़ की सतह पर हो और अंतर कोशिकी स्थानों में घुसे।

(ii) एंडो ट्राफिक – जब कवक तंतु परपोषी पौधों की कोशिकाएँ हो।

प्रश्न 1955. सूत्रकृमिनाशक किसे कहते हैं?

उत्तर – वह रसायन जो सूत्रकर्मी को मार दे उसे सूत्रकृमिनाशक कहते हैं।

प्रश्न 1956. अति पशुचारण किसे कहते हैं?

उत्तर – किसी सीमित चारागाह में अत्यधिक पशु चारण करने को अति पशुचारण कहते हैं।

प्रश्न 1957. अनिषेक जनन किसे कहते हैं?

उत्तर – अंड कोशिका का बिना निषेचन के भ्रूण में परिवर्द्धित होना अनिषेक जनन कहलाता है।

प्रश्न 1958. दियारा खेती से क्या तात्पर्य है?

उत्तर – नदियों के किनारे वाली भूमियों में बाढ़ के बाद फसलों की खेती करना दियारा खेती कहलाता है। इसे ढेर नदियारी, कटोरानुमा खेती भी कहते हैं। यह बिहार एवं पूर्वी उत्तरप्रदेश में की जाती है।

प्रश्न 1959. किसके फल को साईकोनस कहते हैं?

उत्तर – अंजीर। जबकि काजू, लीची, अखरोट के फल को नट कहते हैं।

प्रश्न 1960. तिल (*सीसेमम इंडीकम*) की बीजाई व बीज की मात्रा बताइए?

उत्तर – असिंचित बीजाई–मानसून की वर्षा के साथ तथा सिंचित बीजाई–जुलाई प्रथम सप्ताह तक। बीज मात्रा 2.0–2.5 कि.ग्रा./हेक्टेयर (शाखा वाली किस्में) तथा 4.0–5.0 कि.ग्रा./हेक्टेयर (शाखा रहित किस्में)।

प्रश्न 1961. सूरजमुखी की संकर किस्मों में कितने प्रतिशत तेल होता है?

उत्तर – *हेलिएन्थस एनस* : कम्पोजिटी कुल की तिलहनी फसल है जिसे जायद, खरीफ एवं रबी में लगाई जाती है। संकर किस्मों में 40--42 प्रतिशत तेल पाया जाता है।

प्रश्न 1962. हरे चारे हेतु ज्वार की विभिन्न उन्नत किस्में बताइए?

उत्तर – प्रताप चरी, राजस्थान चरी 2 एवं एम.पी. चरी।

प्रश्न 1963. वर्मीवॉश क्या है?

उत्तर – यह एक तरल जैविक खाद है जो ताजा वर्मीकम्पोस्ट व केंचुए के शरीर को धोकर तैयार किया जाता है। इसके उपयोग से न केवल उत्तर गुणवत्तायुक्त उपज प्राप्त कर सकते हैं बल्कि इसे प्राकृतिक जैव कीटनाशक के रूप में भी प्रयोग किया जा सकता है। वर्मीवॉश में मुख्यतया नाइट्रोजन, फॉस्फोरस और पोटाश मुख्य पोषक तत्त्व हैं।

प्रश्न 1964. रिपोर्टर जीन किसे कहते हैं?

उत्तर – वह जीन, जिसकी अभिव्यक्ति को सरलता से पहचाना या वरण किया जा सके उसे रिपोर्टर जीन कहते हैं।

प्रश्न 1965. एकल क्रॉस से क्या अभिप्राय है?

उत्तर – यह प्रथम पीढ़ी संकर की होती है, जो दो निर्दिष्ट अंतः प्रजात क्रम के मध्य की जाती है।

प्रश्न 1966. मृदा प्रोफाइल किसे कहते हैं?

उत्तर – भूमि के ऊपरी तल से नीचे गहराई में मृदा की खड़ी कटान को, जिसमें विभिन्न परतें दिखाई देती है, मृदा प्रोफाइल कहते हैं।

प्रश्न 1967. द्विबीजपत्री बीजों के उदाहरण बताइए?

उत्तर – जिन बीजों के भ्रूण में दो बीजपत्र होते हैं उन्हें द्विबीजपत्री कहते हैं। जैसे – चना, मटर, सरसों एवं अरंडी।

प्रश्न 1968. भारत में सर्वाधिक बकरी कौनसे राज्य में पाई जाती है?

उत्तर – राजस्थान।

प्रश्न 1969. भारत में पशुधन में राजस्थान का कौनसा स्थान है?

उत्तर – दूसरा।

प्रश्न 1970. मोटे अनाज के उत्पादन में राजस्थान का कौनसा स्थान है?

उत्तर – दूसरा।

प्रश्न 1971. फलों की अत्यधिक लवणीय सहनशील फसलों के नाम बताइए?

उत्तर – खजूर, बेर, आँवला, अमरूद, नारियल और खिरनी।

प्रश्न 1972. फलों की अत्यधिक लवणीय संवेदनशील फसलों के नाम बताइए?

उत्तर – आम, सेब, निम्बुवर्गीय फल, नाशपाती और स्ट्रॉबेरी।

प्रश्न 1973. अधोभूमिक (Hypogeal) अंकुरण क्या है?

उत्तर – जब बीजपत्र अंकुरण के समय भूमि के अंदर ही रह जाते हैं तथा केवल प्रन्कुर (plumule) ही भूमि के बाहर आता है जबकि भूमिपरीक (epigeal) अंकुरण में बीज पत्र भूमि के बाहर निकल आते हैं। औद्यो– भूमिक : चना, मक्का; भूमिपरीक : अरंडी।

प्रश्न 1974. वोल क्या है?

उत्तर – ये छोटे चूहे होते हैं, जो अधिकतर घास, जड़ एवं बेरीज खाते हैं।

प्रश्न 1975. फिनोक्सी एसिड ग्रुप के खरपतवारनाशी के नाम बताइए?

उत्तर – 2,4-D, MCPA, 2,4,5-T आदि।

प्रश्न 1976. फलों की अत्यधिक अम्लीय सहनशील फसलों के नाम बताइए?

उत्तर – स्ट्रॉबेरी।

प्रश्न 1977. जिरोफाईटीस्म किसे कहते हैं?

उत्तर – शुष्क दशाओं में सहन करने एवं उगने की पौधें की क्षमता को जिरोफाईटीस्म कहते हैं।

प्रश्न 1978. गेहूँ, जौ एवं जई के प्रमाणित बीज उत्पादन हेतु पृथक्करण कितनी रखनी चाहिए?

उत्तर –एक किस्म से दूसरे किस्म की दूरी अथवा एक खेत से दूसरे खेत की दूरी 3 मीटर रखनी चाहिए।

प्रश्न 1979. बीज संसाधन (Seed Processing) क्या है?

उत्तर – बीज संसाधन से तात्पर्य उसकी सफाई, सुखाई, उपचार, छँटाई आदि प्रक्रियाओं से हैं जो बीज की गुणवत्ता में सुधार करती है।

प्रश्न 1980. बहुविकल्पी (multiple Alleles) क्या है?

उत्तर – जब एक ही जीन के दो या दो से अधिक विकल्पी एक लक्षण के कई वैकल्पिक रूपों को उत्पन्न करते हैं जैसे मानव में ABO रुधिर वर्ग और खरगोश में फर का रंग।

प्रश्न 1981. सहलग्नता (Linkage) क्या है?

उत्तर – जब दो या दो से अधिक जीनों में वंशागती के दौरान एक साथ रहने की प्रवर्ती पाई जाती है तो उसे सहलग्नता कहते हैं

प्रश्न 1982. विविध भक्षी पीड़क (Polyphagous pests) का उदाहरण बताइए?

उत्तर – ग्रास हॉपर एवं टिड्डी (Locust)। टिड्डी बड़े आकार के ग्रास हॉपर है जो झुंड/स्वार्म बनाते हैं व हर प्रकार की वनस्पति को चटकर बहुत आर्थिक नुकसान पहुँचाते हैं।

प्रश्न 1983. छुआरा बनाने के लिए खजूर की कौन–कौनसी किस्में उपयुक्त है?

उत्तर – खदरावी, मेदजुल, शामरान।

प्रश्न 1984. खजूर की ताजा खाने के लिए उपयुक्त किस्मे कौन–कौनसी है?

उत्तर – हलावी, खुनजी, बरही, सेबी, खलास।

प्रश्न 1985. पिंड खजूर बनाने के लिए खजूर की कौन–कौनसी किसमें उपयुक्त है?

उत्तर – जिहिदी, शामरान।

प्रश्न 1986. बोर्डो मिश्रण क्या है?

उत्तर – कॉपर सल्फेट, चूना एवं पानी (4:4:50 अथवा 5:5:50 अनुपात) का मिश्रण जो फसलों पर फफूंदनाशी के रूप में छिड़काव के लिए प्रयोग किया जाता है।

प्रश्न 1987. ब्रेसिंग क्या है?

उत्तर – दो कमजोर शाखाओं को मिलाकर या सहारा देकर शाखाओं में मजबूती प्रदान करना, जो छाल या ब्रिज ग्राफ्टिंग से दी जाती है।

प्रश्न 1988. डिब्बाबंदी करने के लिए उपयुक्त फल कौन–कौनसे हैं?

उत्तर – आम, सेब, नाशपती, आड़ू, अंगूर, जामुन।

प्रश्न 1989. डिब्बाबंदी के लिए उपयुक्त सब्जियाँ कौन–कौनसी है?

उत्तर – मटर, गाजर, शलजम, भिंडी, मशरूम आदि।

प्रश्न 1990. स्टीम पीलिंग/गर्मवाष्प द्वारा किन सब्जियों को छिला जाता है?

उत्तर – आलू व टमाटर।

प्रश्न 1991. फ्लेम पीलिंग या तेज आग लो द्वारा किन सब्जियों को छिला जाता है?

उत्तर – प्याज व लहसुन।

प्रश्न 1992. कैल्सिफाइट क्या होते हैं?

उत्तर – वह पौधें जिन्हें पर्याप्त मात्रा में कैल्शियम चाहिए कैल्सिफाइट कहलाते हैं।

प्रश्न 1993. क्लोरोसिस क्या होता है?

उत्तर – पादप पत्तियों का पीला होना, जो हरे रंगीन पदार्थ के विकास के रुकने के परिणामस्वरूप होता है।

प्रश्न 1994. रजत रंग की पॉलिश वाले डिब्बे किस काम आते हैं?

उत्तर – यह सल्फर प्रतिरोधी होते हैं। इन्हें सल्फर प्रतिरोधी डिब्बे कहते हैं। इनमें सब्जियों की डिब्बाबंदी की जाती है।

प्रश्न 1995. छिड़काव सिंचाई प्रणाली क्या है?

उत्तर – छिड़काव सिंचाई, पानी सिंचाई की एक विधि है, जो वर्षा के समान है। पानी पाइप तंत्र के माध्यम से आमतौर पर पम्पिंग द्वारा वितरित किया जाता है। वह फिर स्प्रे हैंड के माध्यम से हवा और पूरी मिट्टी की सतह पर छिड़का जाता है जिससे भूमि पर गिरने वाला पानी छोटी बूँदों में बंट जाता है।

प्रश्न 1996. विदेशी खरपतवार को परिभाषित कीजिए?

उत्तर – ऐसे खरपतवार जिनकी उत्पत्ति विदेश में हुई लेकिन वो किसी फसल के साथ अथवा किसी अन्य कारण से दूसरे देश में प्रवेश कर जाते हैं उन्हें विदेशी खरपतवार कहते हैं। जैसे – पारथेनियम हिस्टोरोफोरस, इकोर्निया क्रेसिप्स, आर्जीमोन आर्जीमोन मैक्सिकाना, लैंटानाकैमरा।

प्रश्न 1997. विवल्लिकरण (Detasselling) किसे कहते हैं?

उत्तर – मक्का के नर पुष्प क्रम या वल्लर को पराग झड़ने से पूर्व ही तोड़कर फेंक देना विवल्लिरण कहलाता है।

प्रश्न 1998. वेजिटेटिव पारथिनोकरपी किन फलों में पाई जाती है?

उत्तर – केला, अंजीर और अनन्नास।

प्रश्न 1999. फसल उत्पादन को कौन–कौनसे कारक प्रभावित करते हैं?

उत्तर – मृदा का प्रकार, वर्षा, पृथ्वी तल से ऊँचाई, तापक्रम, आवश्यक पोषक तत्त्व के प्रकार एवं मात्रा तथा आवश्यक जल की मात्रा।

प्रश्न 2000. खरपतवारों के नियंत्रण हेतु प्रायः कौनसे जैव कारकों (Bio-agents) का उपयोग किया जाता है?

उत्तर – कीट, कार्प मछली, घोंघा, चींटी, फफूंदी, प्रतिस्पर्धा पौधे, पशु तथा पक्षी।

प्रश्न 2001. सरसों में प्रायः किस खरपतवार के बीज मिलाये जाते हैं?

उत्तर – सत्यानाशी (*आरजीमोन मेक्सीकाना*) के बीज मिलाने से सरसों के तेल की गुणवत्ता खराब हो जाती है।

प्रश्न 2002. अमृत खेती (Nateco farming) क्या है?